TECHNICAL DICTIONARY OF

Heating · Ventilation · Sanitary Engineering

Heizung · Lüftung · Sanitärtechnik

Chauffage · Ventilation · Technique sanitaire

Отопление · Вентиляция · Санитарная техника

TECHNICAL DICTIONARY OF

Heating · Ventilation · Sanitary Engineering
Heizung · Lüftung · Sanitärtechnik
Chauffage · Ventilation · Technique sanitaire
Отопление
Вентиляция · Санитарная техника

Editor-in-Chief

Ing. Wolfgang Lindeke

Associate Editors

Dipl.-Ing. Klaus Bartel · Ing. Gerhard Fink
Ing. Hubert Grothe · Ing. Klaus Lampe
Annemarie Lindeke

Containing about 5,300 technical terms

PERGAMON PRESS

OXFORD · LONDON · EDINBURGH · NEW YORK
TORONTO · SYDNEY · PARIS · BRAUNSCHWEIG

VEB VERLAG TECHNIK BERLIN

PERGAMON PRESS LTD.
Headington Hill Hall, Oxford
4 & 5 Fitzroy Square, London W.1

PERGAMON PRESS (SCOTLAND) LTD.
2 & 3 Teviot Place, Edinburgh 1

PERGAMON PRESS INC.
Maxwell House, Fairview Park, Elmsford, New York 10523

PERGAMON OF CANADA LTD.
207 Queen's Quay West, Toronto 1

PERGAMON PRESS (AUST.) PTY. LTD.
19a Boundary Street, Rushcutters Bay, N.S.W. 2011, Australia

PERGAMON PRESS S.A.R.L.
24 rue des Écoles, Paris 5e

VIEWEG & SOHN GmbH
Burgplatz 1, Braunschweig

First edition 1970
Library of Congress Catalog Card No. 79-81248
PRINTED IN GERMANY

08 0064 264

PREFACE

As a result of the increasing affluence of modern society in many parts of the world, and the technological advances of recent years, equipment for heating, ventilation and sanitary installations has improved to an extent which could scarcely have been previously thought possible. In line with quantitative demands, the importance of this special field has increased, resulting in an acceleration in scientific research, the results of which are continuously influencing the quality and performance of newly developed systems.

The many types and uses of heating, ventilation and sanitary installations have caused many new terms with specific meanings to be created for this special field. Through analysis of the foreign literature it became apparent that a dictionary containing such terms in the more important world languages would be of great importance to all who are concerned with this subject.

We are very obliged to Professor Dipl.-Ing. E. Haack, Director of the Institut für Heizungs-, Lüftungs- und Sanitärtechnik an der Deutschen Bauakademie zu Berlin, who formed a team of colleagues to compile the terms for this multilingual dictionary.

We had the satisfaction and pleasure of receiving valuable aid from our Institute, to which we are especially indebted.

We also express our thanks to the editors of VEB Verlag Technik, Berlin, who assisted us in every possible way. Although we know that this dictionary is by no means complete, and not free from omissions and deficiencies, we hope that it will prove a valuable aid to all people using it.

W. Lindeke

DIRECTIONS FOR USE

HINWEISE FÜR DIE BENUTZUNG

DIRECTIVES POUR L'USAGE

О ПОЛЬЗОВАНИИ СЛОВАРЕМ

1. Examples of alphabetization

Beispiele für die alphabetische Ordnung

Examples de la classification alphabétique

Примеры для алфавитного порядка

burner stone
burner type
burn in
burning hours
burn our

controller
control lever
coolant
cool down
cooler

Doppelsitzventil
Doppel-T-Stück
doppelt wirkende Pumpe
doppelwandiger Boiler
Doppelwaschtisch

säurebeständige Verkleidung
Säurebindungsvermögen
Säuregehalt
saures Abwasser
Säureschutzüberzug

bassin à boues activées
bassin à deux étages
bassin d'aération
bassin de bidet
bassin de chasse

chargement intermittent
charge par unité de surface
charge périodique
charger
charge spécifique de la grille

звуковая энергия
звукоизоляция
звуконепроницаемое помещение
змеевик испарителя
змеевиковый аккумулятор холода

свободное поперечное сечение
свободнонесущий
свободностоящая ванна
свободноструйная турбина
свободный сброс

2. Meanings of signs and abbreviations

Bedeutung der Zeichen und Abkürzungen

Signification des signes et abréviations

Значение знаков и аббревиатур

( ) activated sludge basin (tank) = activated sludge basin *or* activated sludge tank

[ ] double wash[ing] stand = double wash stand *or* double washing stand

/ suspension / in = in suspension
Schwebe / in der = in der Schwebe
gercer / se = se gercer
запаха / без = без запаха

< > these brackets contain explanations
diese Klammern enthalten Erläuterungen
ces parenthèses contiennent des explications
в эти скобки заключены пояснения

s. = see
s. a. = see also
s. = siehe
v. = voici
см. = смотри
<US> = American English
<sl> = slang

ENGLISH

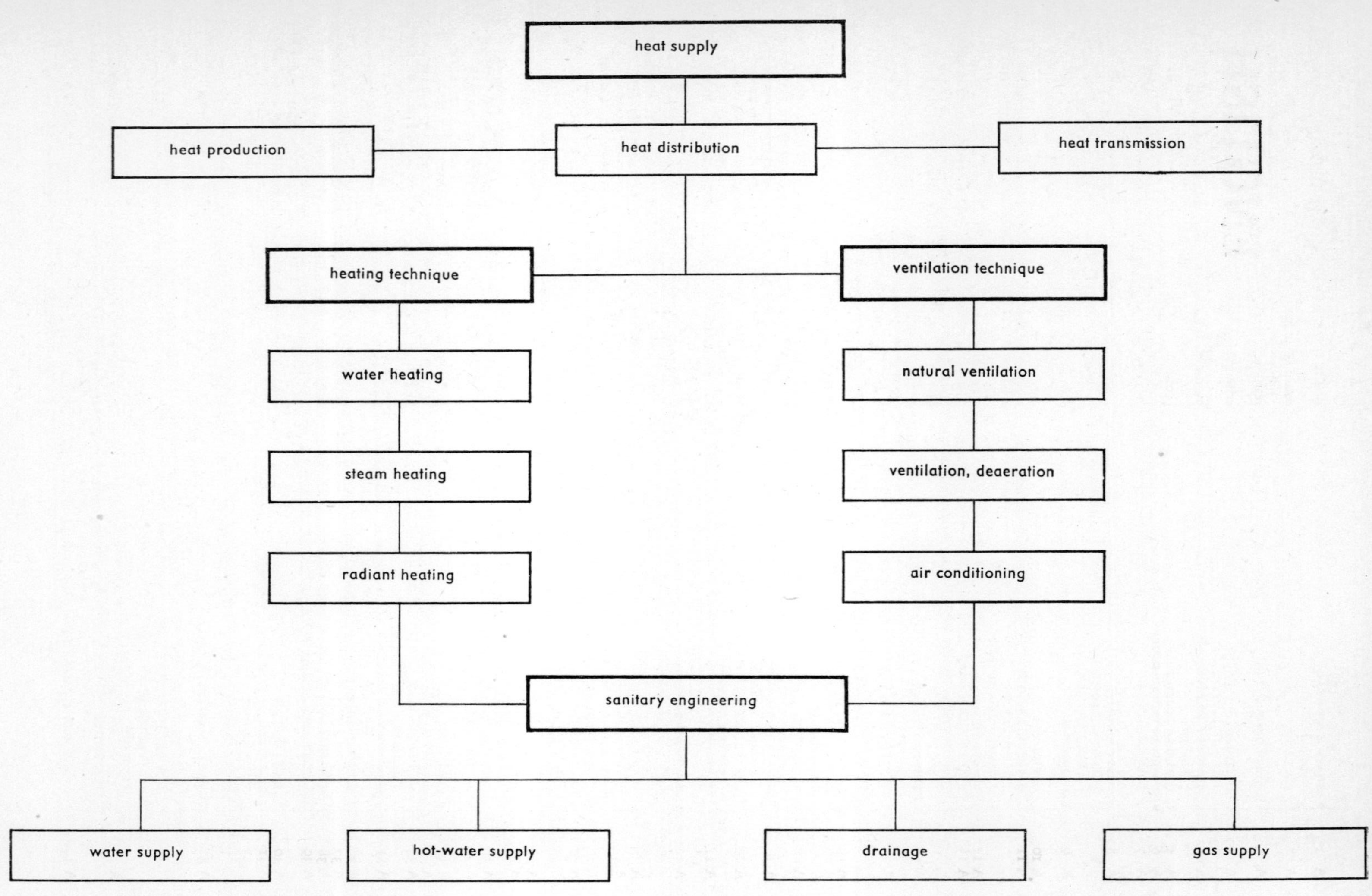
heat supply
heat production
heat distribution
heat transmission
heating technique
ventilation technique
water heating
natural ventilation
steam heating
ventilation, deaeration
radiant heating
air conditioning
sanitary engineering
water supply
hot-water supply
drainage
gas supply

A

No.	English	German	French	Russian
A 1	**above ground,** surface	oberirdisch	de surface	надземный
A 2	**abrasion**	Abnutzung *f*, Abrieb *m*	usure *f* par frottement, abrasion *f*	изнашивание; механический износ
A 3	**abrasion-resistant**	kratz- und schlagfest, verschleißfest	resistant à l'usure	ударостойкий
A 4	**abrasive**	Abrieb *m*	criblure *f*	угольная мелочь с пылью
A 4a	**absolute humidity of the air**	absolute Luftfeuchte *f*	humidité *f* absolue de l'air	абсолютная влажность воздуха
A 5	**absolute pressure**	Absolutdruck *m*	pression *f* absolue	абсолютное давление
A 6	**absolute temperature**	absolute Temperatur *f*	température *f* absolue	абсолютная температура
A 7	**absorb**	absorbieren	absorber	абсорбировать, поглощать
A 8	**absorbability,** absorbing power, absorption capacity	Absorptionsvermögen *n*, Absorptionsfähigkeit *f*	pouvoir *m* absorbant, pouvoir d'absorption	способность поглощения, абсорбирующая способность
A 9	**absorbent**	Absorptionsmittel *n*	substance *f* absorbante, absorbant *m*	абсорбирующее вещество, поглотитель
A 10	**absorber**	Absorber *m*	absorbeur *m*	поглотитель
A 11	**absorbing power,** absorbability, absorption capacity	Absorptionsvermögen *n*, Absorptionsfähigkeit *f*	pouvoir *m* absorbant, pouvoir d'absorption	способность поглощения, абсорбирующая способность
A 12	**absorption**	Absorption *f*	absorption *f*	абсорбция, поглощение
A 13	**absorption capacity,** absorbability, absorbing power	Absorptionsvermögen *n*, Absorptionsfähigkeit *f*	pouvoir *m* absorbant, pouvoir d'absorption	способность поглощения, абсорбирующая способность
A 14	**absorption cell**	Absorptionsgefäß *n*	cuve *f* à liquide, vase *m* d'absorption	абсорбер
A 15	**absorption cooling**	Absorptionskühlung *f*	refroidissement *m* à absorption, réfrigération *f* à absorption	абсорбционное охлаждение
A 16	**absorption heat**	Absorptionswärme *f*	chaleur *f* absorbante	тепло поглощения
A 17	**absorption refrigerating system**	Absorptionskühlsystem *n*	système *m* à absorption à froid	абсорбционная холодильная система
A 18	**absorption refrigerator**	Absorptionskühlschrank *m*	réfrigérateur *m* à absorption	абсорбционный холодильник
A 19	**absorption type refrigerating installation**	Absorptionskälteanlage *f*	groupe *m* frigorifique à absorption	абсорбционная холодильная установка
A 20	**absorption type refrigerating machine**	Absorptionskältemaschine *f*	machine *f* à froid à absorption	абсорбционная холодильная машина
A 21	**abutment**	Widerlager *n*, Auflager *n*	butée *f*, contrefort *m*, culée *f*	опора
A 22	**Abyssinian driven well,** hollow ram pump	Schlagbrunnen *m*, Rammbrunnen *m*, Stoßbrunnen *m*	puits *m* abyssin, puits instantané	абиссинский колодец
A 23	**Abyssinian well**	Abessinierbrunnen *m*	pompe *f* Morton	абиссинский колодец
A 24	**acceleration pressure**	Beschleunigungsdruck *m*	pression *f* d'accélération	скоростной напор
A 25	**acceptance test**	Abnahmeversuch *m*	essai *m* de réception	испытание при приемке
A 26	**access clap**	Bedienungsklappe *f*	porte *f* d'accès	заслонка управления
A 27	**access gully**	Absturzschacht *m*, Abfallschacht *m* <für Entwässerung>	puits *m* de drainage	колодец с перепадом
A 28	**accessible**	zugänglich	accessible	доступный
A 29	**accessible canal**	begehbarer Kanal *m*	canal *m* praticable	канал, допускающий проход человека
A 30	**access of air**	Luftzutritt *m*	entrée *f* d'air	приток воздуха
A 31	**accuracy of adjustment**	Einstellgenauigkeit *f*	précision *f* de réglage, exactitude *f* d'ajustage	точность установки, точность регулировки
A 32	**acetylene**	Azetylen *n*	acétylène *m*	ацетилен
A 33	**acetylene generator**	Azetylenentwickler *m*	générateur *m* d'acétylène	ацетиленовый генератор
A 34	**acid combining capacity**	Säurebindungsvermögen *n*	capacité *f* de combinaison avec des acides	способность связывания кислоты
A 35	**acid content,** acidity	Säuregehalt *m*, Azidität *f*, Säuregrad *m*	acidité *f*, teneur *m* en acide	кислотность
A 36	**acid exchange**	Säureaustausch *m*	permutation *f* d'acides	обмен кислот
A 37	**acidify,** acidulate	ansäuern	aciduler	закислять
A 38	**acidimeter**	Säuremesser *m*	acidimètre *m*, pèse-acide *m*	ацидиметр
A 39	**acidity,** acid content	Säuregehalt *m*, Azidität *f*, Säuregrad *m*	acidité *f*, teneur *m* en acide	кислотность
A 40	**acidless**	säurefrei	exempt d'acide	бескислотный
A 41	**acidproof,** acid resisting, acid resistant	säurefest, säurebeständig	inattaquable aux acides, résistant aux acides, stable aux acides, antiacide	кислотостойкий
A 42	**acid protection coating**	Säureschutzüberzug *m*, säurebeständige Verkleidung *f*	enduit *m* antiacide, couverture *f* antiacide	противокислотная защита
	acid resistant, acid resisting	*s.* acidproof		
	acidulate	*s.* acidify		
A 43	**acid waste water**	saures Abwasser *n*	eaux *fpl* résiduaires acides	кислая сточная вода
	a. c. motor	*s.* alternating current motor		
A 44	**acorn nut,** cap nut, box nut	Hutmutter *f*	écrou *m* à capuchon, écrou à chapeau	гайка-колпачок, колпачковая гайка

A 45	**action turbine,** impulse turbine	Gleichdruckturbine *f*	turbine *f* à action	активная турбина, свободноструйная турбина
A 46	**activated carbon**	Aktivkohle *f*	charbon *m* activé	активированный уголь
A 47	**activated sludge**	belebter Schlamm *m*, Belebtschlamm *m*	boue *f* activée	активный ил
A 48	**activated sludge basin (tank),** aeration tank	Belüftungsbecken *n*, Belebungsbecken *n*	bassin *m* d'aération, bassin (réservoir) *m* à boues activées	аэротанк, аэрационный бассейн
A 49	**actual horsepower**	effektive Pferdestärke *f*	cheval *m* effectif	эффективная лошадиная сила
A 50	**adapt**	anpassen	adapter, ajuster	приспосабливаться
A 51	**adapter**	Paßstück *n*	pièce *f* d'ajustage	фасонная часть
A 52	**adaption**	Anpassung *f*	adaptation *f*	пригонка, примеривание, приспосабливание
A 53	**add,** apply, feed	zusetzen	ajouter	добавить
A 54	**addition,** admixture	Beimischung *f*, Zusatz *m*	admixtion *f*, addition *f*, supplément *m*	примешивание, добавка
A 55	**additional air**	Zweitluft *f*	air *m* secondaire	вторичный воздух
A 56	**additional point**	Zusatzstelle *f*	point *m* d'application	место добавки
A 57	**addition of lime**	Kalkzusatz *m*	dosage *m* de chaux, addition *f* de chaux	добавка извести
A 58	**addition of outside air**	Außenluftzusatz *m*	addition *f* d'air extérieur	добавка наружного воздуха
A 59	**adherence, adhesion**	Adhäsion *f*	adhérence *f*, adhésion *f*	сцепление, прилипание
A 60	**adhesive connection**	Klebverbindung *f*	assemblage *m* collé, joint *m* collé	клеевое соединение
A 61	**adiabatic**	adiabatisch	adiabatique	адиабатический
A 62	**adiabatic change of state**	adiabatische Zustandsänderung *f*	changement *m* adiabatique d'état	адиабатическое изменение состояния
A 63	**adiabatic compression, adiabatic condensation**	adiabatische Verdichtung *f*	compression *f* adiabatique	адиабатическое сжатие
A 64	**adjust**	einregulieren, eichen, einstellen	ajuster, régler	отрегулировать
A 65	**adjustability**	Regelfähigkeit *f*	capacité *f* de réglage	регулировочное свойство
A 66	**adjustable**	einstellbar, verstellbar	réglable	регулируемый
A 67	**adjusting screw**	Einstellschraube *f*	vis *f* de réglage, vis d'ajustage	регулирующий винт
A 68	**adjustment**	Einregulierung *f*, Einstellung *f*	mise *f* au point, réglage *m*	отрегулирование
A 69	**adjustment of the burner**	Brennereinregulierung *f*	ajustage *m* du brûleur	отрегулировка горелки
A 70	**adjustment scale**	Einstellskala *f*	cadran *f* de réglage, échelle *f* graduée	градуированная шкала
A 71	**admission velocity,** inlet speed	Einströmgeschwindigkeit *f*	vitesse *f* d'admission	скорость на входе
A 72	**admixed air,** make-up air	Zusatzluft *f*	air *m* d'appoint, air additionnel, air supplémentaire	добавочный воздух
A 73	**admixture,** addition	Beimischung *f*	admixtion *f*, addition *f*	примешивание
A 74	**adsorbent, adsorbing agent**	Adsorptionsmittel *n*	adsorbant *m*, substance *f* adsorbante	адсорбент
A 75	**adsorbing capacity**	Adsorptionsfähigkeit *f*	capacité *f* d'adsorption	адсорбционная способность
A 76	**adsorption**	Adsorption *f*	adsorption *f*	адсорбция
A 77	**aerate**	belüften	aérer	вентилировать
A 78	**aeration,** ventilation	Belüftung *f*	aération *f*	вентиляция
A 79	**aeration plant**	Belüftungsanlage *f*	installation *f* d'aération	вентиляционное устройство
A 80	**aeration tank,** activated sludge basin (tank)	Belüftungsbecken *n*, Belebungsbecken *n*	bassin *m* d'aération, bassin (réservoir) *m* à boues activées	аэротанк, аэрационный бассейн
A 81	**aerator**	Belüfter *m*	aérateur *m*	вентилятор
A 82	**aerator pipe**	Belüftungsrohr *n*	tube *m* d'aération	вентиляционная труба
A 83	**aerial conductor, aerial line,** overhead line	Freileitung *f*	ligne *f* aérienne	воздушная проводка
A 84	**aerobic bacteria**	aerobische Bakterien *fpl*	bactéries aérobies *fpl*	аэробные бактерии
A 85	**aerobic process**	aerober Vorgang *m*	procédé *m* aérobique	аэробный процесс
A 86	**affinity**	Affinität *f*	affinité *f*	сродство
A 87	**aftercool**	nachkühlen	sous-refroidir	доохлаждать
A 88	**aftertreatment,** secondary treatment, subsequent treatment	Nachbehandlung *f*	traitement *m* secondaire, traitement postérieur, traitement ultérieur	последующая обработка
	ageing	*s.* aging		
A 89	**aggregate**	Aggregat *n*	agrégat *m*	агрегат
A 90	**aggregate**	Zuschlagstoff *m* <Zement>	agrégat *m*	заполнитель
A 91	**aggressive**	angreifend, aggressiv	agressif, corrosif	агрессивный
A 92	**aggressive carbon dioxide**	aggressive Kohlensäure *f*, angriffsfähige Kohlensäure *f*	gaz *m* carbonique agressif	агрессивная углекислота
A 93	**aggressiveness**	Aggressivität *f*, Angriffsfähigkeit *f*	agressivité *f*	агрессивность
A 94	**aging**	Alterung *f*	vieillissement *m*	старение
A 95	**aging effect**	Alterungseffekt *m*	effet *m* du vieillissement	эффект старения
A 96	**agitator**	Rührwerk *n*	agitateur *m*	мешалка

A 97	**agitator drive**	Rührwerksantrieb *m*	dispositif *m* d'entraînement de l'agitateur	привод мешалки
A 98	**agricultural utilization of sewage**	landwirtschaftliche Abwasserverwertung *f*	utilisation *f* agricole des eaux domestiques	сельскохозяйственное использование сточных вод
A 99	**air**	Luft *f*	air *m*	воздух
A 100	**air accumulation**	Luftansammlung *f*	accumulation *f* d'air	сбор воздуха
A 101	**air analysis**	Luftuntersuchung *f*	analyse *f* d'air	анализ воздуха
A 102	**air blower**	Luftgebläse *n*	soufflerie *f* à l'air	нагнетатель воздуха
A 103	**air bubble**	Luftblase *f*	bulle *f* d'air	воздушный пузырек
A 104	**air chamber,** air vessel	Windkessel *m*	réservoir *m* d'air	воздушный котел
A 105	**air change,** ventilation	Luftwechsel *m*, Lüftung *f*	circulation *f* d'air, ventilation *f*	обмен воздуха, вентиляция
A 106	**air change coefficient**	Luftwechselzahl *f*	coefficient *m* de brassage	коэффициент обмена воздуха
A 107	**air change rate**	Luftwechselgeschwindigkeit *f*, Luftrate *f*	taux *m* de renouvellement d'air	скорость обмена воздуха, кратность обмена воздуха
A 108	**air channel,** air duct	Luftkanal *m*	gaine *f* d'air	воздуховод
A 109	**air circulation**	Luftumwälzung *f*, Luftumlauf *m*	circulation *f* d'air	циркуляция воздуха
A 110	**air cleaner,** air filter, air purifier	Luftfilter *n*, Luftreiniger *m*	filtre *m* à air, épurateur *m* d'air	воздушный фильтр
A 111	**air condition**	Luftzustand *m*	état *m* de l'air	состояние воздуха
A 112	**air-condition aggregate**	Klimaaggregat *n*	agrégat *m* climatique	установка для кондиционирования воздуха
A 113	**air conditioner,** air condition installation	Klimaanlage *f*, Luftbereitungsanlage *f*	installation *f* de conditionnement d'air	установка для кондиционирования воздуха
A 114	**air conditioning**	Klimatisierung *f*, Luftbehandlung *f*, Luftaufbereitung *f*	conditionnement *m* d'air, climatisation *f*	кондиционирование воздуха
A 115	**air conditioning unit**	Klimagerät *n*	groupe *m* conditionneur d'air	прибор для кондиционирования воздуха, кондиционер
A 116	**air condition installation,** air conditioner	Klimaanlage *f*, Luftbereitungsanlage *f*	installation *f* de conditionnement d'air	установка для кондиционирования воздуха
A 117	**air consumption**	Luftverbrauch *m*	consommation *f* d'air	расход воздуха
A 118	**air container**	Luftgefäß *n*	vase *m* d'expansion	воздухосборник
A 119	**air contamination,** atmospheric pollution	Luftverunreinigung *f*	pollution *f* de l'air, contamination *f* de l'air, poussière *f* atmosphérique	загрязнение воздуха
A 120	**air-cooled condenser**	luftgekühlter Verflüssiger *m*	condenseur *m* à air	конденсатор с воздушным охлаждением
A 121	**air cooler,** blast coil assembly	Luftkühler *m*	batterie *f* réfrigérante ventilée, refroidisseur *m* d'air	воздухоохладитель
A 122	**air cooling**	Luftkühlung *f*	refroidissement *m* à air	воздушное охлаждение
A 123	**air cooling system**	Luftkühlanlage *f*	installation *f* réfrigérante d'air	установка охлаждения воздуха
A 124	**air current,** windflow	Windströmung *f*, Luftstrom *m*	courant *m* d'air	воздушный поток, поток воздуха
A 125	**air cushion**	Luftkissen *n*, Luftpolster *n*, Luftsack *m*	couche *f* d'air, matelas *m* d'air	скопление воздуха, воздушный мешок, воздушная подушка
A 126	**air damper**	Luftschieber *m*	volet *m* d'aération	воздушная заслонка
A 127	**air diffuser,** diffuser [plate]	Verteilerplatte *f*, Luftverteiler *m*	plaque *f* diffuseuse, diffuseur *m* d'air	распределитель воздуха
A 128	**air distribution**	Luftverteilung *f*	distribution *f* d'air, répartition *f* de l'air	распределение воздуха
A 129	**air dome**	Dunsthaube *f*, Regenhaube *f*	chape *f* d'air	вытяжной зонт
A 130	**air draught,** draught, flow of air	Luftzug *m*, Luftströmung *f*	courant *m* d'air, écoulement *m* atmosphérique, écoulement d'air, courant atmosphérique	тяга воздуха
A 131	**air-dried, airdry**	lufttrocken	séché à l'air	воздушно-сухой
A 132	**air duct,** air channel	Luftkanal *m*	gaine *f* d'air	воздуховод
A 133	**air ductwork**	Kanalnetz *n* für Luft	réseau *m* de gaines de distribution d'air	сеть воздуховодов
A 134	**air eliminating device, air eliminator**	Entlüftungsvorrichtung *f*	expulseur *m* d'air, purgeur *m*	приспособления для отвода воздуха
A 135	**air factor**	Luftfaktor *m*	facteur *m* d'air	коэффициент воздуха
A 136	**air filter,** air cleaner, air purifier	Luftfilter *n*, Luftreiniger *m*	filtre *m* à air, épurateur *m* d'air	воздушный фильтр
A 137	**air-filter accessories**	Luftfilterzubehör *n*	accessoires *mpl* pour filtre d'air	принадлежности воздушного фильтра
A 138	**air-filter cell**	Luftfilterzelle *f*	cellule *f* de filtre d'air	клетка воздушного фильтра
A 139	**air gap**	Luftspalt *m*	entrefer *m*	воздушный зазор
A 140	**air grating**	Lüftungsgitter *n*	grille *f* d'aération	вентиляционная решетка
A 141	**air heater**	Lufterhitzer *m*	réchauffeur *m* d'air	калорифер
A 142	**air heating**	Luftheizung *f*	chauffage *m* d'air	воздушное отопление
A 143	**air heating apparatus**	Luftheizgerät *n*, Luftheizer *m*	calorifère *m* à air chaud	прибор для нагрева воздуха, подогреватель воздуха

A 144	**airing technique**	Lüftungstechnik *f*	technique *f* d'aération	вентиляционная техника
A 145	**air intake**	Lufteintritt *m*, Lufteinlaß *m*	prise *f* d'air	впуск воздуха
A 146	**air intake valve,** air sniffler	Schnüffelventil *n*	reniflard *m*	продувочный клапан
A 147	**air jet**	Luftstrahl *m*	jet *m* d'air	струя воздуха
A 148	**air jet lift,** compressed air ejector, air lift pump	Druckluftheber *m*	éjecteur *m*, éjecteur à air comprimé, dispositif *m* de levage pneumatique	пневматический подъемник
A 149	**air jet velocity**	Luftstromgeschwindigkeit *f*	vitesse *f* d'injection d'air	скорость потока воздуха
A 150	**air lift jump,** compressed air ejector, air jet lift	Druckluftheber *m*	éjecteur *m*, éjecteur à air comprimé, dispositif *m* de levage pneumatique	пневматический подьемник
A 151	**air moistening apparatus**	Luftbefeuchtungsanlage *f*	arrangement *m* de saturage	установка увлажнения воздуха
A 152	**air motion**	Luftbewegung *f*	mouvement *m* de l'air, circulation *f* de l'air	движение воздуха
A 153	**air preheating**	Luftvorwärmung *f*	préchauffage *m* de l'air	подогрев воздуха
A 154	**air pressure regulator**	Luftdruckregulator *m*	régulateur *m* de la pression de l'air	регулятор давления воздуха
A 155	**air pump**	Luftpumpe *f*	pompe *f* à air	воздушный насос
A 156	**air purification**	Luftreinigung *f*	épuration *f* de l'air	очистка воздуха
A 157	**air purifier,** air cleaner, air filter	Luftreiniger *m*, Luftfilter *n*	épurateur *m* d'air, filtre *m* d'air	воздушный фильтр
A 158	**air rate**	Luftrate *f*	quantité *f* d'air spécifique	кратность обмена воздуха
A 159	**air regulation**	Luftregelung *f*	réglage *m* d'air	регулирование воздуха
A 160	**air relief cock**	Entlüftungshahn *m*	robinet *m* décompresseur	вентиляционный кран
A 161	**air relief valve**	Entlüftungsventil *n*	soupape *f* de ventilation	вентиляционный клапан
A 162	**air requirement**	Luftbedarf *m*	besoin *m* d'air, besoin d'aération	расход воздуха
A 163	**air resistance**	Luftwiderstand *m*	résistance *f* de l'air	сопротивление воздуха
A 164	**air rise**	Auftrieb *m* des Luftstromes	élévation *f* d'air	подъемная сила потока воздуха
A 165	**air scrubber,** air washer	Luftwäscher *m*	laveur *m* d'air	воздухопромыватель
A 166	**air sniffler,** air intake valve	Schnüffelventil *n*	reniflard *m*	продувочный клапан
A 167	**air sound**	Luftgeräusch *n*	bruissement *m* de l'air	шум от движения воздуха
A 168	**air stratification**	Luftschichtung *f*	stratification *f* de l'air	слоение воздуха
A 169	**air supply**	Luftzufuhr *f*	admission *f* d'air, introduction *f* d'air	подача воздуха
A 170/1	**air-tight**	luftdicht	étanche à l'air, hermétique	воздухонепроницаемый
A 172	**air treatment**	Luftbehandlung *f*	traitement *m* de l'air	обработка воздуха, кондиционирование воздуха
A 173	**air velocity**	Luftgeschwindigkeit *f*	vitesse *f* de l'air	воздушный скорость
A 174	**air vessel,** air chamber	Windkessel *m*	réservoir *m* d'air	воздушный котел
A 175	**air washer,** air scrubber	Luftwäscher *m*	laveur *m* d'air	воздухопромыватель
A 176	**air whirl**	Luftwirbel *m*	tourbillon *m* d'air	воздушный вихрь
A 177	**alarm bell**	Alarmglocke *f*	sonnerie *f* d'alarme	сигнальный звонок
A 178	**alkaline**	alkalisch	alcalin	щелочной
A 179	**alkalinity**	Alkalität *f*, Alkalinität *f*	alcalinité *f*	щелочность
A 180	**allowable load,** permissible load	zulässige Belastung *f*	charge *f* admissible	допустимая нагрузка
A 181	**allurement fire**	Lockfeuer *n* <Inbetriebnahme von Schornsteinen>	feu *m* d'amorce	прожигание дымохода
A 182	**alternating current motor,** a. c. motor	Wechselstrommotor *m*	moteur *m* à courant alternatif	мотор переменного тока
A 183	**alternation of polarity**	Polwechsel *m*	inversion *f* de pôles	перемена полюсов
A 184	**altimeter,** height finder	Höhenmesser *m*	altimètre *m*	альтиметр
A 185	**aluminium foil**	Aluminiumfolie *f* <für Rohrisolierung>	feuille *f* d'aluminium	алюминиевая фольга
A 186	**aluminium sheet**	Aluminiumblech *n*	tôle *f* d'aluminium	алюминиевый лист
A 187	**aluminium wool**	Aluminiumwolle *f*	laine *f* d'aluminium	алюминиевая шерсть
A 188	**ambient air**	Umgebungsluft *f*	air *m* ambiant	окружающий воздух
A 189	**ambient temperature**	Umgebungstemperatur *f*	température *f* ambiante	температура окружающей среды
A 190	**American stove**	amerikanischer Ofen *m*	poêle *m* à feu continu américain	американская печь
A 191	**ammonia**	Ammoniak *n*	ammoniaque *m*	аммиак
A 192	**ammonia analysis**	Ammoniakbestimmung *f*	dosage *m* de l'ammoniaque	определение аммиака
A 193	**ammonia balance**	Ammoniakgleichgewicht *n*	balance *f* de l'ammoniaque	равновесие аммиака
A 194	**ammonia sewage**	Ammoniakabwasser *n*	eaux *fpl* résiduaires ammoniacales	аммиачная сточная вода
A 195	**ammonium sulphate,** sulphate of ammonia	schwefelsaures Ammonium *n*, Ammonsulfat *n*, Ammoniumsulfat *n*	sulfate *m* d'ammonium	сернокислый аммоний, сульфат аммония
A 196	**amoebae**	Wechseltierchen *npl*, Amöben *fpl*	amibes *fpl*	амебы
A 197	**amount of chlorine required,** chlorine demand	Chlorbedarf *m*	besoin *m* en chlore, dose *f* nécessaire de chlore, demande *f* en chlore	расход хлора

A 198	**amount of rainfall**	Regenmenge *f*	quantité *f* de pluie	количество дождевых осадков
A 199	**amount of sludge produced**	Schlammanfall *m*	rendement *m* en boues	количество ила
A 200	**amplitude**	Amplitude *f*	amplitude *f*	амплитуда, размах
A 201	**anaerobic bacteria**	anaerobe Bakterien *npl*	microbes *mpl* anaérobiques	анаэробные бактерии
A 202	**anaerobic process**	anaerober Vorgang *m*	procédé *m* anaérobique	анаэробный процесс
A 203	**analyser**	Analysator *m*	analyseur *m*	анализатор
A 204	**analysis**	Analyse *f*	analyse *f*	анализ
A 205	**anchor**	Anker *m*	ancre *f*	якорь
A 206	**anemometer**	Anemometer *n*	anémomètre *m*	анемометр
A 207	**angle-iron**	Winkeleisen *n*	fer *m* cornière, fer profilé	угловое железо
A 208	**angle of emergence**	Austrittswinkel *m*	angle *m* de sortie	угол при выходе
A 209	**angle of entrance,** angle of inlet	Eintrittswinkel *m*	angle *m* d'entrée	угол входа
A 210	**angle of inclination**	Neigungswinkel *m*	angle *m* d'inclinaison	угол наклона
A 211	**angle of inlet,** angle of entrance	Eintrittswinkel *m*	angle *m* d'entrée	угол входа
A 212	**anhydrous ammonia**	wasserfreies Ammoniak *n*	ammoniaque *f* anhydre	безводный аммиак
A 213	**annealing furnace**	Glühkörperofen *m*	four *m* à recuire	газовая печь с калильными насадками
A 214	**annual consumption**	Jahresverbrauch *m*	consommation *f* annuelle	годовое потребление
A 215	**annual quantity of precipitation, annual rainfall,** yearly rainfall	jährliche Niederschlagsmenge *f*, Jahresregenmenge *f*	quantité *f* annuelle de pluie, hauteur *f* annuelle des précipitations	годовое количество осадка
A 216	**annular piston meter**	Ringkolbenzähler *m*	compteur *m* à piston rotatif	камерный поршневой счетчик
A 217	**annular piston valve, annular sleeve valve**	Ringkolbenschieber *m*	vanne *f* annulaire à piston	камерная поршневая задвижка
A 218	**annular valve,** ring valve	Ringventil *n*	soupape *f* annulaire	кольцевой клапан
A 219	**ante-room,** antiroom	Schleuse *f*, Vorraum *m*	antichambre *f*	шлюз
A 220	**anthracite**	Anthrazit *m*	anthracite *m*	антрацит
A 221	**anticorrosive,** corrosion inhibitor, anticorrosive agent	Korrosionsschutzmittel *n*	inhibiteur *m* de corrosion	средство антикоррозионной защиты
A 222	**anticorrosive**	korrosionsverhütend	contre la corrosion, anticorrosif	защищающий от коррозии
A 223	**anticorrosive agent,** corrosion inhibitor, anticorrosive	Korrosionsschutzmittel *n*	inhibiteur *m* de corrosion	средство антикоррозионной защиты
A 224	**anticorrosive paint,** antirusting paint, rust-proofing paint	Rostschutzfarbe *f*	peinture *f* antirouille	антикоррозийная краска
A 225	**antifermentative**	gärungshemmend	arrêtant la fermentation, bactériostatique	тормозящий брожение
A 226	**antifreeze, antifreezing agent**	Gefrierschutzmittel *n*	antigel *m*, solution *f* antiréfrigérante	антифриз
A 227	**antifreezing property**	Kältebeständigkeit *f*	résistance *f* au gel	холодостойкость
A 228	**antifreezing solution**	Frostschutzlösung *f*	solution *f* incongélable	раствор против замерзания
A 229	**antiroom,** ante-room	Schleuse *f*, Vorraum *m*	antichambre *f*	шлюз
A 230	**antirust,** rust-proof	rostbeständig	antirouille	устойчивый к коррозии
A 231	**antirusting paint,** anticorrosive paint, rust-proofing paint	Rostschutzfarbe *f*	peinture *f* antirouille	антикоррозийная краска
A 232	**antiscale,** boiler compound, scale preventive	Kesselsteinverhütungsmittel *n*	antitartre *m*, tartrifuge *m*	противонакипное средство
A 233	**aperture of diaphragm**	Blendenöffnung *f*	ouverture *f* du diaphragme	отверстие диафрагмы
A 234	**apparatus for water softening,** softening apparatus	Enthärtungsapparat *m*	adoucisseur *m*	аппарат для снижения жесткости
A 235	**apparatus to remove iron**	Enteisener *m*	appareil *m* de déferrisation, déferriseur *m*	установка для обезжелезивания
A 236	**application,** charge, feed, dosage	Beschickung *f*	alimentation *f*, chargement *m*	загрузка, подача
A 237	**apply,** charge, feed	beschicken	alimenter, charger	загружать
A 238	**apply,** add, feed	zusetzen	ajouter	добавить
A 239	**approach behaviour**	Annäherungsverhalten *n*	comportement *m* d'approximation	поведение при сближении
A 240	**approximate value**	Näherungswert *m*	valeur *f* approchée	приближенная величина
A 241	**aqua ammonia**	Ammoniakwasser *n*	solution *f* ammoniacale	аммиачная вода
A 242	**aqua ammonia pump**	Ammoniakpumpe *f*	pompe *f* à solution d'ammoniaque	насос для перекачки аммиака
A 243	**aquatic organisms**	Wasserorganismen *mpl*	organismes *mpl* aquatiques	водяные организмы
A 244	**aqueduct**	Aquädukt *m*	aqueduc *m*	акведук
A 245	**aqueous**	wäßrig, wasserhaltig	aqueux	водосодержащий
A 246	**arc welding**	Lichtbogenschweißung *f*	soudure *f* à l'arc	дуговая сварка
A 247	**areometer**	Aräometer *n*	aréomètre *m*	ареометр
A 248	**armament**	Bestückung *f*	équipement *m*	комплектация, оснащение
A 249	**armature**	Armatur *f*	garniture *f*, armature *f*	арматура
A 250	**arrangement**	Anordnung *f*	arrangement *m*, disposition *f*	расположение

No.	English	German	French	Russian
A 251	**arterial system of distribution**	Verästelungs[rohr]netz *n*	réseau *m* ramifié	разветвленная сеть трубопровода
A 252	**artesian well**	artesischer Brunnen *m*	puits *m* artésien, fontaine *f* artésienne	артезианский колодец
A 253	**artificial filtration**	künstliche Filterung *f*	filtration *f* artificielle	искусственное фильтрование
A 254	**artificial ground water**	künstliches Grundwasser *n*	nappe *f* créée artificiellement	искусственная грунтовая вода
A 255	**artificial ventilation**	künstliche Lüftung *f*	ventilation *f* artificielle	искусственная вентиляция
A 256	**asbestos**	Asbest *m*	asbeste *m*, amiante *m*	асбест
A 257	**asbestos concrete pipe,** eternit pipe	Asbestbetonrohr *n*, Asbestzementrohr *n*, Eternit-Rohr *n* <für Abgasrohre>	tuyau *m* de béton d'amiante, tuyau d'éternit	асбоцементная труба, этернитовая труба
A 258	**asbestos cord**	Asbestschnur *f*	corde *f* d'amiante, tresse *f* d'amiante	асбестовый шнур
A 259	**asbestos packing**	Asbestdichtung *f*	garniture *f* d'amiante, garniture d'asbeste	асбестовое уплотнение
A 260	**ascending force**	Auftrieb *m*	force *f* ascensionnelle	подъемная сила
A 261	**ash-box**	Aschekübel *m*	bac *m* des cendres, casier *m* des cendres	ведро для золы
A 262	**ash conveying**	Aschetransport *m*	transport *m* des cendres	транспорт золы
A 263	**ashes**	Asche *f*	cendre *f*	зола
A 264	**ash handling plant**	Entaschungsanlage *f*	installation *f* d'évacuation de cendre	система золоудаления
A 265	**ashpit**	Ascheraum *m*	cendrier *m*	зольник, зольное пространство
A 266	**ash removal**	Entaschung *f*	évacuation *f* de cendre	золоудаление
A 267	**asphalted pipe**	asphaltiertes Rohr *n*	tuyau *m* asphalté	асфальтированная труба
A 268	**aspirating hole, aspirating mouth, aspirating port** <of a blower>	Ansaugöffnung *f* <Ventilator>	ouïe *f* d'aspiration <d'un ventilateur>	отверстие всасывания <вентилятора>
A 269	**aspirator**	Aspirator *m*, Absauger *m*	appareil *m* aspiratoire	аспиратор
A 270	**assemble**	montieren, zusammenbauen	assembler, réunir	монтировать
A 271	**assembly**	Montage *f*, Zusammenbau *m*	assemblage *m*, montage *m*	монтаж, сборка
A 272	**assembly,** installation	Einbau *m*	installation *f* intérieure	сборка, установка
A 273	**assembly disposition**	Montageanweisung *f*	ordre *m* de montage	инструкция по монтажу
A 274	**assembly hole**	Montageöffnung *f*	embouchure *f* de montage	монтажное отверстие
A 275	**assembly unit**	Einbaueinheit *f*, Montageeinheit *f*, Installationseinheit *f*	élément *m* d'installation, groupe *m* d'installation	монтажная единица
A 276	**atmosphere**	Atmosphäre *f*	atmosphère *f*	атмосфера
A 277	**atmosphere above atmospheric pressure**	Atmosphärenüberdruck *m*	surpression *f* atmosphérique	давление сверх атмосферного
A 278	**atmospheric condenser**	offener Berieselungsverflüssiger *m*	condenseur *m* atmosphérique	открытый оросительный конденсатор
	atmospheric excess pressure	*s.* atmosphere above atmospheric pressure		
A 279	**atmospheric moisture,** humidity of the air, moisture of the air	Luftfeuchtigkeit *f*	humidité *f* de l'air	влажность воздуха
A 280	**atmospheric oxygen**	Luftsauerstoff *m*	oxygène *m* atmosphérique	кислород воздуха
A 281	**atmospheric pollution**	Luftverschlechterung *f*	détérioration *f* de l'air	ухудшение состояния воздуха
A 282	**atmospheric pollution,** air contamination	Luftverunreinigung *f*	pollution *f* de l'air, contamination *f* de l'air, poussière *f* atmosphérique	загрязнение воздуха
A 283	**atmospheric pressure**	Luftdruck *m*	pression *f* atmosphérique, pression de l'air	давление воздуха
A 284	**atomization,** spraying	Zerstäubung *f*	pulvérisation *f*	распыление
A 285	**atomizer,** spray device, sprayer	Zerstäuber *m*	pulvérisateur *m*	распылитель
A 286	**attemperate**	temperieren	régler, corriger <la température>	поддерживать равномерную температуру
A 287	**attendance crew,** service staff, service personnel	Bedienungspersonal *n*	hommes *pl* de service, opérateurs *mpl*, équipe *f* de surveillance, personnel *m* de conduite	обслуживающий персонал
A 288	**attic,** garret story	Dachgeschoß *n*	mansarde *f*	чердачный этаж
A 289	**audibility**	Hörbarkeit *f*	audibilité *f*	слышимость
A 290	**audible**	hörbar, vernehmlich	perceptible, audible	слышный
A 291	**auger hole,** bore hole	Bohrloch *n*	trou *m* de sondage, trou percé au foret, trou de forage	буровая скважина
	augmentation	*s.* increase		
A 292	**autogenous welding**	autogene Schweißung *f*	soudage *m* autogène	автогенная сварка
A 293	**autogenous welding apparatus**	Gasschweißapparat *m*	appareil *m* de soudage autogène	газосварочный аппарат
A 294	**automatic battery**	automatische Mischbatterie *f*	robinet *m* mélangeur automatique	автоматический смесительный кран

A 295	**automatic discharge**	automatische Entleerung *f*, selbsttätige Entleerung	vidage *m* automatique, vidange *f* automatique	автоматический спуск
A 296	**automatic douche**	automatische Brause *f*	douche *f* automatique	автоматический душ
A 297	**automatic pump work**	automatisches Pumpwerk *n*, selbsttätig geschaltetes Pumpwerk	système *m* automatique de pompes, station *f* automatique de pompes	автоматическая насосная станция
A 298	**automatic regulation**	automatische Regelung *f*	régulation *f* automatique, réglage *m* automatique	автоматическое регулирование
A 299	**automatic valve**	automatisches Ventil *n*, automatisch betätigtes Ventil, selbsttätiges Ventil	soupape *f* automatique	автоматический вентиль
A 300	**automatic ventilation**	automatische Entlüftung *f*, selbsttätige Entlüftung	ventilation *f* automatique, désaérage *m* automatique	автоматическое удаление воздуха
A 301	**automatic ventilation valve**	automatisches Entlüftungsventil *n*	soupape *f* automatique de dégagement d'air	автоматический вентиль для спуска воздуха
A 302	**automatic waste valve**	automatisches Entleerungsventil *n*, selbsttätiges Entleerungsventil	soupape *f* automatique de décharge	автоматический вентиль для спуска воды
A 303	**autopurification,** self-purification	Selbstreinigung *f*	auto-épuration *f*	самоочищение
A 304	**autopurification power,** recuperative power, self-purifying capacity	Selbstreinigungskraft *f*	pouvoir *m* auto-épurateur	способность к самоочищению
A 305	**auxiliary boiler,** supplementary boiler, donkey boiler	Hilfskessel *m*	chaudière *f* auxiliaire	вспомогательный котел
A 306	**auxiliary governor,** auxiliary regulator	Hilfsregler *m*	régulateur *m* auxiliaire	вспомогательный регулятор
A 307	**auxiliary pump,** supplementary pump	Hilfspumpe *f*	pompe *f* auxiliaire	вспомогательный насос
A 308	**auxiliary regulator,** auxiliary governor	Hilfsregler *m*	régulateur *m* auxiliaire	вспомогательный регулятор
A 309	**auxiliary tank**	Hilfsbehälter *m*	réservoir *m* auxiliaire	дополнительный бак
A 310	**average consumption**	Durchschnittsverbrauch *m*	consommation *f* moyenne	средний расход
A 311	**average height of rainfall,** mean height of rainfall	mittlere Regenhöhe *f*, Regenmittel *n*	hauteur *f* moyenne de pluie, pluviométrie *f* moyenne	средняя величина дождевых осадков
A 312	**average precipitation,** mean precipitation, mean quantity of precipitation	mittlere Niederschlagsmenge *f*	quantité *m* moyenne des précipitations	среднее количество атмосферных осадков
A 313	**average velocity,** mean velocity, middle velocity	mittlere Geschwindigkeit *f*	vitesse *f* moyenne	средняя скорость
A 314	**awning,** canvas blind	Sonnendach *n*	marquise *f*, tente *f*	маркиза
A 315	**axial compensator**	Axialkompensator *m* <Dehnungsausgleicher>	compensateur *m* axial	осевой компенсатор
A 316	**axial-flow pump**	Propellerpumpe *f*	pompe *f* à propulseur	пропеллерный насос
A 317	**axial load**	Axialbelastung *f* <bei Kreiselpumpen>	effort *m* axial, charge *f* axiale	осевая нагрузка
A 318	**axial thrust**	Axialschub *m* <bei Kreiselpumpen>	poussée *f* axiale	сдвиг по направлению оси

B

B 1	**baby bathing tub**	Kinderbadewanne *f*	baignoire *f* d'enfants	детская ванна
B 2	**backfill**	verfüllen, hinterfüllen	remblayer	засыпать, заполнять
B 3	**backfill, backfilling**	Verfüllung *f*, Hinterfüllung *f*	remblai *m*	заполнение, засыпка
B 4	**backflow preventer,** reflux valve, check valve	Rückschlagklappe *f*, Rückschlagventil *n*	soupape *f* de retenue, clapet *m* de retenue	обратная заслонка, обратный клапан
B 5	**back nut**	Gegenmutter *f*, Kontermutter *f*	contre-écrou *m*	контргайка
B 6	**back pressure,** counterpressure	Gegendruck *m*	contre-pression *f*	противодавление
B 7	**back-pressure turbine**	Gegendruckturbine *f*	turbine *f* à contre-pression	турбина с противодавлением
B 8	**back-washing,** counter current wash	Gegenstromwäsche *f*, Rückspülung *f*	lavage *m* à contre-courant	противосточная промывка
B 9	**bacterial**	bakteriell	bactérien	бактериальный
B 10	**bacterial action**	Bakterientätigkeit *f*	action *f* bactérienne	бактериологическое действие
B 11	**bacterial culture,** bacteriologic culture	Bakterienkultur *f*	culture *f* bactérienne, culture bactérique	культура бактерий
B 12	**bacterial reduction**	Keimverminderung *f*	réduction *f* du nombre des germes	уменьшение числа микробов
B 13	**bactericidal,** germicidal	keimtötend, bakterizid	bactéricide	бактерицидный
B 14	**bactericidal effect,** sterilizing effect, germicidal effect	keimtötende Wirkung *f*	effet *m* bactéricide	стерилизирующее действие

No.	English	German	French	Russian
B 15	**bacteriological**	bakteriologisch	bactériologique	бактериологический
B 16	**bacteriologic culture,** bacterial culture	Bakterienkultur *f*	culture *f* bactérienne, culture bactérique	культура бактерий
B 17	**bacterium coli**	Kolibakterium *n*, Bakterium *n* coli	colibacille *m*, bacille *m* coli, bacterium *m* coli	бактерия Коли
B 18	**baffle,** baffle wall	Prellwand *f*	chicane *f*	отражательная стена
B 19	**baffle plate**	Prallblech *n*	chicane *f*	отбойный щиток
B 20	**baffle plate**	Stauscheibe *f*, Prallplatte *f*	séparateur *m* à chicanes	уравнительная шайба
B 21	**baffle wall,** baffle	Prellwand *f*	chicane *f*	отражательная стена
B 22	**baking oven,** roasting oven	Bratofen *m*	rôtissoire *f*	духовка
B 23	**baking oven**	Backofen *m*	four *m*	духовка
B 24	**balance,** equilibrium	Gleichgewicht *n*	équilibre *m*, balance *f*	равновесие
B 25	**balance weight,** counterpoise, counterweight	Gegengewicht *n*	contrepoids *m*	противовес
B 26	**ball and socket joint**	Gelenkmuffen-verbindung *f*	joint *m* à emboîtement sphérique	шарнирное муфтовое соединение
B 27	**ballast coal**	Ballastkohle *f*	charbon *m* en saumon	забалластированный уголь, уголь с большим содержанием балласта
B 28	**ball check valve**	Kugelrückschlagventil *n*	soupape *f* d'arrêt à boulet	шаровой обратный клапан
B 29	**ball joint**	Kugelgelenk *n*	joint *m* à rotule	шаровой шарнир
B 30	**ball socket**	Kugelmuffe *f*	manchon *m* sphérique	шаровая муфта
B 31	**ball type gas holder**	Kugelgasbehälter *m*	réservoir *m* à gaz sphérique	шариковый газгольдер
B 32	**ball valve,** spherical valve	Kugelventil *n*	soupape *f* sphérique	шаровой клапан
B 33	**bandage,** wrapping	Binde *f*, Umwicklung *f*	bande *f*, bandage *m*	бандаж
B 34	**banked-up water level,** banking, stowing	Stau *m*, Aufstau *m*, Anstauung *f*	retenue *f*, refoulement *m* [des eaux]	подпор
B 35	**banking,** banked-up water level, stowing	Stau *m*, Aufstau *m*, Anstauung *f*	retenue *f*, refoulement *m* [des eaux]	подпор
B 36	**barometer**	Barometer *n*	baromètre *m*	барометр
B 37	**barometric pressure**	Barometerdruck *m*	pression *f* barométrique	барометрическое давление
B 38	**barrage**	Abdämmung *f*	barrage *m*, batardeau *m*	изоляция
B 39	**barrel nipple,** shoulder nipple	Doppelnippel *m*	nipple *m* double	двойной ниппель
B 40	**barrel of a pump**	Pumpengehäuse *n*	corps *m* de pompe	корпус насоса
B 41	**base,** foundation	Fundament *n*, Sockel *m*	fondation *f*, fondement *m*, base *f*	фундамент
B 42	**base**	Base *f*	base *f*	основание
	base	*s. a.* foot		
B 43	**base elbow flanged 90°,** shoe elbow, duckfood bend	Fußkrümmer *m*, N-Stück *n*	coude *m* à pied, coude à patin	переход от горизонтального участка трубопровода к вертикальному
B 44	**base exchange**	Basenaustausch *m*	échange *m* de bases	катионирование, обмен основаниями
B 45	**base exchange process**	Basenaustauschverfahren *n*	méthode *f* à échange d'ions	способ катионирования
B 46	**base exchanger**	Basenaustauscher *m*	échangeur *m* d'ions	катионит
B 47	**base load**	Grundlast *f*	charge *f* de base	базовая нагрузка
B 48	**base material,** raw material, basic material	Grundstoff *m*	matière *f* première	основной материал
B 49	**base plate,** foundation plate	Grundplatte *f*, Fundamentplatte *f*	plaque *f* de base, plaque de fondation	фундаментная плита
B 50	**basic material,** raw material, base material	Grundstoff *m*	matière *f* première	основной материал
B 51	**basic rate**	Grundgebühr *f*	droit *m* fixe, droit général	начальная стоимость
B 52	**basin,** pool	Bassin *n*	bassin *m*	бассейн, бак
B 52a	**basin floor,** tank bottom	Behältersohle *f*	radier d'un réservoir	дно (основание) резервуара
B 53	**bath**	Bad *n*	bain *m*	ванна
B 54	**bath battery**	Badebatterie *f*	batterie *f* de tub	краны для холодной и горячей воды при ванне
B 55	**bath cock,** tub cock	Badewannenhahn *m*	robinet *m* d'eau de la baignoire	кран для ванны
B 56	**bath drain**	Badablauf *m*	bouche *f* d'évacuation du bain	ванный спуск
B 57	**bath oven,** geyser	Badeofen *m*	chauffe-bain *m*, four *m* à bain	печь для ванны
B 58	**bathroom**	Badezimmer *n*	cabinet *m* de bains	ванная комната
B 59	**bathroom equipment, bathroom installation, bathroom plumbing**	Badeeinrichtung *f*	installation *f* de bains	ванное устройство
B 60	**baths**	Badeanlagen *fpl*	lavoir-vestiaires *mpl*	ванная установка
B 61	**bath stove**	Kohlebadeofen *m*	poêle *m* à charbon pour cabinets de bain	ванная колонка, работающая на уголь
B 62	**bath stove jacket**	Badeofenzylinder *m*	cylindre *m* de poêle chauffe-bains	цилиндр ванной колонки
B 63	**bath tub**	Badewanne *f*	baignoire *f*	ванна для купанья

B 64	**battery of wells,** gang of wells	Brunnengalerie *f*	ligne *f* de puits	колодезная галерея
B 65	**battery with photocell**	Mischbatterie *f* mit Fotozelle	robinetterie *f* mélangeuse avec cellule photo-électrique	смесительная арматура с фотоэлементом
B 66	**battery with swinging arm**	Mischbatterie *f* mit Schwenkarm	robinetterie *f* mélangeuse avec bras de rotation	смесительная арматура с поворотным краном
B 67	**battery with thermostat**	Mischbatterie *f* mit Thermostat	robinetterie *f* mélangeuse avec automate thermostatique	смесительная арматура с термостатом
B 68	**batting**	Aushalsung *f* <bei Rohren und Behältern>	élargissement *m*	отбортовка наружу
B 69	**bat-wing**	Fächerbrenner *m*	éventail *m*	веерообразная горелка
B 70	**bayonet catch, bayonet closure, bayonet fixing, bayonet joint**	Bajonettverschluß *m*	fermeture *f* à baïonnette, emboîtement *m* à baïonnette, joint *m* à baïonnette	штыковое соединение
B 71	**beaded tube**	Bördelrohr *n*	tube *m* à collet rabattu, tube à bord rabattu	отбортованная труба
B 72	**beading of the tube end**	Umbördeln *n* des Rohres	rabattement *m* des bouts du tube	отбортование кромки трубы
B 73	**bead the tube ends**	ein Rohr einwalzen	dudgeonner un tube	развальцовывать
B 74	**beam property,** flexional elasticity	Biegefähigkeit *f*	flexibilité *f*	способность изгиба
B 75	**beam test,** bending test, flexibility test, bend test	Biegungsversuch *m*, Biegeversuch *m*	essai *m* de flexion	испытание на изгиб
B 76	**beer engine**	Bierdruckanlage *f*	pression à bière *f*	пивная напорная установка
B 77	**beer fountain**	Bierschankanlage *f*	appareil *m* de pression pour débit de bière	пиворазливочная установка
B 78	**beer pipe fittings, beer pipe garniture**	Bierleitungsarmaturen *fpl*	robinetterie *f* de la conduite à bière	пивопроводные арматуры
B 79	**bell and spigot cross with two bell branches**	Muffenstück *n* mit zwei Muffenstutzen, BB-Stück *n*	croix *f* à emboîtement et cordon *m* à deux tubulures à emboîtement	раструбный патрубок с двумя муфтовыми штуцерами
B 80	**bell and spigot cross with two flanged branches**	Muffenstück *n* mit zwei Flanschstutzen, AA-Stück *n*	croix *f* à emboîtement et cordon *m* à deux tubulures à bride	раструбный патрубок с двумя фланцевыми штуцерами
B 81	**bell and spigot reducer,** socket and spigot taper	Muffenübergangsstück *n*, R-Stück *n*	cône *m* à emboîtement, tuyau *m* conique à emboîtement, cône à emboîtement et cordon	переход раструб— гладкий конец
B 82	**bell and spigot tee with bell branch**	Muffenstück *n* mit Muffenstutzen, B-Stück *n*	té *m* à emboîtement et à cordon avec tubulure à emboîtement	раструбный патрубок с муфтовым штуцером
B 83	**bell and spigot tee with flanged branch**	Muffenstück *n* mit Flanschstutzen, A-Stück	té *m* à emboîtement et à cordon avec tubulure à bride	раструбный патрубок с фланцевым штуцером
B 84	**bellmouth intake**	Einlauftrompete *f*	trompe *f* d'entrée	входная воронка водозабора
B 85	**bellow**	Balg *m*	soufflet *m*	сильфон
B 86	**bellow gas meter,** dry gas meter, pneumatic gas meter	Balgengaszähler *m*	compteur *m* à gaz à soufflet	сильфонный газомер
B 87	**belt drier**	Bandtrockner *m*	sécheur *m* continu à bande sans fin	ленточная сушилка
B 88	**bend,** deflect	biegen, durchbiegen	plier, courber, ployer, fléchir	гнуть, прогибать
B 89	**bend,** bending, flexion, deflection, sag, flexure	Durchbiegung *f*	flexion [transversale] *f*, fléchissement *m*, flèche *f*	прогиб
B 90	**bend**	Rohrbogen *m*, Bogen *m*	coude *m*	отвод трубы, дуга, кривая, арка
B 91	**bender,** bending device	Biegevorrichtung *f*	appareil à plier *m*	гибочное устройство
B 92	**bending,** flexion, bend, deflection, sag, flexure	Durchbiegung *f*	flexion [transversale] *f*, flèche *f*, fléchissement *m*	прогиб
B 93	**bending device,** bender	Biegevorrichtung *f*	appareil *m* à plier	гибочное устройство
B 94	**bending machine**	Biegemaschine *f*	machine *f* à plier, machine à cintrer	гибочная машина
B 95	**bending moment,** transverse moment, moment of flexion	Biegemoment *n*	moment *m* de flexion, couple *m* fléchissant	изгибающий момент
B 96	**bending radius**	Biegehalbmesser *m*	rayon *m* de courbure	радиус изгиба
B 97	**bending strength,** strength of flexure	Biegefestigkeit *f*	résistance *f* à la flexion	прочность на изгиб
B 98	**bending stress,** transverse stress, flexibility stress	Biegespannung *f*	effort *m* de flexion	напряжение на изгиб
B 99	**bending test, bend test,** flexibility test, beam test <tubes>	Biegungsversuch *m*, Biegeversuch *m*	essai *m* de flexion	испытание на изгиб
B 100	**Benkiser cock, Benkiser valve**	Benkiserhahn *m*, Benkiserventil *n*	robinet *m* de Benkiser	кран Бенкизера, вентиль Бенкизера

No.	English	German	French	Russian
B 101	**bib cock,** tap, faucet	Zapfhahn *m*	robinet *m*, robinet à bec-courbe, robinet de poste d'eau	заборный кран
B 102	**bicarbonate alkalinity**	Bikarbonatalkalität *f*	alcalinité *f* bicarbonatée	щелочность углекислых солей
B 103	**bicarbonate hardness**	Bikarbonathärte *f*	dureté *f* bicarbonatée	бикарбонатная жесткость
B 104	**bidet**	Bidet *n*	bidet *m*	биде
B 105	**bidet basin**	Bidetbecken *n*	bassin *m* de bidet	биде
B 106	**bidet battery**	Bidetbatterie *f*	batterie *f* de bidet	арматура для биде
B 107	**bidet outlet sleeve,** outlet sleeve of the bidet	Bidetablaufgarnitur *f*	garniture *f* de décharge du bidet	отводная арматура для биде
B 108	**bidet trap**	Bidetgeruchverschluß *m*, Bidetsyphon *m*	siphon *m* de bidet	сифон для биде
B 109	**bidet valve**	Bidetventil *n*	soupape *f* de bidet	вентиль для биде
B 110	**bidet without douche**	Bidet *n* ohne Brause	bidet *m* sans douche	биде без душа
B 111	**bidet with shower fittings**	Bidet *n* mit Brause	bidet *m* avec douche	биде с душем
B 112	**bifurcation,** forking	Gabelung *f*	bifurcation *f*	развилка, разветвление
B 113	**bimetal**	Bimetall *n*	bimétal *m*	биметалл
B 114	**bimetal ignition safety device**	Bimetallzündsicherung *f*	dispositif *m* de sûreté d'allumage bimétallique	биметаллический предохранитель воспламенения
B 115	**bimetal safety device**	Bimetallsicherung *f*	appareil *m* de sûreté bimétallique	биметаллический предохранитель
B 116	**bimetal spring**	Bimetallfeder *f*	ressort *m* bimétallique	биметаллическая пружина
B 117	**bimetal thermometer**	Bimetallthermometer *n*, Federthermometer *n*	thermomètre *m* bimétallique	биметаллический термометр
B 118	**bimetal tube,** duplex tubing	Bimetallrohr *n*	tuyau *m* bimétallique	биметаллическая труба
B 119	**bin,** bunker	Bunker *m*	trémie *f*, soute *f*	бункер
B 120	**binder**	Bindemittel *n*, Klebstoff *m*	liant *m* <substance d'agrégation>	вяжущее вещество
B 121	**biochemical**	biochemisch	biochimique	биохимический
B 122	**biochemical action**	biochemischer Vorgang *m*	procédé *m* biochimique, méthode *f* biochimique, action *f* biochimique	биохимическая реакция
B 123	**biochemical oxygen demand,** B. O. D.	biochemischer Sauerstoffbedarf *m*, BSB	D.B.O., demande *f* biochimique en oxygène	биохимическая потребность кислорода, БПК
B 124	**biochemistry**	Biochemie *f*	biochimie *f*	биохимия
B 125	**biofilter,** trickling filter	Tropfkörper *m*	lit *m* percolateur, lit bactérien	биофильтр, капельный фильтр
B 126	**biofiltration**	Tropfkörperbehandlung *f*	filtration *f* biologique, épuration *f* par lit bactérien	обработка на биофильтре
B 127	**biological**	biologisch	biologique	биологический
B 128	**biological conditioning,** biological treatment	biologisches Aufbereitungsverfahren *n*	procédé *m* de traitement biologique	биологический способ очистки
	biological oxygen demand	*s.* biochemical oxygen demand		
B 129	**biological purification of sewage, biological sewage treatment**	biologische Abwasserreinigung *f*	épuration *f* biologique des eaux d'égout	биологическая очистка сточных вод, биологическая очистка
B 130	**biological treatment,** biological conditioning	biologisches Aufbereitungsverfahren *n*	procédé *m* de traitement biologique	биологический способ очистки
B 131	**bitumastic paint,** bituminous paint	Bitumenanstrich *m*	peinture *f* bitumineuse	битумная покраска
B 132	**bitumen**	Bitumen *n*	bitume *m*	битум
B 133	**bitumen asbestos sheating**	Bitumenasbestumwicklung *f*	revêtement *m* à base de bitume amiante	асбесто-битумное покрытие
B 134	**bitumen-coated steel tube,** bitumen-lined steel tube, bitumen-dipped steel tube	bituminiertes Stahlrohr *n*	tuyau *m* en acier bitumé, tuyau en acier asphalté	стальная труба, покрытая битумом
B 135	**bitumen coating,** bituminous coating, coat of bitumen	Bitumenüberzug *m*	revêtement *m* de bitume, enduit *m* bitumineux	битумное покрытие
B 136	**bitumen cooker**	Bitumenkocher *m*	fondoir *m* de bitume	котел для подогрева битума
B 137	**bitumen-dipped steel tube,** bitumen-lined steel tube, bitumen-coated steel tube	bituminiertes Stahlrohr *n*	tuyau *m* en acier bitumé, tuyau en acier asphalté	стальная труба, покрытая битумом
B 138	**bitumen-lined pipe**	innenbituminiertes Rohr *n*	tube *m* intérieurement goudronné, tube intérieurement bituminé	труба, покрытая внутри битумом
B 139	**bitumen-lined steel tube,** bitumen-dipped steel tube, bitumen-coated steel tube	bituminiertes Stahlrohr *n*	tuyau *m* en acier bitumé, tuyau en acier asphalté	стальная труба, покрытая битумом

	English	German	French	Russian
B 140	**bituminize**	bituminieren	bitumer	покрыть битумом
B 141	**bituminous**	bituminös	bitumineux	битуминозный
B 142	**bituminous coal,** pitch-coal	Pechkohle *f*	charbon *m* bitumineux	смолистый уголь
B 143	**bituminous coating,** bitumen coating, coat of bitumen	Bitumenüberzug *m*	revêtement *m* de bitume, enduit *m* bitumineux	битумное покрытие
B 144	**bituminous paint,** bitumastic paint	Bitumenanstrich *m*	peinture *f* bitumineuse	битумная покраска
B 145	**black flange,** blind flange	Blindflansch *m*	collet *m* blanc, bride *f* feinte, fausse *f* bride	глухой фланец, заглушка, фланцевая крышка
B 146	**black lead,** graphite, plumbago	Graphit *m*	plombagine *f*, graphite *m*	графит
B 147	**blast,** blow	abblasen	dégonfler	продувать
B 148	**blast,** blower	Gebläse *n*	soufflerie *f*	вентилятор
B 149	**blast**	Gebläseluft *f*	coup *m* de vent, air *m* soufflé, vent *m* de soufflage	воздух от воздуходувки
B 150	**blast-air regulator**	Gebläseluftregler *m*	régulateur *m* du vent courant d'air forcé	регулятор дутья
B 151	**blast coil assembly,** air cooler	Luftkühler *m*	batterie *f* réfrigérante ventilée, refroidisseur *m* d'air	воздухоохладитель
B 152	**blast efficiency**	Gebläseleistung *f*	efficacité *f* du ventilateur	производительность дутьевого вентилятора
B 153	**blast furnace**	Gebläseflammofen *m*	fourneau *m* à courant d'air forcé	жаровая печь на принудительном дутье
B 154	**blast furnace dust,** flue dust	Gichtstaub *m* <plastisches Isoliermaterial>	poussière *f* des hauts fourneaux, poussière du gueulard	колошниковая пыль
B 155	**blast furnace gas,** top gas, throat gas	Gichtgas *n*	gaz *m* du gueulard, gaz de hauts fourneaux	колошниковый газ
B 156	**blast furnace gas firing**	Gichtgasfeuerung *f*	chauffage *m* au gaz du gueulard	топка на колошниковом газе
B 157	**blast furnace gas main**	Gichtgasleitung *f*	conduite *f* de gaz du gueulard	трубопровод колошникового газа
B 158	**bleaching powder,** chloride of lime, chlorinated lime	Bleichkalk *m*, Bleichpulver *n*, Chlorkalk *m*	chlorure *m* de chaux, poudre *f* à blanchir	белильная известь, хлорная известь
B 159	**bleed**	anzapfen	soutirer	отбирать, забирать
B 160	**bleeder heater,** waste steam preheater	Abdampfvorwärmer *m*	réchauffeur *m* à vapeur d'échappement	подогреватель, работающий мятым паром
B 161	**bleeder type condenser**	Berieselungsverflüssiger *m*	condenseur *m* à soutirage	оросительный конденсатор
B 162	**bleeding**	Entnahme *f*	prise *f*, soutirage *m*	отбор
B 163	**bleeding pipe**	Entnahmeleitung *f*	conduite *f* de prise	трубопровод для отбора <воды, пара>
B 164	**bleeding place**	Anzapfstelle *f*	point *m* de soutirage	место отбора
B 165	**bleeding slide valve**	Entnahmeschieber *m*	vanne *f* de prise	задвижка на линии отбора
B 166	**blender**	Mischpumpe *f*	pompe *f* mélangeuse	смесительный насос
B 167	**blind flange,** black flange	Blindflansch *m*	collet *m* blanc, bride *f* feinte, fausse *f* bride	глухой фланец, заглушка, фланцевая крышка
B 168	**block heating**	Blockheizung *f*	chauffage *m* en bloc	блочное отопление
B 169	**blow**	blasen	éteindre	продувать
B 170	**blow,** blast	abblasen	dégonfler	продувать <паровой котел>
B 171	**blow burner,** blow pipe	Gebläsebrenner *m*	chalumeau *m* à souder	напорная горелка
B 172	**blower,** blast	Gebläse *n*	soufflerie *f*	вентилятор
B 173	**blower capacity**	Lüfterleistung *f*	capacité *f* du ventilateur	мощность вентилятора
B 174	**blowing-off pressure**	Abblasedruck *m* <für Sicherheitspfeifen>	pression *f* de purge	давление выхлопа
B 175	**blow-off attachment**	Abblasevorrichtung *f*	disposition *f* d'évacuation	продувочное устройство
B 176	**blow-off pipe** <gas governor>	Abblaseleitung *f* <Gasdruckregler>	conduite *f* d'évacuation	отводящий трубопровод
B 177	**blow-off plug cock,** sludge plug cock	Konusauslaufhahn *m*	robinet *m* de vidange à boisseau	конусный спускной кран
B 178	**blow-off valve**	Abblasventil *n*	soupape *f* d'évacuation	выпускной вентиль
B 179	**blow out**	ausblasen <Gasleitung>	purger	выдувать
B 180	**blow-out apparatus**	Ausblasevorrichtung *f*	dispositif *m* d'échappement	вродувочное устройство
B 181	**blow-out conduction**	Ausblaseleitung *f* <am Standrohr>	tuyau *m* à purger	продувочный трубопровод
B 182	**blow pipe,** blow burner	Gebläsebrenner *m*	chalumeau *m* à souder	напорная горелка
B 183	**blow through**	ausblasen <von Rohrleitungen>	purger	продувать
B 184	**blow torch,** soldering lamp	Lötlampe *f*	lampe *f* à souder	паяльная лампа
B 185	**blue lead,** lead sulphide, galena	Bleiglanz *m*	sulfure *m* de plomb, galène *f*	свинцовый блеск, галенит
	B. O. D.	*s.* biochemical oxygen demand		

B 186	**boiler,** heater	Heizkessel *m*	chaudière *f*	отопительный котел
B 187	**boiler**	Boiler *m*, Kessel *m*	bouilleur *m*, chaudière *f*	водогрейный котел, подогреватель-бойлер
B 188	**boiler compound,** antiscale, scale preventive	Kesselsteinverhütungsmittel *n*	antitartre *m*, tartrifuge *m*	противонакипное средство
B 189	**boiler feed, boiler feeding**	Kesselspeisung *f*	alimentation *f* des chaudières	подача питательной воды в котел
B 190	**boiler feeding water,** boiler feed water	Kesselspeisewasser *n*	eau *f* d'alimentation de chaudière	питательная вода котла
B 191	**boiler feed pump**	Kesselspeisepumpe *f*	pompe *f* d'alimentation des chaudières	питательный насос котла
B 192	**boiler feed water,** boiler feeding water	Kesselspeisewasser *n*	eau *f* d'alimentation de chaudière	питательная вода котла
B 193	**boiler for coals**	Kohlenkessel *m*	chaudière *f* à charbon	котел для сжигания угля
B 194	**boiler for pressure compensation**	Druckausgleichbehälter *m*	réservoir *m* d'égalisation de pression	сосуд выравнивания давления
B 195	**boiler house**	Kesselhaus *m*	bâtiment *m* des chaudières, chaufferie *f*	котельная
B 196	**boiler inspection**	Kesselüberwachung *f*	surveillance *f* des chaudières	котлонадзор
B 197	**boiler mastic**	Kesselkitt *m*	ciment *m* de chaudière	котельная замазка
B 198	**boiler platform**	Kesselbühne *f* <Podest>	plate-forme *f* des chaudières	котельная площадка
B 199	**boiler room**	Kesselraum *m* <zur Kesselaufstellung>	chaufferie *f*	котельное помещение
B 200	**boiler scale,** scale	Kesselstein *m*, Wasserstein *m*	incrustations *fpl* des chaudières, dépôts *mpl* des chaudières, tartre *m* des chaudières, dépôts calcaires	котельная накипь
B 201	**boiler slag,** clinker slag, coal slag, clinker	Kesselschlacke *f*, Kohlenschlacke *f*	mâchefer *m*	котельный шлак
B 202	**boiler supplies**	Kesselzubehör *n*	accessoires *mpl* des chaudières	гарнитура котла
B 203	**boiler type**	Kesselbauart *f*	type *m* des chaudières	тип котла
B 204	**boiler with internal flues,** flue boiler	Flammrohrkessel *m*	chaudière *f* à tubes-foyers	жаротрубный котел
B 205	**boiler with three internal flues**	Dreiflammrohrkessel *m*	chaudière *f* à trois tubes-foyers	трехжаротрубный котел
B 206	**boiling point**	Siedepunkt *m*	point *m* d'ébullition	точка кипения
B 207	**boiling temperature**	Siedetemperatur *f*	température *f* d'ébullition	температура кипения
B 208	**boiling vessel**	Kochkessel *m*	marmite *f*, bouilloire *f*	кипятильник
B 209	**boiling water tank**	Kochendwasserspeicher *m*	accumulateur *m* d'eau bouillante	аккумулятор кипяченой воды
B 210	**bolt**	Bolzen *m*	boulon *m*	болт
B 211	**bolted flanges,** screw flange coupling	Flanschenverschraubung *f*	boulonnage *m* des brides	сболчивание фланцевого стыка
B 212	**Boltzmann constant**	Boltzmann-Konstante *f*	constante *f* de Boltzmann	постоянная Больцмана
B 213	**bonding agent for metal**	Metallkleber *m*	colle *f* pour métaux	клей для металла
B 214	**bonnet,** hood	Haube *f*	capot *m*, capuchon *m*	колпак
B 215	**booster pump**	Druckerhöhungspumpe *f*	pompe *f* de surpression	подкачивающий насос
B 216	**booster pump station,** intermediate pumping station	Zwischenpumpwerk *n*, Überpumpwerk *n*	station *f* de pompage intermédiaire	промежуточная насосная станция
B 217	**bore,** drill	bohren	forer, percer	бурить, сверлить
B 218	**bore crown**	Bohrkrone *f*	couronne *f* de fleuret, couronne à diamants	коронка бура
B 219	**bore detritus,** bore slime	Bohrschlamm *m*	boues *fpl*, limon *m*	буровая грязь
B 220	**bore hole,** auger hole	Bohrloch *n*	trou *m* de sondage, trou percé au foret, trou de forage	буровая скважина
B 221	**bore hole pump**	Bohrlochpumpe *f*	pompe *f* de forage, pompe de fonçage	буровой насос
B 222	**bore of pipe,** internal diameter of pipe	Rohrweite *f*	calibre *m* de tuyau, diamètre *m* de tuyau	внутренний диаметр трубы
B 223	**bore slime,** bore detritus	Bohrschlamm *m*	boues *fpl*, limon *m*	буровая грязь
B 224	**bore well,** tube well, drilled well	Bohrbrunnen *m*, Rohrbrunnen *m*, Röhrenbrunnen *m*	puits *m* de forage, puits tubulaire	буровой колодец, трубчатый колодец, колодец с обсадной трубой
B 225	**boring frame**	Bohrgerüst *n*	plate-forme *f* de sondage	буровая вышка
B 226	**boring implements**	Bohrgeräte *npl*	outillage *m* de fonçage	буровые инструменты
B 227	**boring pipe**	Bohrrohr *n*	tuyau *m* foreur	обсадная труба
B 228	**boring test,** drilling test	Bohrversuch *m*	essai *m* de forage	опыт бурения
B 229	**bottom deposit,** deposit, sediment	Bodensatz *m*, Bodenschlamm *m*	dépôt *m*, sédiment *m*	осадок, донный ил
B 230	**bottom outlet,** drain	Grundablaß *m*	vidange *f* de fond	донный спуск
B 231	**boundary layer**	Grenzschicht *f*	couche *f* limite	[по]граничный слой
B 232	**Bourdon gauge, Bourdon manometer**	Bourdonfedermanometer *n*	manomètre *m* de Bourdon	манометр с пружиной Бурдона

B 233	**bowl-fire**	Heizsonne *f*	radiateur *m* parabolique	рефлектор электрического отопления
B 234	**bow-shaped connexion,** sector	Bogenstück *n*	raccord *m* courbé	колено трубопровода
B 235	**box nut,** cap nut, acorn nut	Hutmutter *f*	écrou *m* à capuchon, écrou à chapeau	гайка-колпачок, колпачковая гайка
B 236	**box respirator,** gas mask	Gasmaske *f*	masque *m* à gaz, masque contre les gaz, masque antigaz	противогазная маска
B 237	**box spanner**	Steckschlüssel *m* <für Gaskappenhahn>	clef *f* à douille	торцевой ключ
B 238	**Boyle's law**	Boyle-Mariottesches Gesetz *n*	loi *f* de Boyle-Mariotte	закон Бойля-Мариотте
B 239	**brackish**	brackig	saumâtre	солоноватый
B 240	**brackish water**	Brackwasser *n*	eau *f* saumâtre	солончаковая вода
B 241	**branch**	Abzweigung *f* <in einem Luftkanal>	ramification *f*, dérivation *f* <d'un conduit d'air>	ответвление
B 242	**branch duct**	Abzweig *m* <Kanal>	conduit *m* secondaire	ответвление
B 243	**branching at acute angle**	spitzwinklige Abzweigung *f*	branchement *m* à angle aigu	остроугольный отвод
B 244	**branching at right angle**	rechtwinklige Abzweigung *f*	branchement *m* d'équerre, branchement à angle droit	прямоугольный отвод
B 245	**branching of the pipe**	Rohrverzweigung *f*	branchement *m* des tuyaux	разветвление трубопровода
B 246	**branching point**	Abzweigpunkt *m*	point *m* de dérivation	точка ответвления
B 247	**branch piece**	Stutzen *m*, Rohrstutzen *m*, Anschlußstutzen *m*, Abzweigstutzen *m*, Rohransatz *m*	tubulure *f* de branchement	патрубок
B 248	**branch pipe**	Abzweigrohr *n*	tuyau *m* de branchement	труба ответвления
	branch sewer	*s.* lateral sewer		
B 249	**brand,** burn in	einbrennen	brûler, marquer au fer chaud	выжигать
B 250	**brass tube**	Messingrohr *n*	tube *m* en laiton	латунная труба
B 251	**braze**	hartlöten	braser	твердо паять
B 252	**brazing**	Hartlötung *f*	soudure *f* forte	твердое паяние
B 253	**brazing metal, brazing solder,** hard solder	Hartlot *n*	brasure *f* forte	твердый припой
B 254	**break**	brechen, zerbrechen	briser, rompre, dilacérer	ломать, рвать, сломить
B 255	**break,** interruption	Unterbrechung *f*	interruption *f*	прерывание
B 256	**breakage,** fracture, rupture	Bruch *m*	rupture *f*, bris *m*	излом
B 257	**break-down,** functional trouble <machine>	Betriebsstörung *f*	panne *f*, trouble *m* fonctionnel <machine>	авария
B 258	**breaking load**	Bruchbelastung *f*	charge-limite *f* d'élasticité, charge *f* de rupture	разрушающая нагрузка
B 259	**breaking strength**	Bruchfestigkeit *f*	résistance *f* à la rupture, résistance extrême	предел прочности при разрыве
B 260	**breaking test**	Bruchprüfung *f*, Bruchprobe *f* <bei Innendruck>	essai *m* d'éclatement, essai à outrance	испытание на разрушение
B 261	**break-resistant,** unbreakable	bruchfest	résistant à la rupture	устойчивый к излому
B 262	**breathing apparatus, breathing mask**	Atemschutzgerät *n*, Atemschutzmaske *f*	masque *m* respiratoire protecteur	кислородный аппарат, противогаз
B 263	**breeches pipe**	Hosenrohr *n*, Gabelrohr *n*	culotte *f*	трубопровод с двумя ответвлениями
B 264	**brewery wastes**	Brauereiabwasser *n*	eaux *fpl* résiduaires de brasserie	сточные воды от пивоварного завода
B 265	**brightness**	Leuchtdichte *f*	brillance *f*, luminance *f*	яркость
B 266	**brine**	Sole *f*	saumure *f*	рассол
B 267	**brine agitator,** brine circulator	Solerührwerk *n*	agitateur *m* de saumure	рассольная мешалка
B 268	**brine circulation**	Soleumwälzung *f*	circulation *f* de saumure	циркуляция рассола
B 268 a	**brine circulator,** brine agitator	Solerührwerk *n*	agitateur *m* de saumure	рассольная мешалка
B 269	**brine cooler**	Solekühler *m*	refroidisseur *m* de saumure	рассольный охладитель
B 270	**brine tank**	Solebehälter *m*	bac *m* à saumure	резервуар для рассола
B 271	**briquet, briquette**	Brikett *n*	briquette *f*, aggloméré *m*, boulet *m* <oval>	брикет
B 272	**broad irrigation,** surface irrigation	Oberflächenberieselung *f*	irrigation *f* superficielle	поверхностное орошение
B 273	**broad irrigation of sewage**	Abwasserverrieselung *f*	épaudage *m* des eaux-vannes	очистка сточных вод на полях орошения
B 274	**brown coal,** lignite	Braunkohle *f*	lignite *m*	бурый уголь
B 275	**brown coal briquette,** lignite briquette	Braunkohlenbrikett *n*	briquette *f* de lignite, lignite *m* aggloméré	брикет бурового угля
B 276	**brown coal firing**	Braunkohlenfeuerung *f*	chauffage *m* au charbon fossile, chauffage au lignite	топка для бурого угля
B 277	**buff**	schwabbeln <mit Leder polieren>	brunir à la meule flexible	полировать подушкой
B 278	**buffer tank**	Speicherbehälter *m*	réservoir-tampon *m*	бак аккумулятора

No.	English	German	French	Russian
B 279	**building code,** building regulations	Bauordnung *f*, baupolizeiliche Vorschrift *f*	règlement *m* de construction	строительные правила
B 280	**building material,** construction material	Baustoff *m*, Baumaterial *n*	matériel *m* de chantier, matériel de construction	строительный материал
B 281	**building of dwelling**	Wohnungsbau *m*	construction *f* d'appartements	жилищное строительство
B 282	**building plumbering**	Bauklempnerei *f*	serrurier-installation *m*	строительные жестяные работы
B 283	**building regulations,** building code	Bauordnung *f*, baupolizeiliche Vorschrift *f*	règlement *m* de construction	строительные правила
B 284	**building site,** construction site	Baustelle *f*	chantier *m*	стройплощадка
B 285	**built-in burner,** mounting burner	Einbaubrenner *m* <z. B. für Gas>	brûleur *m* encastré	встроенная горелка
B 286	**bunker,** bin	Bunker *m*	trémie *f*, soute *f*	бункер
B 287	**bunker,** coal storage hopper	Kohlenbunker *m*	trémie *f* de charbon, soute *f* de charbon	угольный бункер
B 288	**Bunsen burner**	Bunsenbrenner *m*	bec *m* de Bunsen, brûleur *m* de Bunsen	горелка Бунзена
B 289	**Bunsen flame**	Bunsenflamme *f*	flamme *f* de Bunsen	пламя горелки Бунзена
B 290	**buried**	erdverlegt	enterré	подземная подкладка
B 291	**burn,** incinerate	verbrennen	incinérer, brûler	сгорать
B 292	**burner**	Brenner *m*	brûleur *m*	горелка
B 293	**burner arrangement**	Brenneranordnung *f*	arrangement *m* des brûleurs	расположение горелок
B 294	**burner body**	Brennerkörper *m*	corps *m* de brûleur	корпус горелки
B 295	**burner cap**	Brennerdeckel *m*	couvercle *m* de brûleur	крышка горелки
B 296	**burner capacity**	Brennerleistung *f*	capacité *f* du brûleur	производительность горелки
B 297	**burner characteristic**	Brennercharakteristik *f*	caractéristique *f* du brûleur	характеристика горелки
B 298	**burner head,** **burner jet**	Brennerdüse *f*	buse *f* de brûleur, bec *m* de brûleur	сопло горелки
B 299	**burner mounting**	Brennereinbau *m*	montage *m* du brûleur	установка горелки
B 300	**burner pressure**	Brennerdruck *m*	pression *f* dans le brûleur	давление на горелке
B 301	**burner section**	Brennerquerschnitt *m*	section *f* transversale du brûleur	сечение горелки
B 302	**burner stone**	Brennerstein *m*	brique *f* de brûleur	осадок на горелке
B 303	**burner type**	Brennerbauart *f*	type *m* des brûleurs	конструкция горелок
B 304	**burn in,** brand	einbrennen	brûler, marquer au fer chaud	выжигать
B 305	**burning hours**	Brenndauer *f*	durée *f* de brûlage	продолжительность горения
B 306	**burn out**	ausbrennen <Kessel bei Teeransatz>	flamber <l'intérieur>, faire consommer par le feu	выжигать
B 307	**burst**	bersten, platzen	se crevasser, se gercer, craquer, éclater	лопнуть
B 308	**bury,** dig in	vergraben, eingraben	enterrer, mettre en terre, enfouir	закопать
B 309	**butane**	Butan *n*	butane *m*	бутан
B 310	**butene,** butylene	Butylen *n*, Buten *n*	butène *m*, butylène *m*	бутилен
B 311	**butterfly valve,** throttle valve	Drosselklappe *f*	papillon *m* [de réglage], régulateur *m* à papillon, robinet (clapet) *m* d'étranglement, clapet de réglage	перекидной клапан, клапан-бабочка
B 312	**butt-welded**	stumpf geschweißt	soudé par rapprochement	сваренный встык
B 313	**butt-welded seam**	stumpfe Schweißnaht *f*	filet *m* de soudure par rapprochement	стыковой сварной шов
B 314	**butt welding**	Stumpfschweißung *f*	soudure *f* par rapprochement	стыковая сварка
B 315	**butylene,** butene	Butylen *n*, Buten *n*	butène *m*, butylène *m*	бутилен
B 316	**bypass**	Beipaß *m*, Umführungsleitung *f*	bypass *m*	обвод; байпас
B 317	**bypass connexion**	Beipaßschaltung *f*	montage *m* à bypass	байпасное включение
B 318	**bypass line**	Umgehungsleitung *f*	bypass *m*, conduite *f* de dérivation	обводная линия

C

No.	English	German	French	Russian
C 1	**cable-brush,** flue-brush	Kanalbürste *f*, Seilbürste *f*	hérisson *m* à cordes	щетка для чистки каналов канализации
C 2	**caisson**	Senkkasten *m*	caisson *m*	опускной ящик, кессон
C 3	**calcareous stone,** limestone	Kalkstein *m*	calcaire *m*, carbonate *m* de chaux	известняк
C 4	**calcium hardness**	Kalkhärte *f*	dureté *f* calcaire, dureté calcique	кальциевая жесткость
C 5	**calculation**	Anschlag *m* <Berechnung>	estimation *f*, calcul *m*	расчет, калькуляция
C 6	**calculation diagram**	Berechnungsdiagramm *n*	graphique *m* de calculation, diagramme *m* de calculation	расчетная диаграмма
C 7	**calculation of boilers**	Kesselberechnung *f*	compte *m* de chaudières	расчет котла
C 8	**calm**	beruhigen	tranquilliser, apaiser, calmer	успокаивать
C 9	**calming basin**	Beruhigungsbecken *n*	réservoir *m* de stabilisation	успокоительный бассейн
C 10	**caloric unit,** thermal unit, calory	Wärmeeinheit *f*, Kalorie *f*	unité *f* thermique, unité de chaleur, calorie *f*	единица тепла, калория

C 11	**calorie**	Kalorie *f*	calorie *f*	калория
C 12	**calorifer**	Luftheizofen *m*, Kalorifer *m*	calorifère *m*, four *m* à air chaud	воздухонагревательная печь
C 13	**calorific power, calorific value**	Heizwert *m* <Wärmeinhalt>	puissance *f* calorifique, pouvoir *m* calorifique	теплота сгорания
C 14	**calorific value**	Heizwert *m*	valeur *f* calorifique	величина теплоты сгорания
C 15	**calorific value determination**	Heizwertbestimmung *f*	détermination *f* du pouvoir calorifique	определение теплоты сгорания
C 16	**calorimeter**	Heizwertmesser *m*, Kalorimeter *n*	calorimètre *m*	калориметр
C 17	**calorimetric bomb**	kalorimetrische Bombe *f*	bombe *f* calorimétrique	калориметрическая бомба
C 18	**calorimetric equation of state**	kalorische Zustandsgleichung *f*	équation *f* caractéristique calorimétrique	калорическое уравнение состояния
C 19	**calorimetric fundamental equation**	kalorische Grundgleichung *f*	équation *f* fondamentale calorimétrique	калорическое основное уравнение
C 20	**calorimetry**	Wärmemessung *f*	calorimétrie *f*	измерение тепла
C 21	**calory,** caloric unit, thermal unit	Wärmeeinheit *f*, Kalorie *f*	unité *f* thermique, unité de chaleur, calorie *f*	единица тепла, калория
C 22	**canalization,** sewerage	Kanalisation *f*, Kanalisierung *f*	assainissement *m*, canalisation *f*	канализация
C 23	**candle filter**	Kerzenfilter *n*	filtre *m* à bougie	свечевой фильтр
C 24	**candle power,** intensity of illumination, luminous intensity	Beleuchtungsstärke *f*	intensité *f* lumineuse	освещенность
C 25	**cantilevered**	freitragend	en porte-à-faux	свободнонесущий
C 26	**canvas blind,** awning	Sonnendach *n*	marquise *f*, tente *f*	маркиза
C 27	**canvas connection**	Segeltuchverbindung *f*	jonction *f* de toile	парусинное соединение
C 28	**canvas sleeve**	Segeltuchstutzen *m*, Elastikstutzen *m*	manchette *f* souple, manchette antivibrante	патрубок из парусины, эластический патрубок
C 29	**cap,** cover, lid	Deckel *m*	couvercle *m*, chapeau *m*, dôme *m*	крышка
C 30	**cap**	Kappe *f*, o-Stück *n*	bouchon-creux *m*	насадка; покрытие
C 31	**capacity,** volume	Fassungsraum *m*, Fassungsvermögen *n*	capacité *f*, contenance *f*, volume *m*	вместимость, объем
C 32	**capacity**	Kapazität *f*	capacité *f*	мощность; емкость
C 33	**cap-faucet**	Kappendurchgangshahn *m*	robinet *m* droit caché	колпаковый проходной кран
C 34	**capillarity**	Kapillarität *f*	capillarité *f*	капиллярность
C 35	**capillary,** capillary tube	Kapillarröhrchen *n*, Haarrohr *n*	tube *m* capillaire	капилляр
C 36	**capillary condensation**	Kapillarkondensation *f*	condensation *f* capillaire	капиллярная конденсация
C 37	**capillary elevation,** capillary rise	kapillare Steighöhe *f*, kapillarer Aufstieg *m*	ascension *f* capillaire	капиллярный подъем
C 38	**capillary fringe**	Kapillarsaum *m*, Saugsaum *m*	frange *f* capillaire	зона капиллярной воды, подвешенной над уровнем грунтовых вод
	capillary rise	*s.* capillary elevation		
C 39	**capillary tension**	Kapillardruck *m*	tension *f* capillaire	капиллярное давление
	capillary tube	*s.* capillary		
C 40	**capillary water**	Kapillarwasser *n*, Porensaugwasser *n*	eau *f* capillaire	капиллярная вода
C 41	**cap nut,** acorn nut, box nut	Hutmutter *f*	écrou *m* à capuchon, écrou à chapeau	гайка-колпачок, колпачковая гайка
C 42	**capture of underground water**	Grundwassererschließung *f*, Grundwassererfassung *f*	captage *m* de nappe phréatique	каптаж грунтовых вод
C 43	**carbolic acid,** phenol	Phenol *n*, Karbolsäure *f*	acide *m* carbolique, acide phénique, phénol *m*	фенол
C 44	**carbon**	Kohlenstoff *m*	carbone *m*	углерод
C 45	**carbonaceous**	kohlenstoffhaltig	carboné	углеродистый
C 46	**carbonate**	Karbonat *n*, kohlensaures Salz *n*	carbonate *m*	карбонта, углекислая соль
C 47	**carbonate alkalinity**	Karbonatalkalität *f*	alcalinité *f* carbonatée, alcalinité des carbonates	карбонатная щелочность
C 48	**carbonate balance, carbonate equilibrium**	Kalk-Kohlensäure-Gleichgewicht *n*	équilibre *m* de [bi]carbonates	равновесие известь-углекислота
C 49	**carbonate hardness,** temporary hardness	temporäre Härte, Karbonathärte, „vorübergehende Härte" *f*	dureté *f* carbonatée, dureté temporaire, degré *m* hydrotimétrique temporaire	временная жесткость, карбонатная жесткость
C 50	**carbon dioxide**	Kohlendioxid *n*	gaz *m* carbonique, anhydride *m* carbonique	углекислота
C 51	**carbon dioxide grapher**	Kohlensäureschreiber *m* <CO_2-Schreiber>	enregistreur *m* de dioxyde de carbone, enregistreur de gaz carbonique	пишущий прибор содержания углекислоты
C 52	**carbon filter**	Kohlefilter *n*	filtre *m* à charbon	угольный фильтр
C 53	**carbonic oxide,** oxide of carbon	Kohlenoxid *n*	oxyde *m* de carbone	окись углерода

C 54	**carbonization**	Karbonisierung *f*	carbonisation *f*	карбонизация
C 55	**carbon monoxide**	Kohlenmonoxid *n*	oxyde *m* de carbone	окись углерода
C 56	**carbon monoxide meter**	Kohlenmonoxidmesser *m*	compteur *m* d'oxyde de carbone, détecteur *m* d'oxyde de carbone	измеритель содержания окиси углерода
C 57	**carburization**	Karburation *f*, Karburierung *f*	carburation *f*	карбюрация
C 58	**carburizing furnace**	Einsatzofen *m*	four *m* pour la cémentation	печь для цементации
C 59	**Carnot cycle**	Carnotscher Kreisprozeß *m*	cycle *m* de Carnot	процесс Карно, цикл Карно
C 60	**carrier of germs,** germ carrier	Keimträger *m*, Bazillenträger *m*	porteur *m* de germes	носитель микроорганизмов
C 61	**carrier of heat**	Wärmeträger *m*	médium *m* calorifique	теплоноситель
C 62	**carry-over,** priming	Spucken *n* <eines Kessels>	primage *m*, entraînement *m* de l'eau par la vapeur	выбрасывание, броски
C 63	**cartridge heater**	Heizpatrone *f*	cartouche *f* chauffante	нагревательный патрон
C 64	**cascade,** waterfall, chute, cataract, riverfall	Wasserfall *m*, Kaskade *f*	cascade *f*, chute *f* d'eau, cataracte *f*	водопад
C 65	**cascade refrigerating unit**	Kaskadenkühler *m*	groupe *f* frigorifique en cascade	каскадный охладитель
C 66	**case**	Behälter *m*, Kiste *f*	caisse *f*, boîte *f*	вместилище; ящик
C 67	**casing of wells,** lining of wells, installation of well pipes	Verrohren *n* der Brunnen, Verrohrung *f* der Brunnen, Einsetzen *n* von Brunnenrohren	tubage *m* de puits	опускание обсадной трубы
C 68	**cast iron**	Gußeisen *n*	fonte *f*, fer *m* fondu	чугун
C 69	**cast iron conduit,** cast iron pipe line	Gußrohrleitung *f*	conduite *f* en tuyaux de fonte, conduite en fonte	чугунный трубопровод
C 70	**cast iron delivery pipe with socket,** cast iron pressure socket pipe, cast iron pressure pipe with socket	gußeisernes Muffendruckrohr *n*	tuyau *m* en fonte à emboîtement pour une conduite forcée	чугунная напорная труба с муфтой
C 71	**cast iron fitting**	gußeisernes Formstück *n*	pièce *f* spéciale en fonte	чугунная фасонная часть
C 72	**cast iron pipe,** cast iron tube	Gußrohr *n*, gußeisernes Rohr *n*	tuyau *m* en fonte, tuyau de fonte	чугунная труба
C 73	**cast iron pipe conduit, cast iron pipe line**	Gußrohrleitung *f*	conduite *f* en tuyaux de fonte, conduite en fonte	чугунный трубопровод
C 74	**cast iron pressure pipe**	Gußdruckrohr *n*	tube *m* en fonte de pression	чугунная напорная труба
C 75	**cast iron pressure pipe with socket, cast iron pressure socket pipe,** cast iron delivery pipe with socket	gußeisernes Muffendruckrohr *n*	tuyau *m* en fonte à emboîtement pour une conduite forcée	чугунная напорная труба с муфтой
C 76	**cast iron socket**	gußeiserne Muffe *f*	emboîtement *m* en fonte, manchon *m* de raccord en fonte	чугунная муфта
C 77	**cast iron tube,** cast iron pipe	Gußrohr *n*, gußeisernes Rohr *n*	tuyau *m* en fonte, tuyau de fonte	чугунная труба
C 78	**cast radiator**	Gußheizkörper *m*	radiateur *m*	чугунный радиатор
C 79	**cast steel,** crucible steel	Gußstahl *m*	acier *m* fondu, acier coulé, acier de fond	литая сталь
C 80	**cast upright pipe,** vertically cast pipe, pit-cast pipe	Standgußrohr *n*, stehend gegossenes Rohr *n*	tuyau *m* coulé verticalement	вертикальноотлитая труба
C 81	**catadyn process**	Katadyn-Verfahren *n*	procédé *m* catadyn	катадынный способ
C 82	**catalysis**	Katalyse *f*	catalyse *f*	катализ
C 83	**catalyst, catalyzer**	Kontaktstoff *m*, Katalysator *m*, Wirkstoff *m*	catalyseur *m*	катализатор
C 84/5	**cataract,** waterfall, cascade, chute, riverfall	Wasserfall *m*, Kaskade *f*	cascade *f*, chute *f* d'eau, cataracte *f*	водопад
C 86	**caulk**	verstemmen, feststemmen, kalfatern, abstemmen	mater, calfater	чеканить
C 87	**caulking**	Verstemmen *n*, Verstemmung *f*	matage *f*	чеканка
C 88	**caulking compound,** cement	Dichtungskitt *m*	ciment *m*	замазка для уплотнения
C 89	**caulking iron,** caulking tool, fullering tool	Stemmeißel *m*, Setzer *m*, Kordeleisen *n*	ciseau *m* à mater, matoir *m*	долото
C 90	**caulking of the lead in the sockets,** fullering of the lead in the sockets	Verstemmen *n* des Bleies in den Muffen	matage *m* du plomb dans les emboîtements	зачеканка муфт свинцом
C 91	**caulking socket**	Stemmuffe *f*	emboîtement *m* [à matage]	зачеканенная муфта
C 92	**caulking socket with a wire groove**	Stemmuffe *f* mit Drahtnut	emboîtement *m* à mater avec rainure à fil de fer	зачеканенная муфта с пазоном для проволоки
C 93	**caulking tool,** fullering tool, caulking iron	Stemmeißel *m*, Setzer *m*, Kordeleisen *n*	ciseau *m* à mater, matoir *m*	долото

C 94	**caustic**	ätzend	caustique	едкий
C 95	**caustic soda solution,** soda lye	Natronlauge *f*	soude *f* caustique liquide, lessive *f* de soude caustique	раствор едкого натра
C 96	**cavitation**	Kavitation *f*	cavitation *f*	кавитация
C 97	**cavitation danger**	Kavitationsgefährdung *f*	danger *m* de cavitation	опасность кавитации
C 98	**cavitation effect**	Kavitationswirkung *f*	effet *m* de cavitation	кавитационный эффект
C 99	**cavity-ceiling heating**	Hohlraumdecken-heizung *f*	chauffage *m* au plafond creux	отопление пустотелых потолков
C 100	**ceiling duct**	Deckendurchbruch *m*	traversée *f* de plafond	отверстие в перекрытии для пропуска проводок
C 101	**ceiling hot air heating**	Deckenluftheizung *m*	calorifère *m* au plafond	лучистое отопление с нагревом перекрытия теплым воздухом
C 102	**ceiling outlet**	Deckenauslaß *m*	ouverture *f* du plafond	потолочный выпуск
C 103	**ceiling radiator** <ultra red>	Deckenstrahler *m* <Infrarot>	radiateur *m* au plafond <infra-rouge>	потолочный излучатель <инфракрасный>
C 104	**ceiling type evaporator**	Deckenverdampfer *m*	vaporisateur *m* plafonnier, évaporateur *m* plafonnier	потолочный испаритель
C 105	**cell-type inclined-current air filter**	Zellenschrägstrom-filter *n*	filtre *m* cellulaire à courant d'air oblique	секционный фильтр с наклонным потоком
C 106	**cement,** caulking compound	Dichtungskitt *m*	ciment *m*	замазка для уплотнения
C 107	**cement pipe,** concrete pipe	Betonrohr *n*, Zement-rohr *n*	tube *m* en béton	бетонная труба, цементная труба
C 107a	**centigrade,** degree Celsius	Grad *m* Celsius	degré *m* centésimal	градус Цельсия
C 108	**central heating**	Zentralheizung *f*	chauffage *m* central	центральное отопление
C 109	**centrifugal blower**	Zentrifugalgebläse *n*	machine *f* soufflante centrifuge	центробежный вентилятор
C 110	**centrifugal casting process**	Schleudergußverfahren *n*	procédé *m* de coulée par centrifugation	способ центрифугирования
C 111	**centrifugal compressor**	Turboverdichter *m*	turbo-compresseur *m*, compresseur *m* centrifuge	турбокомпрессор
C 112	**centrifugal control system**	Fliehkraftregler *m*	régulateur *m* centrifuge	центробежный регулятор
C 113	**centrifugal deep-well pump**	Zentrifugaltief-brunnenpumpe *f*	pompe *f* centrifuge pour puits profonds	центробежный глубинный насос
C 114	**centrifugal fan**	Zentrifugallüfter *m*, Fliehkraftventilator *m*	ventilateur *m* centrifuge	центробежный вентилятор
C 115	**centrifugally cast pipe,** spun pipe	Schleudergußrohr *n*, Schleuderrohr *n*	tuyau *m* en fonte centrifugée	центрифугированная труба
C 116	**centrifugal pump**	Kreiselpumpe *f*, Zentrifugalpumpe *f*	pompe *f* centrifuge	центробежный насос
C 117	**centrifugal separator**	Fliehkraftabscheider *m*	séparateur *m* centrifuge	центробежный сепаратор
C 118/9	**centrifuge**	Zentrifuge *f*	centrifugeuse *f*, centrifugeur *m*	центрифуга
C 120	**ceramic filter**	keramisches Filter *n*	filtre *m* céramique	керамический фильтр
C 121	**ceramic stove**	keramischer Ofen *m*	four *m* céramique	керамическая печь
C 122/3	**cesspool**	Abortgrube *f*, Klosett-grube *f*	fosse *f* d'aisances	выгреб
C 124	**chain pipe cutter**	Gliederrohrschneider *m*	coupe-tuyaux *m* à maillons	звеньевой труборез
C 125	**chain pipe shears**	Kettenrohrschneider *m*	coupe-tuyaux *m* à chaîne	цепной труборез
C 126	**chamber of a source**	Quellstube *f*	chambre *f* de captage d'une source	каптажный бассейн
C 127	**change of course,** change of direction	Richtungswechsel *m*	changement *m* de direction	изменение направления
C 128	**change of cross section**	Querschnittswechsel *m*	changement *m* de section transversale	изменение поперечного сечения
C 129	**change of direction,** change of course	Richtungswechsel *m*	changement *m* de direction	изменение направления
C 130	**change of state**	Zustandsänderung *f*	changement *m* d'état	изменение состояния
C 131	**change-over device**	Umschaltvorrichtung *f*	inverseur *m*	перекидной клапан
C 132	**channel,** conduit, pipe	Leitung *f*, Rohrleitung *f*, Kanal *m*	conduit *m*, conduite *f*, canal *m*	трубопровод; канал
C 133	**channel**	Kanal *m*, Rinne *f*	canal *m*	канал; лоток
C 134	**channel burner**	Kanalbrenner *m*	brûleur *m* avec des canaux	канальная горелка
C 135	**channel cover**	Kanalabdeckung *f*	couverture *f* du canal	перекрытие канала
C 136	**channelled plate,** checkered sheet, checkered plate	Riffelblech *n*	tôle *f* striée, tôle cannelée, tôle ondulée	рифленая листовая сталь
C 137	**characteristic curve**	Kennlinie *f* <Pumpe, Ventilator>	courbe *f* caractéristique	графическая характеристика
C 138	**characteristic curve**	Betriebskennlinie *f*	caractéristique *f* de fonctionnement	рабочая характеристика
C 139	**characteristic data**	Kenndaten *pl*	données *fpl* caractéristiques	параметры, характеристики
C 140	**characteristic of aperture**	Öffnungskennlinie *f*	ligne *f* caractéristique d'ouverture	характеристика при открытии
C 141	**charcoal**	Holzkohle *f*	charbon *m* de bois	древесный уголь
C 142	**charge,** feed, apply	beschicken	alimenter, charger	загружать
C 143	**charge,** feed, application, dosage	Beschickung *f*	alimentation *f*, chargement *m*	загрузка, подача

C 144	**charge,** filling, stuffing	Füllung *f*	remplissage *m*, charge *f*	загрузка, заполнение
C 145	**charge bogie, charge wagon, charging carriage**	Beschickungswagen *m*	benne *f* de chargement, wagon *m* de chargement	загрузочная вагонетка
C 146	**charging door,** service door	Beschickungstür *f*	clapet *m* d'alimentation, porte *f* de chargement	загрузочное отверстие
C 147	**charging floor,** charging platform	Beschickungsanlage *f*, Beschickungsbühne *f*	chargeur *m*, enfourneur *m*, plate-forme *f* de chargement	загрузочное устройство
C 148	**charging hose, charging line**	Füllschlauch *m*	tubulure *f* de charge, tube *m* de charge	шланг для заполнения
C 149	**charging platform,** charging floor	Beschickungsanlage *f*, Beschickungsbühne *f*	chargeur *m*, enfourneur *m*, plate-forme *f* de chargement	загрузочное устройство
C 150	**Charles's law,** Gay-Lussac law	Gay-Lussacsches Gesetz *n*	loi *f* de Gay-Lussac	закон Гей-Люссака
C 151	**checked sheet**	geprüftes Blech *n*	feuille *f* contrôlée	качественный листовой металл
C 152	**checked under water**	abgedrückt <mit Wasserdruck geprüft>	éprouvé sous l'eau	испытанный на давление
C 153	**checkered plate, checkered sheet,** channelled plate	Riffelblech *n*	tôle *f* striée, tôle annelée, tôle ondulée	рифленая листовая сталь
C 154	**check sample,** comparison test	Vergleichsprobe *f*, Parallelprobe *f*	échantillon *m* étalon	проба для сравнения
C 155	**check valve,** reflux valve, backflow preventer	Rückschlagklappe *f*, Rückschlagventil *n*	soupape *f* de retenue, clapet *m* de retenue	обратная заслонка, обратный клапан
C 156	**chemical compound**	chemische Verbindung *f*	composé *m* chimique	химическое соединение
C 157	**chemical conditioning process,** chemical treatment process	chemisches Aufbereitungsverfahren *n*	procédé *m* de traitement chimique	химический способ приготовления
C 158	**chemical flue gas analyser**	chemischer Rauchgasprüfer *m*	appareil *m* chimique de mesure des fumées	химический анализатор дымовых газов
C 159	**chemical formula**	chemische Formel *f*	formule *f* chimique	химическая формула
C 160	**chemically combined**	chemisch gebunden	chimiquement combiné	химически связанный
C 161	**chemically pure**	chemisch rein	chimiquement pur	химически чистый
C 162	**chemical nature of water**	chemische Beschaffenheit *f* des Wassers	qualité *f* chimique d'eau	химическое состояние воды
C 163	**chemical properties**	chemische Eigenschaften *fpl*	propriétés *fpl* chimiques, caractères *mpl* chimiques	химические свойства
C 164	**chemical solvent**	chemisches Lösungsmittel *n*	dissolvant *m* chimique, solvant *m* chimique	химическое средство растворения
C 165	**chemical treatment process,** chemical conditioning process	chemisches Aufbereitungsverfahren *n*	procédé *m* de traitement chimique	химический способ приготовления
C 166	**chemical water analysis, chemical water research**	chemische Wasseruntersuchung *f*	analyse *f* chimique de l'eau	химический анализ воды
C 167	**children's closet**	Kinderklosettbecken *n*	cuvette *f* d'enfants	детский клозет
C 168	**chill,** cool down	abkühlen	refroidir, réfrigérer	охлаждать
C 169	**chimb**	Zarge *f*	châssis *m*, huisserie *f*, huisserie en tôle pliée	царга, ребро
C 170	**chimney,** funnel, flue	Schornstein *m*, Schlot *m*, Kamin *m*	cheminée *f*	дымовая труба
C 171	**chloramine**	Chloramin *n*	chloramine *f*	хлорамин
C 172	**chloric content**	Chlorgehalt *m*	degré *m* chlorométrique	содержание хлора
C 173	**chloric gas**	Chlorgas *n*	gaz *m* chlore, gaz muriatique oxygéné	хлорный газ
C 174	**chloride**	Chlorid *n*	chlorure *m*	хлорид
C 175	**chloride of lead,** horn lead	Bleichlorid *n*	chlorure *m* de plomb	хлорид свинца
C 176	**chloride of lime,** bleaching powder, chlorinated lime	Bleichkalk *m*, Bleichpulver *n*, Chlorkalk *m*	chlorure *m* de chaux, poudre *f* à blanchir	белильная известь, хлорная известь
C 177	**chloride of sodium,** sodium chloride, salt	Kochsalz *n*, Chlornatrium *n*, Natriumchlorid *n*	gros sel *m*, sel de cuisine	поваренная соль
C 178	**chlorinate**	chloren, chlorieren	chlorer	хлорировать
C 179	**chlorinated lime,** chloride of lime, bleaching powder	Bleichkalk *m*, Bleichpulver *n*, Chlorkalk *m*	chlorure *m* de chaux, poudre *f* à blanchir	белильная известь, хлорная известь
C 180	**chlorination**	Chlorung *f*	chloration *f*, stérilisation *f* par le chlore	хлорирование
C 181	**chlorination of waste water**	Abwasserchlorung *f*	chloration *f* des eaux d'égouts	хлорирование сточных вод
C 182	**chlorinator**	Chlorgerät *n*, Chlorapparat *m*	appareil *m* à chlore, chloreur *m*	хлоратор, хлорный аппарат
C 183	**chlorine**	Chlor *n*	chlore *m*	хлор
C 184	**chlorine absorptive properties,** chlorine combining capacity	Chlorzehrung *f*, Chlorbindungsvermögen *n*, Chlorabsorptionsvermögen *n*	capacité *f* d'absorption de chlore	способность поглощения хлора
C 185	**chlorine addition,** chlorine admixture (application, dosage)	Chlorgabe *f*, Chlorzusatz *m*	dose *f* de chlore, dosage *m* de chlore	добавление хлора

C 186	**chlorine admixture, chlorine application,** chlorine dosage (addition)	Chlorgabe *f*, Chlorzusatz *m*	dose *f* de chlore, dosage *m* de chlore	добавление хлора
C 187	**chlorine combining capacity,** chlorine absorptive properties	Chlorzehrung *f*, Chlorbindungsvermögen *n*, Chlorabsorptionsvermögen *n*	capacité *f* d'absorption de chlore	способность поглощения хлора
C 188	**chlorine cylinder**	Chlorflasche *f*, Chlorbombe *f*	bouteille *f* de chlore, bouteille à chlore	баллон с хлором
C 189	**chlorine demand,** amount of chlorine required	Chlorbedarf *m*	besoin *m* en chlore, dose *f* nécessaire de chlore, demande *f* en chlore	расход хлора
C 190	**chlorine diagram**	Chlordiagramm *n*	diagramme *m* de chlore	диаграмма хлора
C 191	**chlorine dioxide**	Chlordioxid *n*	bioxyde *m* de chlore	двуокись хлора
C 192	**chlorine dosage,** chlorine addition, chlorine admixture, chlorine application	Chlorgabe *f*, Chlorzusatz *m*	dose *f* de chlore, dosage *m* de chlore	добавление хлора
C 193	**chlorine excess,** residual chlorine	Chlorüberschuß *m*, Restchlor *n*	excédent *m* de chlore, résidu *m* de chlore, chlore *m* résiduel	избыток хлора, остаток хлора
	chlorine gas	*s.* gaseous chlorine		
C 194	**chlorine hydrate,** hydrate of chlorine	Chlorhydrat *n*	chlorhydrate *m*	хлоргидрат
C 195	**chlorine indroduction,** chloring	Chloreinleitung *f*, Chlorung *f*	chlorage *m*	ввод хлора
C 196	**chlorine room**	Chlorraum *m*	local *m* à chlorurer	помещение для хлора
C 197	**chlorine solution**	Chlorwasser *n*	eau *f* chlorée, eau de chlore	хлорная вода
C 198	**chloring,** chlorine introduction	Chloreinleitung *f*, Chlorung *f*	chlorage *m*	ввод хлора
C 199	**chlorophenol taste**	Chlorphenolgeschmack *m*	goût *m* de chlorophénol	привкус хлорфенола
C 200	**choke,** clog, plug	verstopfen, sich zusetzen	engorger, obstruer, boucher	засорить, забивать
C 201	**choking,** throttling	Drosselung *f*	étranglement *m*	дросселирование
C 202	**choking,** clogging, obstruction	Verstopfung *f*, Verfilzung *f*	engorgement *m*, obstruction *f*, colmatage *m*	засорение
C 203	**choking of the filter**	Verschmutzung *f* des Filters	encrassement *m* du filtre	загрязнение фильтра
C 204	**chromatography**	Chromatografie *f*	chromatographie *f*	хроматография
C 205	**chromium plating**	Verchromung *f*	chromage *m*	хромирование
C 206	**church heating**	Kirchenheizung *f*	chauffage *m* central d'églises	отопление церкви
C 207	**chute,** waterfall, cascade, cataract, riverfall	Wasserfall *m*, Kaskade *f*	cascade *f*, chute *f* d'eau, cataracte *f*	водопад
C 208	**cinder**	Schlacke *f*	scorie *f*, cendre *f*	шлак
C 209	**circular cross section,** circular transverse section	kreisförmiger Querschnitt *m*, Kreisquerschnitt *m*	section *f* transversale circulaire	круглое поперечное сечение
C 210	**circular main,** ring main	Ringleitung *f*	aqueduc *m* de bouclage, conduite *f* de bouclage	кольцевой трубопровод
C 211	**circular transverse section,** circular cross section	kreisförmiger Querschnitt *m*, Kreisquerschnitt *m*	section *f* transversale circulaire	круглое поперечное сечение
C 212	**circulate**	umwälzen	faire circuler	циркулировать
C 213	**circulating air**	Umluft *f*	air *m* circulant	циркуляционный воздух
C 214	**circulation**	Zirkulation *f*	circulation *f*	циркуляция
C 215	**circulation regulator**	Umlaufregler *m*	régulateur *m* de circulation	регулятор скорости вращения
C 216	**circulator for bathrooms**	Badetherme *f*	chauffe-eau *m* à gaz	колонка для ванны
C 217	**cistern,** collecting well, receiving well	Sammelbrunnen *m*	puits *m* collecteur	сборный колодец
C 218	**cistern,** rain-water tank	Zisterne *f*	citerne *f*	цистерна
C 219	**cistern,** flusting box <W. C.>	Spülkasten *m*	caisse *f* d'écurage	бачок для промывки унитаза
C 220	**city gas**	Stadtgas *n*	gaz *m* de ville	городской светильный газ
C 221	**clamp bolt, clamping screw**	Spannschraube *f*	vis *f* de serrage, vis tendeuse, vis de tension, tendeur *m*	натяжной болт
C 222	**clarification basin,** clarifier	Klärbecken *n*	clarificateur *m*, bassin *m* de clarification	отстойник
C 223	**clarification device**	Kläreinrichtung *f*	dispositif *m* de clarification	оборудование для очистки
C 224	**clarification plant,** purification plant	Reinigungsanlage *f*	station *f* d'épuration	очистное сооружение
C 225	**clarification tank,** sedimentation tank, settling well	Klärbrunnen *m*, Absetzbrunnen *m*	bac *m* de décantation, chambre *f* de clarification	отстойный колодец
C 226	**clarifier,** clarification basin	Klärbecken *n*	clarificateur *m*, bassin *m* de clarification	отстойник
C 227	**clarify**	klären	clarifier	осветлять

No.	English	German	French	Russian
C 228	**clarifying efficiency,** efficiency of clarification	Kläreffekt *m*, Klärwirkung *f*	rendement *m* de la clarification	эффект очистки
C 229	**clay pipe,** tile pipe, earthenware pipe	Tonrohr *n*	tuyau *m* en poterie, tuyau en terracotta	гончарная труба
C 230	**clean,** purify	reinigen	nettoyer, épurer, curer	чистить
C 231	**cleaning,** purification	Reinigung *f*	épuration *f*, nettoyage *m*, curage *m*	очистка
C 232	**cleaning eye, cleaning hole**	Reinigungsöffnung *f*	orifice *m* de nettoyage	отверстие для очистки
C 233	**cleaning of a filter**	Filterreinigen *n*, Filterreinigung *f*	rajeunissement (nettoyage) *m* d'un filtre	чистка фильтра
C 234	**cleaning of heating surface**	Heizflächenreinigung *f*	nettoyage *m* des surfaces de chauffe	очистка поверхностей нагрева
C 235	**clear diameter,** internal diameter	lichte Weite *f*	diamètre *m* intérieur	отверстие по свету
C 236	**clear water,** pure water	reines Wasser *n*, Reinwasser *n*	eau *f* pure, eau propre	очищенная вода
C 237	**clear water basin, clear water reservoir**	Reinwasserbehälter *m*	réservoir *m* d'eau potable	резервуар очищенной воды
C 238	**climate**	Klima *n*	climat *m*	климат
C 239	**climatic chamber**	Klimaschrank *m*	enceinte *f* climatisée, armoire *f* climatique	климатический испытательный шкаф
C 240	**climatic convector**	Klimakonvektor *m*	convecteur *m* climatique	местный кондиционер
C 241	**climatic map**	Klimakarte *f*	carte *f* climatique	карта климата
C 242	**climbing iron,** manhole step, stirrup	Steigeisen *n*	étrier *m*	скобы для влезания в смотровой колодец
C 243	**clinker, clinker slag,** boiler slag, coal slag	Kesselschlacke *f*, Kohlenschlacke *f*	mâchefer *m*	котельный шлак
C 244	**clip,** holdfast, holding device	Halterung *f*	attache *f*, fixage *m*	опора
C 245	**clod coal,** lump coal, raw coal	Grobkohle *f*	gros *m*, houille *f* grosse	крупнокусковой уголь
C 246	**clog,** plug, choke	verstopfen, sich zusetzen	engorger, obstruer, boucher	засорить, забивать
C 247	**clogging,** obstruction, choking	Verstopfung *f*, Verfilzung *f*	engorgement *m*, obstruction *f*, colmatage *m*	засорение
C 248	**close,** lock, seal	verschließen, absperren	fermer	закрывать, запирать
C 249	**closed brine system**	geschlossener Solekreislauf *m*	système *m* à saumure à canalisation fermée	закрытая циркуляция рассола
C 250	**closed-end pipe,** dead-ended pipe, sack-pipe	Sackrohr *n*, totes Endrohr *n*	tuyau *m* en cul de sac, tuyau à bout mort	тупиковая труба
C 250 a	**closed filter**	geschlossenes Filter *n*	filtre *m* fermé	закрытый фильтр
C 251	**closed reservoir**	geschlossener Behälter *m*	réservoir *m* couvert	закрытый резервуар
C 252	**closed trickling filter,** covered trickling filter	geschlossener Tropfkörper *m*	lit *m* bactérien fermé	закрытый биофильтр
C 253	**closet,** lavatory	Abortanlage *f*, Klosettanlage *f*	latrines *fpl*, commodités *fpl*	уборная, клозет
C 254	**closet brush**	Klosettbürste *f*	brosse *f* pour WC	щетка для чистки унитаза
C 255	**closet seat with lid**	Klosettsitz *m* mit Deckel	siège *m* de WC avec couvercle	сидение клозета с крышкой
C 256	**closet seat without lid**	Klosettsitz *m* ohne Deckel	siège *m* de WC sans couvercle	сидение клозета без крышки
C 257	**closure,** seal, lock	Verschluß *m*	fermeture *f*	затвор, запор
C 258	**coagulant,** flocculant, flocking agent	Flockungsmittel *n*, Ausflockungsmittel *n*	coagulant *m*, floculant *m*	коагулянт
C 259	**coagulate,** flocculate	flocken, ausflocken, koagulieren	floculer, coaguler	коагулировать, створаживаться
C 260	**coagulating,** coagulation, flocculation	Flockung *f*, Flocken *n*, Ausflockung *f*, Ausflocken *n*, Koagulation *f*	coagulation *f*, floculation *f*	коагуляция свертывание, хлопьеобразование
C 261	**coagulating basin,** flocculation tank, flocculation basin, flocculator, coagulation tank, coagulation basin	Flockungsbecken *n*, Ausflockungsbecken *n*, Koagulationsbecken *n*	bassin *m* de floculation, bassin de coagulation	бассейн коагулирования
C 262	**coagulation,** flocculation, coagulating	Flockung *f*, Flocken *n*, Ausflockung *f*, Ausflocken *n*, Koagulation *f*	coagulation *f*, floculation *f*	коагуляция; свертывание, хлопьеобразование
C 263	**coagulation basin, coagulation tank,** flocculation tank, flocculation basin, flocculator, coagulating basin	Flockungsbecken *n*, Ausflockungsbecken *n*, Koagulationsbecken *n*	bassin *m* de floculation, bassin de coagulation	бассейн коагулирования
C 264	**coal**	Kohle *f*	houille *f*, charbon *m*	уголь
C 265	**coal bin**	Kohlebehälter *m*	silo *m* de charbon, trémie *f* de charbon	угольный бункер
C 266	**coal burnt per unit grate area**	Rostbelastung *f*	charge *f* spécifique de la grille	нагрузка колосниковой решетки
C 267	**coal dust**	Kohlenstaub *m*	poussière *f* de charbon	пылеугольное топливо
C 268	**coal firing**	Kohlenfeuerung *f*	chauffage *m* au charbon	угольная топка
C 269	**coal hopper**	Kohlenfülltrichter *m*	trémie *f* au charbon	воронка для подачи угля
C 270	**coalite,** small lignite coke, semicoke	Grudekoks *m*	coke *m* de lignite	полукокс

C 271	**coal slag,** clinker slag, boiler slag, clinker	Kesselschlacke *f*, Kohlenschlacke *f*	mâchefer *m*	котельный шлак
C 272	**coal storage hopper,** bunker	Kohlenbunker *m*	trémie *f* de charbon, soute *f* de charbon	угольный бункер
C 273	**coal-tarred hemp braid**	geteerter Hanfstrick *m*	filasse *f* de chanvre goudronné	пеньковый шнур пропитанный дегтем
C 274	**coarse**	grob	gros	крупный
C 275	**coarse adjustment,** rough adjustment	Grobeinstellung *f*	réglage *m* approximatif	грубая регулировка
C 276	**coarse bar screen,** coarse screen, coarse rack, trash rack	Grobrechen *m*	grosse *f* grille, grille *f* de garde	решетка с большими отверстиями
C 277	**coarse filter,** roughing filter	Grobfilter *n*	préfiltre *m*	грубый фильтр
	coarse rack	*s.* coarse bar screen		
C 278	**coarse removing of dust**	Grobentstaubung *f*	dépoussiérage *m* approximatif	удаление крупной пыли
	coarse screen	*s.* coarse bar screen		
C 279	**coat[ing],** lining	Belag *m*, Überzug *m*, Schicht *f*	enduit *m*, pellicule *f*, couche *f*	обшивка; осадок; слой
C 280	**coat of bitumen,** bitumen coating, bituminous coating	Bitumenüberzug *m*	revêtement *m* de bitume, enduit *m* bitumineux	битумное покрытие
C 281	**cock,** tap	Hahn *m*	boisseau *m*, robinet *m*	кран
C 282	**cock of the flexible gas tube**	Gasschlauchhahn *m*	robinet *m* de tuyau à gaz	кран для газового шланга
C 283	**cock wrench**	Hahnschlüssel *m*	clef *f* du robinet	ключ для крана
C 284	**coefficient**	Beiwert *m*, Koeffizient *m*	coefficient *m*	коэффициент
C 285/96	**coefficient "Grashof"**	Grashof-Zahl *f*	coefficient *m* «Grashof»	критерий Грасгофа
C 297	**coefficient of conformity,** uniformity coefficient	Gleichförmigkeitskoeffizient *m*	coefficient *m* de conformité, coefficient d'uniformité	коэффициент равномерности
C 298	**coefficient of efficiency**	Wirkungsgrad *m*	efficacité *f*	коэффициент полезного действия
C 299	**coefficient of elongation**	Dehnungskoeffizent *m*	coefficient *m* d'allongement	коэффициент расширения
C 300	**coefficient of expansion**	Ausdehnungskoeffizient *m*	coefficient *m* de dilatation	коэффициент расширения
C 301	**coefficient of friction**	Reibungskoeffizient *m*	coefficient *m* de frottement	коэффициент трения
C 302	**coefficient of permeability**	Durchlässigkeitsbeiwert *m*, Durchlässigkeitskoeffizient *m*, Durchlässigkeitszahl *f*, Bodenkonstante *f*	coefficient *m* de perméabilité	коэффициент проницаемости
C 303	**coefficient of roughness**	Rauhigkeitsbeiwert *m*	coefficient *m* de rugosité	коэффициент шероховатости
C 304	**coefficient of roughness in pipes,** pipe friction factor	Rohrreibungsbeiwert *m*	coefficient *m* de rugosité des tubes	коэффициент трения трубы
C 305	**coefficient of thermal conduction**	Wärmeleitzahl *f*	coefficient *m* de conductibilité calorifique	коэффициент теплопроводности
C 306	**coil of pipe,** pipe coil	Rohrschlange *f*	batterie *f* de serpentins, serpentin *m*	змеевик
C 307	**coke**	Koks *m*	coke *m*	кокс
C 308	**coke basket**	Kokskorb *m*	panier *m* à coke	жаровня для кокса в виде корзины
C 309	**coke boiler**	Kokskessel *m*	chaudière *f* à coke	коксовый котел
C 310	**coke oven**	Koksofen *m*	four *m* à coke	коксовая печь
C 311	**coke oven gas**	Kokereigas *n*	gaz *m* de cokerie	коксовальный газ
C 312	**coking**	Verkokung *f*	cokéfaction *f*	коксование
C 313	**cold air**	Kaltluft *f*	air *m* froid	холодный воздух
C 314	**cold-air duct**	Kaltluftkanal *m*	gaine *f* d'air froid	канал для холодного воздуха
C 315	**cold chain**	Kühlkette *f*	chaîne *f* du froid	холодильная цепь
C 316	**cold insulator,** low temperature insulation	Kälteschutz *m*	isolation *f* à froid	холодозащита
C 317	**cold insulator**	Kälteschutzmittel *n*	calorifuge *m* frigorifique	морозозащитные средства
C 318	**cold room**	Kühlraum *m*	chambre *f* froide	холодильная камера
C 319	**cold safe**	Kühltruhe *f*	congélateur *m*	охлаждаемый ларь
C 320	**cold storage room**	Kühllagerraum *m*	chambre *f* froide de stockage	холодильная камера хранения
C 321	**cold water**	kaltes Wasser *n*, Kaltwasser *n*	eau *f* froide	холодная вода
C 322	**cold water cooling**	Kaltwasserkühlung *f*	refroidissement *m* par eau froide	низкотемпературное водяное охлаждение
C 323	**coli determination**	Kolibestimmung *f*	dosage *m* des colibacilles, analyse *f* des colibacilles, recherche *f* des colibacilles, détermination *f* des colibacilles	определение бактерий Коли
C 324	**coli test, coli titer**	Kolititer *m*	colititre *m*	титр определения наличия бактерий Коли
C 325	**collar**	Manschette *f*	garniture *f* en cuir	манжета
C 326	**collecting basin**	Sammelbehälter *m*	récipient *m*, réservoir *m*	сборник; сборный бак
C 327	**collecting of samples**	Probeentnahme *f*	prélèvement des échantillons	отбор пробы

	English	German	French	Russian
C 328	**collecting system,** drainage system, sewerage system, water-carriage system, drain system	Entwässerungsnetz *n*, Entwässerungssystem *n*, Kanalnetz *n*, Kanalisationsanlage *f*, Schmutzwasserkanalisation *f*, Abwassersystem *n*	réseau *m* d'égouts, réseau d'évacuation, système *m* de canalisation d'eau usée, système des eaux d'égouts	канализационная сеть, система канализации
C 329	**collecting well,** receiving well, cistern	Sammelbrunnen *m*	puits *m* collecteur	сборный колодец
C 330	**collector well,** horizontal well	Horizontalbrunnen *m*	puits *m* horizontal, puits à drains horizontaux	горизонтальный колодец
C 331	**colloid**	Kolloid *n*	colloïde *m*	коллоид
C 332	**colloidal matter,** colloidal substances	halbgelöste Stoffe *mpl*, kolloidale Stoffe	matières *fpl* colloïdales	коллоиды
C 333	**colloidal state**	kolloidaler Zustand *m*	état *m* colloïdal	коллоидальная добавка
C 334	**colloidal substances,** colloidal matter	halbgelöste Stoffe *mpl*, kolloidale Stoffe	matières *fpl* colloïdales	коллоиды
C 335	**colorimeter**	Kolorimeter *n*	colorimètre *m*	колориметр
C 336	**colorimetric**	kolorimetrisch	colorimétrique	колориметрический
C 337	**colorimetric analysis**	Kolorimetrie *f*	analyse *f* colorimétrique	колориметрия
C 338	**colouring of flame,** flame coloration	Flammenfärbung *f*	coloration *f* de flamme	окраска факела
C 339	**colourless**	farblos	incolore, sans couleur	бесцветный
C 340	**column of mercury**	Quecksilbersäule *f*	colonne *f* barométrique (de mercure)	ртутный столб
C 341	**column of water**	Wassersäule *f*	colonne *f* d'eau	водяной столб
C 342	**combination**	Verbindung *f*	combinaison *f*, combiné *m*, composé *m*	соединение
C 343	**combined active chlorine**	gebundenes wirksames Chlor *n*	chlore *m* actif combiné	связанный активный хлор
C 344	**combined carbon dioxide**	gebundene Kohlensäure *f*	acide *m* carbonique lié, acide carbonique combiné	связанная углекислота
C 345	**combined flue and smoke tube boiler**	Flammrohr-Rauchrohrkessel *m*	chaudière *f* combinée de tube-foyer et de tubes de fumée	жаротрубный-дымогарный котел
C 346	**combined gas and coal hearth**	kombinierter Gas- und Kohleherd *m*	foyer *m* combiné au charbon et au gaz	комбинированная газовая и угольная печь
C 347	**combined residual chlorine**	gebundenes Restchlor *n*	chlore *m* résiduel combiné	связанный остаток хлора
C 348	**combined sewerage**	Mischentwässerung *f*, Mischkanalisation *f*	réseau *m* unitaire d'assainissement	общесиловная система канализации
C 349	**combined sewer system, combined system**	Mischsystem *n*	système *m* unitaire d'assainissement	способ смешения, система смешения
C 350	**combined water meter**	kombinierter Wassermesser *m*	hydromètre *m* combiné	комбинированный водомер
C 351	**combining burner**	Mischbrenner *m*	brûleur *m* mixte	смесительная горелка
C 352	**combustibility**	Brennbarkeit *f*	combustibilité *f*	горючесть, воспламеняемость
C 353	**combustible**	brennbar, verbrennbar	inflammable, combustible	горючий, сжигаемый
C 354	**combustible constituents**	brennbare Bestandteile *mpl*	constituants *mpl* combustibles	горючие части
C 355	**combustibles,** fuel	Brennmaterial *n*, Brennstoff *m*, Heizmaterial *n*	matériaux *mpl* de chauffage, combustibles *mpl*	топливо, горючее
C 356	**combustible tank,** fuel tank	Brennstofftank *m*	réservoir *m* de combustible	бак для горючего
C 357	**combustion,** incineration	Verbrennung *f*	incinération *f*, combustion *f*	сгорание
C 358	**combustion air**	Verbrennungsluft *f*	air *m* comburant	воздух для сгорания
C 359	**combustion chamber**	Brennkammer *f*	chambre *f* de combustion	камера сгорания; топка
C 360	**combustion chamber ceiling**	Brennkammerdecke *f*	plafond *m* de la chambre de combustion	верхнее перекрытие топки
C 361	**combustion chamber cooling**	Brennkammerkühlung *f*	refroidissement *m* de la chambre de combustion	охлаждение камеры сгорания
C 362	**combustion chamber surface**	Brennkammeroberfläche *f*	surface *f* de la chambre de combustion	поверхность камеры сгорания
C 363	**combustion chamber temperature**	Brennkammertemperatur *f*	température *f* de la chambre de combustion	температура в камере сгорания
C 364	**combustion furnace,** incinerator	Verbrennungsofen *m*	four *m* d'incinération, four crématoire	пламенная печь
C 365	**combustion heat**	Verbrennungswärme *f*	chaleur *f* de combustion	теплота сгорания
C 366	**combustion product**	Verbrennungsprodukt *n*	produit *m* de combustion	продукт горения
C 367	**combustion temperature**	Verbrennungstemperatur *f*	température *f* de combustion	температура горения
C 368	**combustion velocity**	Verbrennungsgeschwindigkeit *f*	vitesse *f* de combustion	скорость горения
C 369	**comfort air conditioning**	Komfortklimatisierung *f*	conditionnement *m* d'air pour le confort	комфортное кондиционирование воздуха
C 370	**comfort zone**	Behaglichkeitszone *f*	zone *f* de confort	зона комфорта
C 371	**comminute,** crush	zerkleinern	concasser, broyer	раздробить
C 372	**common bearing,** slide bearing, sliding bearing, plain bearing	Gleitlager *n* <Rohrverlegung>	palier *m* lisse, palier à glissement, palier-glisseur *m*	скользящая опора
C 373	**compact fuel**	fester Brennstoff *m*	combustible *m* solide	твердое топливо
C 374	**comparison test,** check sample	Vergleichsprobe *f*, Parallelprobe *f*	échantillon *m* étalon	проба для сравнения

C 375	**compensating circuit**	Kompensationsschaltung *f*	circuit *m* de compensation	компенсационная схема
C 376	**compensating line**	Ausgleichsleitung *f* <Wasserstandsausgleichung>	ligne *f* de compensation	выравнивающий трубопровод
C 377	**compensation**	Kompensation *f*	compensation *f*	компенсация
C 378	**compensation method**	Kompensationsverfahren *n*	méthode *f* de compensation	компенсационный метод измерения
C 379	**compensator**	Ausgleicher *m* <Kompensator>	compensateur *m*	компенсатор
C 380	**component**	Bestandteil *m*	ensemble *m*	составная часть
C 381	**composite sample**	Mischprobe *f*	échantillon *m* moyen	проба смеси
C 382	**composition**	Zusammensetzung *f*	composition *f*	состав
C 383	**composition of waste water**	Abwasserzusammensetzung *f*	composition *f* des eaux d'égouts	состав сточных вод
C 384	**compound compressor**	Verbundverdichter *m*	compresseur *m* compound, compresseur bi-étagé	комбинированный компрессор
C 385	**compress**	verdichten, komprimieren	comprimer	сжать; уплотнять
C 386	**compressed air**	Druckluft *f*, Preßluft *f*	air *m* comprimé	сжатый воздух
C 387	**compressed air control system**	Druckluftregler *m*	mécanisme *m* régulateur à air comprimé	пневматический регулятор
C 388	**compressed air ejector,** air lift pump, air jet lift	Drucklftheber *m*	éjecteur *m*, éjecteur à air comprimé, dispositif *m* de levage pneumatique	пневматический подъемник
C 389	**compressed air plant**	Preßluftanlage *f*	installation *f* à air comprimé	воздушный компрессор
C 390	**compressed air pump**	Druckluftpumpe *f*	pompe *f* à air comprimé	воздушный насос, компрессор
C 391	**compressed air reservoir,** compressed water reservoir	Hydrophoranlage *f*, Druckerhöhungsanlage *f*	régulateur *m* à air comprimé, régulateur à eau comprimé	гидрофор
C 392	**compressed air tube**	Druckluftleitung *f*	canalisation (conduite, tuyauterie) *f* d'air comprimé	трубопровод для сжатого воздуха
C 393	**compressed gas from cylinders,** pressure gas from cylinders	Druckgas *n* in Flaschen	gaz *m* comprimé en bouteille	газ в баллонах под давлением
C 394	**compressed water reservoir,** compressed air reservoir	Hydrophoranlage *f*, Druckerhöhungsanlage *f*	régulateur *m* à air comprimé, régulateur à eau comprimé	гидрофор
C 395	**compressibility**	Zusammendrückbarkeit *f*, Kompressibilität *f*	compressibilité *f*	сжимаемость
C 396	**compressible**	verdichtbar	compressible	сжимаемый
C 397	**compression**	Verdichtung *f*, Kompression *f*	compression *f*	сжатие, компрессия
C 398	**compression heat**	Kompressionswärme *f*	chaleur *f* de compression	теплота сжатия
C 399	**compression ratio**	Verdichtungsverhältnis *n*	degré *m* de compression	степень сжатия
C 400	**compression refrigerating machine**	Kompressionskältemaschine *f*	machine *f* frigorifique à compression	компрессионная холодильная машина
C 401	**compression strength,** compressive strength	Druckfestigkeit *f*	résistance *f* à la compression	прочность на сжатие, предел прочности на сжатие, сопротивление сжатию
C 402	**compression stress,** compressive stress	Druckbeanspruchung *f*, Druckspannung *f*	effort *m* de compression	сжимающее напряжение, напряжение сжатия
C 403	**compressive load,** pressure load	Druckbelastung *f*	charge *f* de pression	сжимающая нагрузка
C 404	**compressive strength,** compression strength	Druckfestigkeit *f*	résistance *f* à la compression	прочность на сжатие, предел прочности на сжатие, сопротивление сжатию
C 405	**compressive stress,** compression stress	Druckspannung *f*, Druckbeanspruchung *f*	effort *m* de compression	напряжение сжатия, сжимающее напряжение
C 406	**compressor**	Verdichter *m*, Kompressor *m*	compresseur *m*	компрессор
C 407	**compressor body**	Kompressorgehäuse *n*	corps *m* du compresseur	корпус компрессора
C 408	**compressor jacket**	Kompressorkühlermantel *m*	chemise *f* d'eau du compresseur	охлаждающий кожух компрессора
C 409	**compressor unit**	Verdichtersatz *m*	bloc *m* compresseur, groupe *f* compresseur	компрессорный агрегат
C 410	**computable**	berechenbar, kalkulierbar	calculable	осчисляемый, соизмеримый
C 411	**computation of channels**	Kanalberechnung *f*	compte *m* des canaux	расчет канала
C 412	**compute**	berechnen	calculer, évaluer	вычислять
C 413	**concentrate**	verdichten <chemisch>	concentrer	сжимать
C 414	**concrete**	Beton *m*	béton *m*	бетон
C 415	**concrete pipe,** cement pipe	Betonrohr *n*, Zementrohr *n*	tube *m* en béton	бетонная труба, цементная труба
C 416	**concrete radiator**	Betonheizkörper *m*	corps *m* de chauffe en béton, radiateur *m* en béton	бетонный нагревательный прибор
C 417	**condensate,** condense	kondensieren <Dampf>, verflüssigen	condenser	конденсировать
C 418	**condensate,** condenser water, condensed water	Kondensat *n*, Kondenswasser *n*	condensat *m*, eau *f* de condensation, eau condensée	конденсат
C 419	**condensation**	Kondensation *f*	condensation *f*	конденсация

C 420	**condensation by injection,** jet condensation	Einspritzkondensation *f*	condensation *f* par injection	конденсация впрыскиванием
C 421	**condense,** condensate	kondensieren <Dampf>, verflüssigen	condenser	конденсировать
	condensed water	*s.* condenser water		
C 422	**condenser**	Kondensator *m*, Verflüssiger *m*	condenseur *m*, condensateur *m*	конденсатор
C 423	**condenser performance**	Verflüssigerwirkungsgrad *m*	rendement *m* du condenseur	степень полезного действия конденсатора
C 424	**condenser tube**	Kondensatorrohr *n*	tube *m* de condenseur	конденсаторная трубка
C 425	**condenser water,** condensate, condensed water	Kondensat *n*, Kondenswasser *n*	condensat *m*, eau *f* de condensation, eau condensée	конденсат
C 426	**condensing turbine**	Kondensationsturbine *f*, Turbine *f* mit Kondensation	turbine *f* à condensation	конденсационная турбина
C 427	**condition**	konditionieren	conditionner	кондиционировать
C 428	**condition**	Bedingung *f*	condition *f*	условие
C 429	**condition**	Zustand *m*	situation *f*, état *m*	состояние
C 430	**conductance**	Leitwert *m*	conductance *f*	проводимость
C 431	**conduction of heat**	Wärmeleitung *f*	conduction *f* thermique	теплопроводность
C 432	**conductor**	Ableiter *m* <für Kondensat>	conducteur *m* <séparateur d'eau de condensation>	отвод
C 433	**conduit,** pipeline, piping, duct	Rohrleitung *f*	tuyauterie *f*, conduite *f*, canalisation *f*	трубопровод
C 434	**conduit,** pipe; channel	Leitung *f*, Rohrleitung *f*; Kanal *m*	conduit *m*, conduite *f*, canal *m*	трубопровод; канал
C 435	**conduit in a street**	Straßenleitung *f*	conduite *f* sous chaussée	уличная водопроводная линия
C 436	**conduit pipe,** line pipe, main pipe	Leitungsrohr *n*	conduit *m*, tuyau *m* de conducteur, tuyau de conduite	трубопровод
C 437	**conduit pipe in a street**	Straßenrohr *n*	canalisation *f* sous chaussée	уличная канализационная труба
C 438	**cone,** hopper, funnel	Trichter *m*	entonnoir *m*	воронка
C 439	**cone cock**	Konushahn *m*	robinet *m* à cône	конусный кран
C 440	**cone stop-cock**	Konusabsperrhahn *m*	robinet *m* d'arrêt à cône	конусный запорный кран
C 441	**confining liquid**	Sperrflüssigkeit *f*	liquide *m* obturateur	затворная жидкость
C 442	**confluence,** junction	Zusammenfluß *m*	confluent *m*	место слияния
C 443	**conformity,** uniformity	Gleichförmigkeit *f*	conformité *f*, uniformité *f*	равномерность
C 444	**congeal,** freeze	frieren, gefrieren	geler, congeler	замерзать
C 445	**conical valve,** mitre valve	Kegelventil *n*	soupape *f* conique	клапан с коническим седлом
C 446	**conic outlet pipe**	konisches Auslaufrohr *n*	divergent *m*	коническая сливная труба
C 447	**connected load**	Anschlußwert *m*	charge *f* de connexion	величина присоединяемой нагрузки
C 448	**connecting box**	Anschlußdose *f*	boîte *f* de jonction	присоединительная коробка
C 449	**connecting branch**	Abzweigstutzen *m*	raccord *m* de branchement	патрубок для ответвления
C 450	**connecting conduct, connecting conduit**	Verbindungsleitung *f*	conduite *f* de communication	соединительный трубопровод
C 451	**connecting piece**	Verbindungsstück *n*, Halter *m*	raccord *m*, pièce *f* intermédiaire, pièce de jonction	соединительная часть
C 452	**connecting pipe**	Verbindungsrohr *n*	tuyau *m* de communication, tube *m* de raccordement	соединительная труба
C 453	**connecting terminal**	Anschlußklemme *f*	borne *f* de raccordement	соединительный хомут
C 454	**connection**	Anschluß *m*, Verbindung *f*	connexion *f*, raccordement *m*	присоединение
C 455	**connection**	Anschlußstelle *f* <des Ausdehnungsgefäßes>	point *m* d'attache	точка присоединения
C 456	**connection box**	Anschlußkasten *m*	boîte *f* de connexion	коробка для подключения
C 457	**connector plug**	Verbindungsmuffe *f*	fiche *f* de connexion	соединительная муфта
C 458	**consist**	bestehen, sich zusammensetzen	consister, se composer	состоять
C 459	**consistency**	Konsistenz *f*	consistance *f*	консистенция
C 460	**constant pressure accumulator**	Gleichdruckspeicher *m*	accumulateur *m* d'équipression	аккумулятор постоянного давления
C 461	**constriction,** contraction	Einschnürung *f*	étranglement *m*, rétrécissement *m*	сужение
C 462	**construction engineering**	Bauwesen *n*	bâtisse *f*	строительство
C 463	**construction inspection,** construction supervision	Bauaufsicht *f*	surveillance *f* des travaux	стройнадзор
C 464	**construction material,** building material	Baustoff *m*, Baumaterial *n*	matériel *m* de chantier	строительный материал
C 465	**construction site,** building site	Baustelle *f*	chantier *m*	стройплощадка
C 466	**construction supervision,** construction inspection	Bauaufsicht *f*	surveillance *f* des travaux	стройнадзор

C 467	**consume**	verbrauchen	consommer	потреблять
C 468	**consumer**	Abnehmer *m*, Verbraucher *m*	usageur *m*, acheteur *m*, consommateur *m*	абонент, покупатель, потребитель
C 469	**consumption**	Verbrauch *m*	consommation *f*	расход, количество расхода
C 470	**consumption effect**	Verbrauchsleistung *f*	capacité *f* de consommation	потребление мощности
C 471	**consumption of heat**	Wärmeverbrauch *m*	consommation *f* de chaleur	расход тепла
C 472	**consumption peak**	Verbrauchsspitze *f*	pointe *f* de consommation	пиковый расход
C 473	**consumption per capita per day,** daily per capita consumption, per capita consumption daily	Tagesverbrauchsmenge *f* je Einwohner, Verbrauchsmenge *f* je Einwohner und Tag	consommation *f* par jour et par habitant	суточный расход на одного жителя, расход на одного жителя и день
C 474	**consumption per day**	Tagesverbrauch *m*, Tagesverbrauchsmenge *f*	consommation *f* par jour	суточный расход
C 475	**consumption per hour**	Stundenverbrauch *m*	consommation *f* horaire	часовой расход
C 476	**contact area**	Berührungsfläche *f*	surface *f* de contact	поверхность касания
C 477	**contact bed,** fill and draw contact bed	Füllkörper *m*	lit *m* de contact	контактный окислитель, заливной фильтр
C 478	**contact corrosion**	Kontaktkorrosion *f*	corrosion *f* par contact	контактная коррозия
C 479	**contact heat**	Berührungswärme *f*	chaleur *f* de contact	тепло прикосновения
C 480	**contact manometer**	Kontaktmanometer *n*	manomètre *m* à contact	контактный манометр
C 481	**contact mass**	Kontaktmasse *f*	masse *f* de contact	контактная масса
C 482	**contact method**	Füllverfahren *n*	procédé *m* par contact	способ заполнения
C 483	**contact process**	Kontaktverfahren *n*	procédé *m* de contact	контактный способ
C 484	**contact time,** period of contact, time of contact	Berührungszeit *f*, Kontaktzeit *f*	temps *m* de contact	продолжительность контакта, время контакта, время воздействия
C 485	**container,** tank, reservoir, receiver, receptacle	Behälter *m*, Reservoir *n*, Sammler *m*	réservoir *m*, récipient *m*	резервуар, сосуд, коллектор
C 486	**container manometer**	Gefäßmanometer *n*	manomètre *m* du récipient	чашечный манометр
C 487	**contaminate,** pollute	verunreinigen	polluer, contaminer, souiller	загрязнять
C 488	**contamination,** pollution	Verunreinigung *f*	souillure *f*, pollution *f*, contamination *f*	загрязнение
C 489	**contents of ashes**	Aschegehalt *m* <von Brennstoffen>	teneur *f* en cendres	содержание золы, зольность
C 490	**contents of carbon dioxide**	Kohlensäuregehalt *m*	contenu *m* de gaz carbonique, contenu de dioxyde de carbone	содержание углекислоты
C 491	**contents of cesspool**	Abortgrubeninhalt *m*, Klosettgrubeninhalt *m*	contenu *m* de la fosse d'aisances	объем выгреба
C 492	**continental climate**	kontinentales Klima *n*	climat *m* continental	континентальный климат
C 493	**continuous current,** direct current, d. c.	Gleichstrom *m*	courant *m* continu	постоянный ток, прямоток
C 494	**continuous current motor,** direct current motor	Gleichstrommotor *m*	moteur *m* à courant continu	двигатель постоянного тока
C 495	**continuous run, continuous running,** continuous working	kontinuierlicher Betrieb *m*, ununterbrochener Betrieb, Dauerbetrieb *m*	marche *f* continue, fonctionnement *m* continu	непрерывная работа
C 496	**continuous stress**	Dauerbeanspruchung *f*	effort *m* continu	постоянное напряжение
	continuous working	*s.* continuous run		
C 497	**contour line,** level line	Niveaulinie *f*	courbe *f* de niveau	линия уровня
C 498	**contour map**	Höhenlinienplan *m*	carte *f* en courbes de niveau	карта в горизонтальных
C 499	**contract,** narrow	verengen	rétrécir	сузить
C 500	**contraction**	Zusammenziehung *f*	contraction *f*	усадка
C 501	**contraction,** constriction	Einschnürung *f*	étranglement *m*, rétrécissement *m*	сужение
C 502	**contraction factor**	Einschnürzahl *f* <Rohrnetzberechnung>	valeur *f* de contraction	коэффициент сжатия
C 503	**control,** regulate	regeln	régler	регулировать
C 504	**control,** supervise	überwachen	surveiller, contrôler	контролировать
C 505	**control**	Steuerung *f*	contrôle *m*	управление
C 506	**control,** supervision superindence	Überwachung *f*	surveillance *f*, contrôle *m*	наблюдение, контроль
C 507	**control,** regulation	Regelung *f*, Regulierung *f*	réglage *m*, régulation *f*	регулирование
C 508	**controlled condition**	Regelgröße *f*	grandeur *f* réglée	регулируемая величина
C 509	**controller,** regulator	Regler *m*	régulateur *m*, appareil *m* de commande, appareil de contrôle	регулятор
C 510	**control lever,** operating handle, operating lever	Bedienungsgriff *m*	levier *m* de manœuvre	ручка управления
C 511	**control system for the draught of chimney**	Kaminzugregler *m*	régulateur *m* de tirage de cheminée	регулятор тяги дымовой трубы
C 512	**convection**	Strömung *f*, Konvektion *f*	convection *f*	конвекция
C 513	**convector**	Heizungstruhe *f* <Raumluftheizer>	convecteur *m*	нагревательный прибор
C 514	**converter**	Umformer *m*	convertisseur *m*	преобразователь
C 515	**cooking gas burner**	Kochbrenner *m*	brûleur *m* à cuire	горелка для приготовления пищи

No.	English	German	French	Russian
C 516	**cool,** refrigerate	kühlen, abkühlen	réfrigérer, refroidir	охлаждать
C 517	**coolant,** cooling agent	Kühlmittel *n*	agent *m* de refroidissement, médium *m* réfrigérant	холодмльный агент
C 518	**cool down,** chill	abkühlen	refroidir, réfrigérer	охлаждать
C 518 a	**cooler,** cooling vessel	Kühlgefäß *n*	réfrigérant *m*	холодильник, охладитель
C 519	**cooling,** refrigeration	Abkühlung *f*	refroidissement *m*	охлаждение
C 520	**cooling agent,** coolant	Kühlmittel *n*	agent *m* de refroidissement, médium *m* réfrigérant	холодильный агент
C 521	**cooling agent cycle**	Kühlmittelkreislauf *m*	cycle *m* à réfrigérant	оборотная система охлаждающей среды
C 522	**cooling agent pump**	Kühlmittelpumpe *f*	pompe *f* à réfrigérant	насос для подачи охлаждающей жидкости
C 523	**cooling coil,** refrigerating coil	Kühlschlange *f*	serpentin *m* de réfrigération, serpentin de refroidissement	охлаждающий змеевик
C 524	**cooling effect**	Kühlwirkung *f*	effet *m* frigorifique	охлаждающее действие
C 525	**cooling fin,** cooling rib	Kührippe *f*	ailette *f* <de tube réfrigérant>	охлаждающее ребро
C 526	**cooling jacket**	Kühlmantel *m*	chemise *f* d'eau	охлаждающая рубашка
C 527	**cooling limit**	Kühlgrenze *f*	limite *f* de refroidissement	предел охлаждения
C 528	**cooling load**	Kühllast *f*	charge *f* de refroidissement	расход холода
C 529	**cooling medium,** refrigerating medium	Kälteträger *m*	agent *m* de refroidissement, médium *m* réfrigérant	хладоноситель
C 530	**cooling pipe,** refrigerating pipe	Kühlrohr *n*	tuyau *m* de refroidissement	охлаждающая трубка
C 531	**cooling plant,** refrigerating plant	Kühlanlage *f*	installation *f* de réfrigération	холодильная установка
	cooling rib	*s.* cooling fin		
C 532	**cooling surface**	Kühlfläche *f*	surface *f* de refroidissement	поверхность охлаждения
C 533	**cooling tower**	Kühlturm *m*	tour *f* de réfrigération, tour de refroidissement	башенная градирня
C 534	**cooling trunk,** freezing trunk	Gefriertruhe *f*	armoire *f* frigorifique, armoire de surgélation	морозильный ларь
C 535	**cooling tunnel,** tunnel cooler	Kühltunnel *m*	tunnel *m* de réfrigération	туннельный охладитель
C 536	**cooling vessel,** cooler	Kühlgefäß *n*	réfrigérant *m*	охладитель, холодильник
C 537	**cooling water**	Kühlwasser *n*	eau *f* de réfrigération, eau de refroidissement	охлаждающая вода
C 538	**coolness**	Kälte *f*; Kühle *f*	fraîcheur *f*, froid *m*	холод; прохладность
C 539	**copper pipe, copper tube**	Kupferrohr *n*	tuyau *m* en cuivre	медная труба
C 540	**corner control valve**	Eckregulierventil *n*	soupape *f* de réglage d'angle	регулировочный поворотный клапан
C 541	**corner float valve**	Eckschwimmerventil *n*	robinet-flotteur *m* à équerre	угловой поплавковый клапан
C 542	**corner return valve**	Eckrückschlagventil *n*	soupape *f* de retenue à coude	угловой обратный клапан
C 543	**corner safety valve**	Ecksicherheitsventil *n*	soupape *f* de sûreté à coude	угловой предохранительный клапан
C 544	**corner valve** <for radiator>	Eckventil *n* <für Heizkörper>	soupape *f* d'équerre	угловой клапан
C 545	**correction factor**	Korrekturfaktor *m*	coefficient *m* de correction	поправочный коэффициент
C 546	**correction of a running wheel**	Laufradberichtigung *f*	correction *f* de la roue de roulement	исправление ходового колеса
C 547	**corresponding sample**	korrespondierende Probe *f*	échantillon *m* correspondant	соответствующая проба
C 548	**corrode**	korrodieren, angreifen, anfressen	corroder	корродировать
C 549	**corrodibility**	Korrodierbarkeit *f*	optitude *f* à la corrosion	коррозийность
C 550	**corrosion**	Korrosion *f*, Anfressung *f*	corrosion *f*	коррозия; разъедание
C 551	**corrosion inhibitor,** anticorrosive, anticorrosive agent	Korrosionsschutzmittel *n*	inhibiteur *m* de corrosion	средство антикоррозионной защиты
C 552	**corrosion of metal,** metallic corrosion	Metallangriff *m*, Metallkorrosion *f*	corrosion *f* des métaux	коррозия металла
C 553	**corrosion resistance,** non-corrosivity	Korrosionsbeständigkeit *f*	résistance *f* à la corrosion	устойчивость против коррозии
C 554	**corrosive**	korrosiv, angreifend	corrosif	корродирующий
C 555	**corrosive to metals**	metallangreifend	corrosif pour les métaux	разъедающий <металл>
C 556	**corrugated [metal] pipe**	Well[metall]rohr *n*	tube *m* ondulé	волнистая труба
C 557	**costs of production,** prime cost	Gestehungskosten *pl*	frais *mpl* de fabrication, prix *m* de revient	себестоимость
C 558	**counter,** meter	Zähler *m*	compteur *m*	счетчик
C 559	**countercurrent**	Gegenströmung *f*	contre-courant *m*	противоток
C 560	**countercurrent apparatus**	Gegenstromapparat *m*	appareil *m* à courant inverse	теплообменник с противотоком
C 561	**countercurrent principle**	Gegenstromprinzip *n*	principe *m* à contre-courant	принцип противотока
C 562	**countercurrent wash,** back-washing	Gegenstromwäsche *f*, Rückspülung *f*	lavage *m* à contre-courant	противосточная промывка
C 563	**counterflow**	Gegenstrom *m*	remous *m*, contre-courant *m*	противоток
C 564	**counterflow heat exchanger**	Gegenstromwärmetauscher *m*	échangeur *m* thermique à contre-courant	теплообменник с противотоком

No.	English	Deutsch	Français	Русский
C 565	**counterpoise,** counterweight, balance weight	Gegengewicht *n*	contre-poids *m*	противовес
C 566	**counterpressure,** back-pressure	Gegendruck *m*	contre-pression *f*	противодавление
C 567	**counter reservoir**	Gegenbehälter *m*	réservoir *m* d'équilibre, réservoir pour maintenir la pression dans la canalisation	противоточный напорный резервуар
C 568	**counterweight,** counterpoise, balance weight	Gegengewicht *n*	contre-poids *m*	противовес
C 569	**counting mechanism,** recording mechanism	Zählwerk *n*	mécanisme *m* de compteur	счетное устройство
C 570	**coupling**	Kupplung *f*, Verbindung *f*	couplage *m*, accouplement *m*	соединение, сцепление
C 571	**coupling in parallel**	Parallelschaltung *f*	couplage *m* en parallèle	параллельное включение
C 572	**cover,** lid, cap	Deckel *m*	couvercle *m*, chapeau *m*, dôme *m*	крышка
C 573	**covered trickling filter,** closed trickling filter	geschlossener Tropfkörper *m*	lit *m* bactérien fermé	закрытый биофильтр
C 574	**covering**	Abdeckung *f*, Überdeckung *f*	couverture *f*, couvercle *m*	перекрытие, покрытие
C 575	**cover of slide valve,** slide valve cover	Schieberhaube *f*	chapeau *m* de vanne	колпак задвижки
C 576	**cover of the protecting tube**	Hülsrohrdeckel *m*	couvercle *m* pour un tube de rallonge	крышка для гильзы
C 577	**cover plate**	Abdeckplatte *f*	plaque *f* de recouvrement	покрывная плита
C 578	**cover strip,** profile border	Deckleiste *f* ‹für Waschtische›	moulure *f*, couvre-joint *m*	нащельная рейка
C 579	**Cowper's hot-blast stove,** regenerating air heater	Cowper-Apparat *m*	réchauffeur *m* d'air	каупер
C 580	**crack,** fissure	Riß *m*, Sprung *m*	gerçure *f*, lézarde *f*, fente *f*, crique *f*, fissure *f*, cassure *f*	трещина
C 581	**cracking**	Rißbildung *f*	criquage *m*	образование трещин
C 582	**creamery wastes,** dairy wastes	Molkereiabwasser *n*	eaux *fpl* résiduaires de laiterie	сточные воды молочных заводов
C 583	**creosote**	Kreosot *n*	créosote *f*	креозот
C 584	**crest,** summit, vertex	Scheitel *m*	crête *f*, sommet *m*	гребень
C 585	**critical data**	kritische Daten *pl*	données *fpl* critiques	критические параметры
C 586	**critical load**	kritische Belastung *f*	charge *f* de rupture	критическая нагрузка
C 587	**critical point**	kritischer Punkt *m*	point *m* critique	критическая точка
C 588	**critical pressure**	kritischer Druck *m*	pression *f* critique	критическое давление
C 589	**critical temperature**	kritische Temperatur *f*	température *f* critique	критическая температура
C 590	**critical velocity**	kritische Geschwindigkeit *f*	vitesse *f* critique	критическая скорость
C 591	**cropping out of a source**	Quellenaustritt *m*	émergence *f* d'une source, résurgence *f* d'une source	каптаж источника
C 592	**cross, cross branch,** TT piece, fourway branch, 4-way piece, flanged cross	Kreuzstück *n*, TT-Stück *n*	croix *f*, croix à quatre brides	фланцевый крест
C 593	**cross-connection**	Querverbindung *f*	connexion *f* transversale	поперечное соединение
C 594	**cross-current heat exchanger**	Kreuzstrom-Wärmeübertrager *m*	échangeur *m* de chaleur à courants inversés	теплообменник с перекрестным током
C 595	**crosshead shoe,** guide shoe	Gleitschuh *m*	patin *m* de crosse, coulisseau *m* de crosse	башмак ползуна
C 596	**cross-section,** transverse section	Querschnitt *m*	profil *m* en travers, section *f* transversale, coupe *f* transversale	поперечное сечение
C 597	**cross-sectional area of a pipe, cross-section of a pipe**	Rohrquerschnitt *m*	section *f* transversale d'un tuyau	поперечное сечение труъы
C 598	**cross-section of a pipeline**	Leitungsquerschnitt *m*	section *f* transversale d'une conduite	поперечное сечение трубопровода
C 599	**cross tube boiler**	Quersiedekessel *m*	chaudière *f* à bouilleurs croisés	котел с поперечными подогрейными трубами
C 600	**crouch closet**	Hockabort *m*, Hockklosett *n*	WC *m* à la turque, cabinet *m* à la turque	уборная без сидения
C 601	**crucible steel,** cast steel	Gußstahl *m*	acier *m* fondu (coulé, de fond)	литая сталь
C 602	**crude gas**	Rohgas *n*	gaz *m* brut	неочищенный газ
C 603	**crush,** comminute	zerkleinern	concasser, broyer	раздробить
C 604	**crystal glass mirror**	Kristallglasspiegel *m*	miroir *m* à verre de cristal, glace *f* à verre de cristal	хрустальное зеркало
C 605	**crystallization**	Kristallisation *f*	cristallisation *f*	кристаллизация
C 606	**culture gelatine**	Nährgelatine *f*	gélatine *f* nutritive	питательный желатин
C 607	**culture medium**	Nährboden *m*	couche *f* nourricière	питательная среда
C 608	**current,** flow, drift, stream	Strömung *f*, Strom *m*	courant *m*, écoulement *m*	течение, поток, ток

C 609	**current consumption,** electric power consumption	Stromverbrauch *m*, Stromaufnahme *f*	consommation *f* de courant	расход тока
C 610	**current indicator**	Strömungsanzeiger *m*	indicateur *m* d'écoulement, indicateur de courant	указатель потока
C 611	**current velocity,** velocity of flow, stream velocity	Strömungsgeschwindigkeit *f*	vitesse *f* d'écoulement, vitesse du courant	скорость течения
C 612	**curvature**	Krümmung *f*	courbure *f*	кривизна; изгиб
C 613	**cut in,** switch on, switch in, turn in	einschalten	fermer le circuit, mettre en circuit	включать
C 614	**cut out,** de-energize, switch off	ausschalten	couper, interrompre	выключать
C 615	**cut-out point**	Ausschaltstellung *f*, Ausschaltpunkt *m*	position *f* ouverte-d'arrêt	выключающее положение
C 616	**cycle, cyclic process**	Kreisprozeß *m*	cycle *m*	круговой процесс
C 617	**cylinder gas**	Flaschengas *n*	gaz *m* comprimé, gaz en bouteilles	газ в баллонах
C 618	**cylindrical piston water meter**	Kapsel[wasser]messer *m*	mètre *m* à piston rotatif	капсюльный водомер

D

D 1	**daily draught of water**	Tageswasserentnahme *f*	consommation *f* journalière d'eau	суточный расход воды
D 2	**daily flow**	Tageszufluß *m*	apport *m* journalier	суточный приток
D 3	**daily fluctuation,** daily variation	tägliche Schwankung *f*, Tagesschwankung *f*	variation *f* journalière	суточное колебание
D 4	**daily output**	Tagesanfall *m*, Tagesmenge *f*	débit *m* journalier, production *f* journalière	суточный расход
D 5	**daily per capita consumption,** per capita consumption daily, consumption per capita per day	Tagesverbrauchsmenge *f* je Einwohner, Verbrauchsmenge *f* je Einwohner und Tag	consommation *f* par jour et par habitant	суточный расход на одного жителя, расход на одного жителя и день
D 6	**daily precipitation,** quantity of precipitation per day	tägliche Niederschlagsmenge *f*	quantité *f* journalière de pluie, quantité de pluie par jour	суточный осадок
D 7	**daily pumpage**	Tagesfördermenge *f* eines Pumpwerkes	débit *m* de pompage journalier	суточная производительность насосной станции
	daily variation	*s.* daily fluctuation		
D 8	**daily water consumption**	Tageswasserverbrauch *m*	consommation *f* d'eau journalière	суточный расход воды
D 9	**dairy wastes,** creamery wastes	Molkereiabwasser *n*	eaux *fpl* résiduaires de laiterie	сточные воды молочных заводов
D 10	**damage of distribution system,** rupture of the pipeline system (network)	Rohrnetzschaden *m*	défaut *m* du tuyautage	повреждение трубопроводной сети
D 11	**damp,** moisten	befeuchten, anfeuchten	humecter, mouiller	увлажнять
D 12	**damp,** dampness	Feuchtigkeit *f*, Dunst *m*	humidité *f*, moiteur *f*	влажность
D 13	**damp,** moist, humid, wet	feucht	humide, mouillé	влажный
D 14	**damper**	Drosselklappe *f*, Luftklappe *f*	papillon *m* de commande, clapet *m* d'étranglement, clapet de réglage	дроссельный клапан
D 15	**dampness,** damp	Feuchtigkeit *f*, Dunst *m*	humidité *f*, moiteur *f*	влажность
D 16	**dam up,** impound	stauen, aufstauen, anstauen	élever les eaux, emmagasiner les eaux, refouler les eaux	запруживать, подпирать
D 17	**darting flame**	Stichflamme *f*	dard *m* de flamme	острое пламя
	d. c.	*s.* direct current		
D 18	**deacidification**	Entsäuerung *f*	désacidification *f*	раскисление; удаление кислот
D 19	**deacidify,** disacidify	entsäuern	désacidifier	удалять кислоту
D 20	**dead air**	Falschluft *f*	air *m* parasite, rentrée *f* d'air	неправильный приток воздуха
D 21	**dead air pocket**	Luftschatten *m*, Windschatten *m*	angle *m* mort [de circulation d'air]	воздушная тень
D 22	**dead conduit**	blinder Strang *m*	faux conduit *m* de tuyaux	глухой стояк
D 23	**dead load,** dead weight	Eigenmasse *f*	poids *m* mort, poids propre	собственный вес
D 24	**dead steam,** exhaust steam, waste steam, spent steam	Abdampf *m*	vapeur *f* épuisée	мятый пар, отработавший пар
D 25	**dead weight,** dead load	Eigenmasse *f*	poids *m* mort, poids propre	собственный вес
D 26	**dead well,** injection well, inverted well, drainage well, drain well, diffusion well, inverted drainage well, percolation well, recharge well, dump well	Schluckbrunnen *m*, Sickerbrunnen *m*, Versenkbrunnen *m*	puits *m* absorbant, puits d'injection	дренажный колодец

D 27	**de-aerate,** exhaust, ventilate	entlüften	éliminer l'air, enlever l'air, désaérer, ventiler	отводить воздух
D 28	**de-aeration,** ventilation	Entlüftung *f*	évacuation *f* de l'air, désaération *f*, ventilation *f*	вентиляция; деаэрация, обезвоздушивание
D 29	**decalcify,** delime, unlime	entkalken	décalcifier	удалять известь
D 30	**decarbonization**	Entkarbonisierung *f*	décarbonisation *f*	декарбонизация
D 31	**decarbonization plant**	Entkarbonisierungs-anlage *f*	installation *f* de décarbonisation	установка для декарбонизации
D 32	**dechlorinate**	entchloren	déchlorer	дехлорировать
D 33	**dechlorinating agent**	Entchlorungsmittel *n*, Antichlormittel *n*	agent *m* de déchloration	средство дехлорирования
D 34	**dechlorination**	Entchlorung *f*	déchloration *f*	дехлорирование
D 35	**decomposition heat**	Zersetzungswärme *f*	chaleur *f* de décomposition	теплота разложения
D 36	**decontaminating agent**	Entgiftungsmittel *n*	agent *m* décontaminant	обезвреживающее средство
D 37	**decontamination**	Entgiftung *f*	décontamination *f*	обеззараживание
D 38	**decrease of pressure,** fall of pressure, pressure drop	Druckabfall *m*	diminution (chute, réduction) *f* de pression	падение давления
D 39	**de-energize,** cut out, switch off	ausschalten	couper, interrompre	выключать
D 40	**deep boring**	Tiefbohrung *f*	forage *m* profond, forage à grande profondeur	глубокое бурение
D 41	**deep-freezing**	Tiefkühlung *f*	réfrigération *f* à basse température	глубокое охлаждение
D 42	**deep well**	Tiefbrunnen *m*	puits *m* à grande profondeur	глубокий колодец
D 43	**deep-well pump**	Tiefbrunnenpumpe *f*	pompe *f* à grande profondeur	глубинный насос
D 44	**default of oxygen,** oxygen deficiency	Sauerstoffmangel *m*, Sauerstoffdefizit *n*	insuffisance *f* d'oxygène	недостаток кислорода
D 45	**deferrize,** remove iron	enteisenen	déferriser	обезжелезивать
D 46	**deficiency of air**	Luftmangel *m*	manque *m* d'air, défaut *m* d'air	недостаток воздуха
D 47	**deflect,** bend	biegen, durchbiegen	plier, courber, ployer, fléchir	гнуть, прогибать
D 48	**deflecting damper**	verstellbare Zunge *f*	volet *m* réglable	перемещаемый язычок
D 49	**deflection,** bending, flexion, sag, flexure	Durchbiegung *f*	flexion *f* [transversale], flèche *f*, fléchissement *m*	прогиб
D 50	**deflector**	Einstellzunge *f*	déflecteur *m*	установочный язычок
D 51	**deformation**	Verformung *f*	déformation *f*	деформация
D 52	**defrost**	abtauen, enteisen	dégivrer, dégeler	оттаивать; растапливать
D 53	**defroster**	Defroster *m*, Entfroster *m*	dégivreur *m*	дефростер
D 54	**defrosting**	Abtauen *n*	dégivrage *m*	оттаивание
D 55	**defrosting cycle**	Abtauperiode *f*	cycle *m* de dégivrage	период оттаивания
D 56	**defrosting device**	Abtauvorrichtung *f*	dispositif *m* de dégivrage	приспособление для оттаивания
D 57	**defrost method**	Abtauverfahren *n*	méthode *f* de dégivrage	способ оттаивания
D 58	**degas**	entgasen	dégazer	дегазировать
D 59	**degasification**	Entgasung *f*	dégazage *m*, élimination *f* des gaz	дегазация
D 60	**degreasing**	Entfettung *f*	dégraissage *m*	обезжиривание
D 61	**degree**	Grad *m*	degré *m*	степень, градус
D 62	**degree below zero,** degree of frost	Kältegrad *m*	degré *m* de froid	степень охлаждения, градус холода
D 63	**degree Celsius,** centigrade	Grad *m* Celsius	degré *m* centésimal	градус Цельсия
D 64	**degree-days**	Gradtag *m*	degrés-jour *m*	градусодни
D 65	**degree Fahrenheit**	Grad *m* Fahrenheit	degré *m* Fahrenheit	градус Фаренгейта
D 66	**degree Kelvin**	Grad *m* Kelvin	degré *m* Kelvin	градус Кельвина
D 67	**degree of acidity**	Säuregrad *m*	degré *m* d'acidité	степень кислотности
D 68	**degree of cleanliness,** degree of purity	Reinheitsgrad *m*	degré *m* de pureté	степень чистоты
D 69	**degree of dust removal,** dust efficiency <US>	Entstaubungsgrad *m*	degré *m* de dépoussiérage	степень обеспыливания
D 70	**degree of frost,** degree below zero	Kältegrad *m*	degré *m* de froid	степень охлаждения, градус холода
D 71	**degree of hardness**	Härtegrad *m*	degré *m* de dureté	градус жесткости
D 72	**degree of pollution**	Verunreinigungsgrad *m*	degré *m* de contamination	степень загрязнения
D 73	**degree of purification**	Reinigungsgrad *m*	degré *m* d'épuration	степень очистки
D 74	**degree of purity,** degree of cleanliness	Reinheitsgrad *m*	degré *m* de pureté	степень чистоты
D 75	**degree of saturation,** saturation ratio	Sättigungsgrad *m*	degré *m* de saturation	степень насыщения
D 76	**degree of turbidity**	Trübungsgrad *m*	degré *m* de turbidité (transparence)	степень помутнения
D 77	**degree of ventilation**	Lüftungsgrad *m*	degré *m* d'aération	степень аэрации
D 78	**degree Réaumur**	Grad *m* Réaumur	degré *m* Réaumur	градус Реомюра
D 79	**dehumidification**	Entfeuchtung *f*	déshumidification *f*	обезвлаживание
D 80	**dehumidifier, dehydrator**	Entfeuchter *m*, Entfeuchtungsgerät *n*	déshydrateur *m*, déshumidificateur *m*	сушилка
D 81	**deionization**	Deionisierung *f*, Entionisierung *f*	déionisation *f*	деионизация

No.	English	German	French	Russian
D 82	**deionize**	deionisieren, entionisieren	déioniser	деионизировать
D 83	**delime,** decalcify, unlime	entkalken	décalcifier	удалять известь
D 84	**delivery**	Abgabe *f*	fourniture *f*, quantité *f* débitée	сдача
D 85	**delivery cock**	Ablaßhahn *m*, Entleerungshahn *m*	robinet *m* de vidange, robinet de décharge	сливной кран
D 86	**delivery coefficient**	Ausflußbeiwert *m*	coefficient *m* de dépense	коэффициент расхода при истечении
D 87	**delivery direction**	Ausflußrichtung *f*	direction *f* d'écoulement	направление истечения
D 88	**delivery formula**	Ausflußformel *f*	formule *f* de dépense	формула истечения
D 89	**delivery jet pipe**	Ausflußdüse *f*	buse *f* de décharge	выпускное сопло
D 90	**delivery of a well,** yield of a well, yielding capacity of a well, discharge of a well	Brunnenergiebigkeit *f*, Schüttung *f*	débit *m* d'un puits	дебит колодца
D 91	**delivery of gas**	Gasabgabe *f*	livraison *f* de gaz	отдача газа
D 92	**delivery of water**	Wasserabgabe *f*	fourniture *f* d'eau	водоотдача
D 93	**delivery pipe,** pressure pipe	Druckrohr *n*	tuyau *m* de pression	напорная труба
D 94	**delivery pressure**	Förderdruck *m*	pression *f* de refoulement	давление в системе подачи
D 95	**delivery socket pipe,** socket and spigot pressure pipe	Muffendruckrohr *n*	tuyau *m* à emboîtement pour une conduite forcée	раструбная напорная труба
D 96	**delivery valve,** discharge valve	Druckventil *n*	soupape *f* (clapet *m*) de refoulement	нагнетательный клапан
D 97	**demand,** requirements	Bedarf *m*	demande *f*, besoins *mpl*	потребность, расход
D 98	**demanganization,** manganese removal	Entmanganung *f*	démanganisation *f*, élimination *f* du manganèse	освобождение от марганца, удаление марганца
D 99	**demineralization,** desalting	Entsalzung *f*	déminéralisation *f*, dessalement *m*	обессоливание
D 100	**demineralize,** desalt	entsalzen	déminéraliser, dessaler	обессоливать
D 101	**demount**	ausbauen, demontieren	démonter	сносить
D 102	**demountable,** detachable, removable	abnehmbar, zerlegbar	démontable, détachable	съемный, взаимозаменимый, разборный
D 103	**density**	Dichte *f*	densité *f*	плотность
D 104	**density by volume**	Raumdichte *f*	densité *f* en volume	объемная плотность
D 105	**density measurement**	Dichtemessung *f*	densimétrage *m*	измерение плотности
D 106	**density of population**	Bevölkerungsdichte *f*	densité *f* de la population	плотность населения
D 107	**density ratio**	Dichteverhältnis *n*	rapport *m* de densité	отношение плотности
D 108	**deodorant,** deodorizer	Geruchsbeseitigungsmittel *n*, Desodorierungsmittel *n*, Desodorisierungsmittel *n*	désodorisant *m*, agent *m* désodorisant	средство для удаления запахов
D 109	**deodorization,** odour removal, odour control, deodorizing, elimination of odour	Geruchsbeseitigung *f*, Desodorierung *f*, Desodorisierung *f*	enlèvement *m* de l'odeur, désodorisation *f*, élimination *f* de l'odeur	удаление запаха
D 110	**deodorizer,** deodorant	Geruchsbeseitigungsmittel *n*, Desodorierungsmittel *n*, Desodorisierungsmittel *n*	désodorisant *m*, agent *m* désodorisant	средство для удаления запахов
D 111	**deodorizing,** odour removal, deodorization, odour control, elimination of odour	Geruchsbeseitigung *f*, Desodorierung *f*, Desodorisierung *f*	enlèvement *m* de l'odeur, désodorisation *f*, élimination *f* de l'odeur	удаление запаха
D 112	**dependance on temperature**	Temperaturabhängigkeit *f*	variation *f* en fonction de la température	температурная зависимость
D 113	**dephenolize**	entphenolen	déphénoler	удалить фенол
D 114	**dephenolizing**	Entphenolung *f*	déphénolisation *f*, déphénolage *m*	удаление фенола, обесфеноливание
D 115	**dephenolizing plant**	Entphenolungsanlage *f*	installation *f* de déphénolage	установка для удаления фенола
D 116	**deposit**	absetzen, ablagern	déposer	отстаиваться, отлагаться
D 117	**deposit**	Ablagerung *f* <in Rohrleitungen>	dépôt *m* précipité, sédiment *m*	отложение
D 118	**deposit,** sediment, bottom deposit	Bodensatz *m*, Bodenschlamm *m*	dépôt *m*, sédiment *m*	осадок, донный ил
D 119	**deposition of sludge**	Schlammablagerung *f*	dépôt *m* des boues	отложение шлама
D 120	**depth of well**	Brunnentiefe *f*	profondeur *f* du puits	глубина колодца
D 121	**derivative**	Derivat *n*	dérivé *m*	производное
D 122	**desalt,** demineralize	entsalzen	déminéraliser, dessaler	обессоливать
D 123	**desalting,** demineralization	Entsalzung *f*	déminéralisation *f*, dessalement *m*	обессоливание
D 124	**descaling**	Entkrusten *n*, Entzunderung *f*, Entzundern *n*	détartrage *m*, décalaminage *m*	удаление отложений
D 125	**desiccation,** drying	Trocknung *f*	séchage *m*, dessiccation *f*	сушка, высушивание
D 126	**design**	dimensionieren	dimensionner	устанавливать размеры

No.	English	German	French	Russian
D 127	**desludge,** remove sludge	entschlammen	débourber, enlever les boues, évacuer les boues	удалять ил
D 128	**desludging,** sludge removal	Entschlammung *f*	évacuation *f* des boues, enlèvement *m* de boues	удаление ила
D 129	**desulphurating of gas**	Gasentschwefelung *f*	désulfuration *f* du gaz	удаление серы из газа
D 130	**desulphuration**	Entschwefelung *f*	dessoufrage *m*, désulfuration *f*	удаление серы
D 131	**detachable,** demountable, removable	abnehmbar, zerlegbar	démontable, détachable	съемный, взаимозаменимый, разборный
D 132	**detection of chlorine**	Chlornachweis *m*	décèlement *m* de chlore	доказательство присутствия хлора
D 133	**deterioration,** wear and tear	Verschleiß *m*	usure *f*	износ
D 134	**determination of hardness,** hardness test <water>	Härtebestimmung *f* <Wasser>	hydrotimétrie *f*	определение жесткости <воды>
D 135	**determination of oxygen**	Sauerstoffbestimmung *f*	détermination *f* de l'oxygène	определение кислорода
D 136	**detonating gas,** oxyhydrogen gas	Knallgas *n*	gaz *m* explosif	гремучий газ
D 137	**detritor, detritus chamber, detritus tank,** grit chamber, grit tank, sand trap, grit basin	Sandfang *m*, Sandfänger *m*	dessableur *m*, séparateur *m* de sable	песколовка
D 138	**developed view**	Abwicklung *f*	développement *m*	развертка
D 139	**deviation,** difference	Abweichung *f*, Differenz *f*	déviation *f*, variation *f*, différence *f*	отклонение; отступление
D 140	**dewatering channel,** discharge channel, drain channel	Entleerungskanal *m*	canal *m* de vidange	спускной канал
D 141	**dewatering conduit,** discharge conduit	Entleerungsleitung *f*	conduite *f* de vidange	спускной водопровод
D 142	**dew point**	Taupunkt *m*, Kondensationspunkt *m*	point *m* de rosée, point de condensation	точка росы
D 143	**dew-point rise**	Taupunkterhöhung *f*	élévation *f* du point de rosée	повышение точки росы
D 144	**dextrin,** starch gum	Dextrin *n*	dextrine *f*, gomeline *f*, gomme *f* indigène	декстрин
D 145	**diagram,** graph	Schaubild *n*	diagramme *m*, graphique *m*	диаграмма, график
D 146	**diagram of connection**	Schaltschema *n*	schéma *m* de montage	схема включения
D 147	**diameter**	Durchmesser *m*	diamètre *m*	диаметр
D 148	**diameter of jet**	Strahldicke *f*	grosseur *f* du jet	толщина струи
D 149	**diameter of pipe**	Rohrdurchmesser *m*	diamètre *m* du tuyau	диаметр трубы
D 150	**diaphragm,** membrane	Membran[e] *f*, Blende *f*	membrane *f*, diaphragme *m*	мембрана, диафрагма
D 151	**diaphragm control system**	Membranregler *m*	régulateur *m* à membrane	мембранный регулятор
D 152	**diaphragm control valve**	Membranregelventil *n*	soupape *f* à membrane	мембранный регулировочный клапан
D 153	**diaphragm counter**	Membranzähler *m*	compteur *m* à membrane	мембранный счетчик
D 154	**diaphragm flush valve**	Membranspülventil *n*	soupape *f* de vidange à membrane	мембранный промывочный клапан
D 155	**diaphragm of leather,** leather diaphragm, membrane of leather	Ledermembran *f*	membrane *f* en cuir, diaphragme *m* en cuir	кожаная мембрана
D 156	**diaphragm-pressure control valve**	Membrandruckminderventil *n*	soupape *f* réductrice à membrane	мембранный регулятор давления
D 157	**diaphragm pump,** membrane pump	Membranpumpe *f*, Diaphragmapumpe *f*, Balgpumpe *f*	pompe *f* à diaphragme, pompe à membrane	диафрагменный насос
D 158	**diaphragm-type compressor**	Membranverdichter *m*	compresseur *m* à membrane	мембранный компрессор
D 159	**diaphragm valve**	Membranventil *n*	soupape *f* à diaphragme (membrane)	мембранный клапан
D 160	**diatomite,** kieselguhr	Kieselgur *n*	kieselguhr *m*, diatomite *f*	трепел, кизельгур
D 161	**difference,** deviation	Abweichung *f*, Differenz *f*	déviation *f*, variation *f*, différence *f*	отклонение; отступление
D 162	**difference in elevation,** difference in level	Höhenunterschied *m*	différence *f* de niveau, différence en hauteur, dénivellation *f*, dénivellement *m*	разность высот
D 163	**difference in level,** difference in elevation	Höhenunterschied *m*	différence *f* de niveau, différence en hauteur, dénivellation *f*, dénivellement *m*	разность высот
D 164	**difference of phase**	Phasenverschiebung *f*	décalage *m* de phase	фазовый сдвиг
D 165	**difference of potential**	Potentialdifferenz *f*	différence *f* de potentiel	разность потенциалов
D 166	**difference of temperature**	Temperaturunterschied *m*	différence *f* de température	разность температур
D 167	**difference pressure**	Differenzdruck *m*	pression *f* différentielle	дифференциальное давление
D 168	**differences of consumption**	Verbrauchsunterschiede *mpl*	différences *fpl* de consommation	разности расхода

D 169	**differential head of a filter,** operating head of a filter, head of a filter	Filterdruck *m*, Filterüberdruck *m*, Arbeitsdruck *m* eines Filters	pression *f* filtrante	фильтрационный напор
D 170	**differential manometer,** differential pressure gauge	Differentialmanometer *n*	manomètre *m* différentiel	дифференциальный манометр
D 171	**differential plunger,** differential pump-ram	Differentialplunger *m*	piston (plongeur) *m* différentiel	дифференциальный плунжер
D 172	**differential pressure**	Differentialdruck *m*	pression *f* différentielle	дифференциальное давление
D 173	**differential pressure gauge,** differential manometer	Differentialmanometer *n*	manomètre *m* différentiel	дифференциальный манометр
D 174	**differential pump**	Differentialpumpe *f*	pompe *f* différentielle	дифференциальный насос
D 175	**differential pump-ram,** differential plunger	Differentialplunger *m*	piston (plongeur) *m* différentiel	дифференциальный плунжер
D 176	**diffuser**	Diffusor *m*	diffuseur *m*	диффузор
D 177	**diffuser plate,** air diffuser	Verteilerplatte *f*, Luftverteiler *m*	plaque *f* diffuseuse, diffuseur *m* d'air	распределитель воздуха
D 178	**diffusion**	Diffusion *f*	diffusion *f*	диффузия
D 179	**diffusion field**	Diffusionsfeld *n*	champ *m* de diffusion	поле диффузии
D 180	**diffusion well,** injection well, inverted well, drainage well, dead well, drain well, inverted drainage well, percolation well, recharge well, dump well	Schluckbrunnen *m*, Sickerbrunnen *m*, Versenkbrunnen *m*	puits *m* absorbant, puits d'injection	дренажный колодец
D 181	**digester gas utilization**	Faulgasverwertung *f*	utilisation *f* du gaz de digestion	использование болотного газа, использование метана
D 182	**digestion**	Faulung *f*, Ausfaulung *f*	digestion *f*	гниение
D 183	**digestion period,** digestion time	Faulzeit *f*	temps *m* de digestion	время гниения
D 184	**digestion process,** septic tank method	Faulverfahren *n*	procédé *m* de digestion	способ гниения
	digestion time	*s.* digestion period		
D 185	**dig in,** bury	vergraben, eingraben	enterrer, mettre en terre, enfouir	закопать
D 186	**dilatation,** expansion	Ausdehnung *f*, Expansion *f*	dilatation *f*, détente *f*, expansion *f*	расширение, дилатация
D 187	**dilute**	verdünnen	diluer	разбавить
D 188	**diluting water,** dilution water	Verdünnungswasser *n*	eau *f* de dilution	вода для разбавления
D 189	**dilution**	Verdünnung *f*	dilution *f*	разжижение; разбавление
D 190	**dilution method**	Verdünnungsverfahren *n*	méthode *f* par dilution	способ разбавления
D 191	**dilution water,** diluting water	Verdünnungswasser *n*	eau *f* de dilution	вода для разбавления
D 192	**dip in,** immerse in	eintauchen	plonger, immerger	погружать
D 193	**dipped yarn,** tarred rope	Teerstrick *m*	corde *f* goudronnée, filasse *f* goudronnée	просмоленная веревка
D 194	**dip-pipe,** inverted siphon	Düker *m*	siphon *m* submergé, siphon à point bas, siphon renversé	дюкер
D 195	**direct-contact condenser,** mixing condenser	Mischkondensator *m*	condenseur *m* par mélange	конденсатор смешения
D 196	**direct current,** d. c., continuous current	Gleichstrom *m*	courant *m* continu	постоянный ток, прямоток
D 197	**direct current motor,** continuous current motor	Gleichstrommotor *m*	moteur *m* à courant continu	двигатель постоянного тока
D 198	**direction of air flow**	Richtung *f* des Luftstromes	sens *m* de courant d'air	направление потока воздуха
D 199	**direction of fall**	Gefällerichtung *f*	direction *f* de la chute d'eau	направление уклона
D 200	**direction of motion**	Bewegungsrichtung *f*	direction *f* de mouvement	направление движения
D 201	**dirt,** filth, polluted matter, polluting matter	Schmutz *m*	saleté *f*, ordure *f*, souillure *f*, salissure *f*, fange *f*	грязь
D 202	**disacidify,** deacidify	entsäuern	désacidifier	удалять кислоту
D 203	**disagreable odour,** unpalatable smell, unpleasant smell	unangenehmer Geruch *m*	odeur *f* désagréable	неприятный запах
D 204	**discharge,** load reduction	Entlastung *f*	décharge *f*	разгрузка
D 205	**discharge**	Abfluß *m*, Ablauf *m*	débouché *m*, déchargeoir *m*	сток, расход
D 206	**discharge channel,** dewatering channel, drain channel	Entleerungskanal *m*	canal *m* de vidange	спускной канал
D 207	**discharge conduit,** dewatering conduit	Entleerungsleitung *f*	conduite *f* de vidange	спускной водопровод
D 208	**discharge frequency**	Häufigkeit *f* der Abflußmengen	fréquence *f* des débits	частота расходов сточных вод
D 209	**discharge grill**	Ausblasegitter *n*	grille *f* de soufflage	продувочная решетка
D 210	**discharge measurement**	Abflußmengenmessung *f*, Abflußmessung *f*	mesure *f* du débit caractéristique moyen	измерение количества расхода [истечения]

D 211	**discharge of a well,** yield of a well, delivery of a well, yielding capacity of a well	Brunnenergiebigkeit *f*, Schüttung *f*	débit *m* d'un puits	дебит колодца
D 212	**discharge of water**	Wasserhaltung *f*	épuisement *m*	водоотлив
D 213	**discharge quantity**	Auslaufmenge *f*	quantité *f* d'écoulement	истекающее количество
D 214	**discharge speed**	Abflußgeschwindigkeit *f*	vitesse *f* d'écoulement	скорость истекания
D 215	**discharge valve**	Auslaßventil *n*	soupape *f* d'émission, soupape de sortie	выпускной клапан
D 216	**discharge valve,** delivery valve	Druckventil *n*	soupape *f* (clapet *m*) de refoulement	нагнетательный клапан
D 217	**disconnection**	Abschaltung *f*	déconnexion *f*, interruption *f*	выключение
D 218	**disease germs,** pathogenic germs, pathogenic organisms, infectious germs	krankheitserregende Keime *mpl*, Krankheitserreger *mpl*, pathogene Keime	agents *mpl* pathogènes, microbes *mpl* pathogènes, germes *mpl* pathogènes	болезнетворные микробы, возбудители болезней
D 219	**dish washer, dish washing machine**	Geschirrspülmaschine *f*	machine *f* à rincer la vaisselle, lave-vaisselle *m*	посудомоечная машина
D 220	**disincrustant,** scale solvent	Kesselsteinlösungsmittel *n*	désincrustant *m*, désincrustant curatif	растворитель котельной накипи
D 221	**disinfectant**	Desinfektionsmittel *n*	désinfectant *m*	средство дезинфекции
D 222	**disinfection**	Desinfektion *f*, Entseuchung *f*	désinfection *f*	дезинфекция
D 223	**disinfection of waste water**	Abwasserdesinfektion *f*	désinfection *f* des eaux d'égouts	дезинфекция сточных вод
D 224	**disintegration**	Zerfall *m*	désintégration *f*	распадение
D 225	**disk filter**	Scheibenfilter *n*	filtre *m* à disque	дисковый фильтр
D 226	**disk piston blower**	Kreiskolbengebläse *n*	compresseur *m* rotatif à piston	вентилятор с вращающимися поршнями
D 227	**disk valve**	Tellerventil *n*, Scheibenventil *n*	soupape *f* à disque, soupape à siège plan	тарельчатый клапан
D 228	**disk water meter**	Scheibenwassermesser *m*	hydromètre *m* à disque oscillant	дисковый водомер
D 229	**dismount**	abmontieren	démonter	демонтировать, разбирать
D 230	**dispersion**	Dispersion *f*	dispersion *f*	дисперсия
D 231	**displacement**	Verdrängung *f*	déplacement *m*	вытеснение
D 232	**disposal of waste water,** sewage disposal	Abwasserbeseitigung *f*, Abwasserableitung *f*	dérivation *f* des eaux d'égouts	удаление сточных вод
D 233	**disposition of heating surface**	Heizflächenanordnung *f*	disposition *f* des surfaces de chauffe	расположение поверхностей нагрева
D 234	**dissociation**	Dissoziation *f*	dissociation *f*	диссоциация
D 235	**dissolution**	Lösen *n*, Auflösen *n*	dissolution *f*	растворение
D 236	**dissolved gas**	gelöstes Gas *n*	gaz *m* dissous, gaz en dissolution	растворенный газ
D 237	**dissolved matter,** dissolved solids, dissolved substances	gelöste Stoffe *mpl*	matières *fpl* dissoutes, matières en solution	растворенные вещества
D 238	**dissolved oxygen,** D. O.	gelöster Sauerstoff *m*	oxygène *m* dissous	растворенный кислород
D 239	**dissolved solids, dissolved substances,** dissolved matter	gelöste Stoffe *mpl*	matières *fpl* dissoutes, matières en solution	растворенные вещества
D 240	**distance,** interspace	Abstand *m*, Zwischenraum *m*, Entfernung *f*, Intervall *n*	distance *f*, écartement *m*, intervalle *m*	расстояние
D 241	**distant-heating**	Fernheizung *f*	chauffage *m* à distance	централизованное теплоснабжение
D 242	**distant-reading thermometer,** telethermometer	Fernthermometer *n*	thermomètre *m* à distance, téléthermomètre *m*	дистанционный термометр
D 243	**distillation,** distilling	Destillation *f*	distillation *f*	дистилляция, перегонка
D 244	**distillation residue**	Destillationsrückstand *m*	résidu *m* de distillation	остаток от перегонки
D 245	**distilled water**	destilliertes Wasser *n*	eau *f* distillée	дистиллированная вода
D 246	**distillery wastes**	Brennereiabwässer *npl*	eaux *fpl* résiduaires de distillerie	сточные воды от спирто-водочных заводов
D 247	**distilling,** distillation	Destillation *f*	distillation *f*	дистилляция, перегонка
D 248	**distributing duct**	Verteilerkanal *m*	conduit *m* de distribution	распределительный канал
D 249	**distribution box**	Abzweigkasten *m*	coffret *m* de distribution	коробка для ответвления
D 250	**distribution district**	Versorgungszone *f*	zone *f* d'alimentation	зона снабжения
D 251	**distribution main**	Hauptverteilungsleitung *f*	conduite *f* maîtresse de distribution	магистральный распределительный трубопровод
D 252	**distribution pressure**	Versorgungsdruck *m*	pression *f* d'alimentation	напор обеспечения
D 253	**distribution system,** supply system	Versorgungsnetz *n*	réseau *m* d'alimentation	распределительная сеть
D 254	**distributor**	Verteiler *m*	distributeur *m*	распределитель
D 255	**district control station**	Bezirksreglerstation *f*	station *f* régulatrice régionale	зональная регулировочная станция
D 256	**district control system**	Bezirksregler *m*	mécanisme *m* régulateur régional	зональный регулятор
D 257	**diversion channel**	Umleitungskanal *m*	canal *m* de dérivation	обводный канал
D 258	**division wall,** partition wall	Trennungswand *f*, Trennwand *f*, Scheidewand *f*	cloison *f*	разделительная стена
	D. O.	*s.* dissolved oxygen		

No.	English	German	French	Russian
D 259	**domestic clarifier**	Haushaltsklärgerät *n*, Klärgerät *n* für den Haushalt	clarificateur *m* ménager, clarificateur domestique	домовая установка для очистки сточных вод
D 260	**domestic consumption**	häuslicher Verbrauch *m*	consommation *f* domestique	бытовой расход
D 261	**domestic dustbin,** refuse container, garbage container, dustbin	Müllkasten *m*, Mülltonne *f*	poubelle *f*	мусорный бак
D 262	**domestic filter**	Hausfilter *n*, Haushaltfilter *n*	filtre *m* domestique	домовой фильтр
D 263	**domestic refrigerator**	Haushaltkühlschrank *m*	réfrigérateur *m* ménager	домашний холодильник
D 264	**domestic sewage,** household waste water	häusliches Abwasser *n*	eau *f* usée domestique, eau usée ménagère	бытовая сточная вода
D 265	**domestic softener**	Hausenthärter *m*	adoucisseur *m* domestique	домовой умягчитель
D 266	**domestic water meter**	Hauswasserzähler *m*	compteur *m* d'eau domestique	домовой водомер
D 267	**domestic water supply**	Hauswasserversorgung *f*	alimentation *f* en eau domestique	домовая система водоснабжения
D 268	**donkey boiler,** supplementary boiler, auxiliary boiler	Hilfskessel *m*	chaudière *f* auxiliaire	вспомогательный котел
D 269	**dosage,** charge, feed, application	Beschickung *f*	alimentation *f*, chargement *m*	загрузка, подача
D 270/1	**double-acting compressor**	doppelt wirkender Verdichter *m*	compresseur *m* à double effet	компрессор двойного действия
D 272	**double-acting pump**	doppelt wirkende Pumpe *f*	pompe *f* à double effet	насос двойного действия
D 273	**double bell tee with flanged branch,** double socket with flanged branch, straight sleeve with flanged branch	Doppelmuffe *f* mit Flanschstutzen, MMA-Stück *n*	té *m* à deux emboîtements avec tubulure à bride	тройник раструб-фланец
D 274	**double bell tee with socketted branch,** double socket with socketted branch, straight sleeve with bell branch	Doppelmuffe *f* mit Muffenstutzen, MMB-Stück *n*	té *m* à deux emboîtements avec tubulure à emboîtement	двойная муфта с муфтовым патрубком
D 275	**double branch pipe**	Doppelabzweig *m*	embranchement *m* double	крестовина
D 276	**double burner**	Doppelbrenner *m*	brûleur *m* jumelé	двойная горелка
D 277	**double filtration**	Doppelfilterung *f*	double filtration *f*	двойная фильтрация
D 278	**double flanged bend, double flanged elbow**	Flanschenkrümmer *m* 90°, Q-Stück *n*	tuyau *m* coudé à brides	колено 90° с фланцами
D 279	**double flanged reducer, double flanged taper**	Flanschenübergangsstück *n*, FFR-Stück *n*	cône *m* à deux brides, tuyau *m* conique à deux brides	переход с фланцами
D 280	**double gas**	Doppelgas *n*	gaz *m* double	двойной водяной газ
D 281	**double hose tap**	Doppelschlauchhahn *m*	robinet *m* à double embout porte-caoutchouc	двойной рукавный кран
D 282	**double-pipe condenser**	Doppelrohrverflüssiger *m*	condenseur *m* à double tube	двухтрубный конденсатор
D 283	**double seat valve**	Doppelsitzventil *n*	soupape *f* à double siège	двухседельный клапан
D 284	**double socket**	Doppelmuffe *f*, MM-Stück *n*	tuyau *m* à deux emboîtements, tuyau à deux bouts femelles	двойной раструб
D 285	**double socket with flanged branch,** double bell tee with flanged branch, straight sleeve with flanged branch	Doppelmuffe *f* mit Flanschstutzen, MMA-Stück *n*	té *m* à deux emboîtements avec tubulure à bride	тройник раструб-фланец
D 286	**double socket with socketted branch,** double bell tee with socketted branch, straight sleeve with bell branch	Doppelmuffe *f* mit Muffenstutzen, MMB-Stück *n*	té *m* à deux emboîtements avec tubulure à emboîtement	двойная муфта с муфтовым патрубком
D 287	**double-stage,** two-stage	zweistufig	à deux étages	двухступенчатый
D 288	**double suction pump**	zweiseitig saugende Pumpe *f*	pompe *f* à double aspiration	с двух сторон нагнетающий насос
D 289	**double-T-fittings**	Doppel-T-Stück *n*	pièce *f* en croix	крестовина
D 290	**double-wall[ed] boiler**	doppelwandiger Boiler *m*	chauffe-eau *m* rapide à double paroi	бойлер с двойным корпусом
D 291	**double wash[ing] stand**	Doppelwaschtisch *m*	double lavabo *m*	двойная мойка
D 292	**douche,** shower	Brause *f*, Dusche *f*	douche *f*	лейка, душ, разбрызгиватель
D 293	**dowel, dowel pin,** peg, plug, treenail	Dübel *m*	goujon *m*, fenou *m*, tampon *m*, cheville *f*	шпонка, дюбель
D 294	**down pipe,** soil pipe, downtake pipe, draught tube	Fallrohr *n*, Abfallrohr *n*	tube *m* de descente, tuyau *m* de descente (chute)	опускная труба; стояк
D 295	**down-stream water,** tail water	Unterwasser *n*	eau *f* d'aval	нижний бьеф
D 296	**downtake pipe,** soil pipe, down pipe, draught tube	Fallrohr *n*, Abfallrohr *n*	tube *m* de descente, tuyau *m* de descente (chute)	опускная труба; стояк

No.	English	German	French	Russian
D 297	**Draeger-CO-measuring apparatus**	Draeger-CO-Messer *m*	Draeger-CO-mesureur *m*	газоанализатор на CO типа Дрэгера
D 298	**drag-iron,** tieband of a king	Hängeeisen *n* <Rohrhalterung>	filet *m* de fer pour conduit	хомут подвески
D 299	**drain,** empty	entleeren	vider, vidanger	опоражнивать
D 300	**drain,** bottom outlet	Grundablaß *m*	vidange *f* de fond	донный спуск
D 301	**drain,** drain pipe, drainage pipe	Sickerrohr *n*, Dränrohr *n*	drain *m*	дренажная труба с открытыми стыками
D 302	**drain**	Entwässerungsrohr *n*, Kanalisationsrohr *n*	drain *m*	дренажная труба
D 303	**drain,** outlet	Ablauf *m*, Abfluß *m*	décharge *f*, écoulement *m*	сток воды, слив
D 304	**drainability**	Entwässerungsfähigkeit *f*, Entwässerbarkeit *f*, Dränagefähigkeit *f*	drainabilité *f*	дренируемость
D 305	**drainage channel, drainage ditch**	Entwässerungsgraben *m*, Abzugsgraben *m*	fossé *m* de drainage, rigole *f* de drainage, drain *m*	дренажная канава
D 306	**drainage pipe,** drain, drain pipe	Sickerrohr *n*, Dränrohr *n*	drain *m*	дренажная труба с открытыми стыками
D 307	**drainage plant**	Entwässerungsanlage *f*	installation *f* de drainage	система дренажа
D 308	**drainage scheme**	Entwässerungsplan *m*	schéma *m* de drainage, plan *m* de drainage	схема канализации
D 309	**drainage sluice**	Entwässerungsschleuse *f*, Siel *n*	écluse *f* d'évacuation	дренажный шлюз
D 310	**drainage system,** collecting system, sewerage system, water-carriage system, drain system	Entwässerungsnetz *n*, Entwässerungssystem *n*, Kanalnetz *n*, Kanalisationsanlage *f*, Schmutzwasserkanalisation *f*, Abwassersystem *n*	réseau *m* d'égouts, réseau d'évacuation, système *m* de canalisation d'eau usée, système des eaux d'égouts	канализационная сеть, система канализации
D 311	**drainage well,** injection well, inverted well, dead well, drain well, diffusion well, inverted drainage well, percolation well, recharge well, dump well	Schluckbrunnen *m*, Sickerbrunnen *m*, Versenkbrunnen *m*	puits *m* absorbant, puits d'injection	дренажный колодец
D 312	**drainage well**	Entwässerungsschacht *m*	puits *m* de drainage, puisard *m*	дренажная шахта
D 313	**drain baffle**	Tropfrinne *f*	gouttière *f*	дырчатый желоб
D 314	**drain channel,** discharge channel, dewatering channel	Entleerungskanal *m*	canal *m* de vidange	спускной канал
D 315	**drain cock**	Entleerungshahn *m*	robinet *m* de purge	выпускной кран
D 316	**drain device,** emptying device	Entleerungseinrichtung *f*	dispositif *m* d'évacuation	выпускное устройство
D 317	**draining ditch**	Vorfluter *m*	cours *m* d'eau récepteur, milieu *m* récepteur	проток; водоприемник
D 318	**drain pipe,** drain, drainage pipe	Sickerrohr *n*, Dränrohr *n*	drain *m*	дренажная труба с открытыми стыками
D 319	**drain pipeline**	Abwasserleitung *f*, Entwässerungsleitung *f*, <Gebäude, Grundstück>	conduite *f* d'eaux d'écoulement	канализационный трубопровод
D 320	**drain pipe of stoneware,** vitrified clay drain pipe, earthenware drain	Steinzeugsickerrohr *n*	drain *m* en poterie	керамическая дренажная труба с открытыми стыками
D 321	**drain system,** drainage system, collecting system, sewerage system, water-carriage system	Entwässerungsnetz *n*, Entwässerungssystem *n*, Kanalnetz *n*, Kanalisationsanlage *f*, Schmutzwasserkanalisation *f*, Abwassersystem *n*	réseau *m* d'égouts, réseau d'évacuation, système *m* de canalisation d'eau usée, système des eaux d'égouts	канализационная сеть, система канализации
D 322	**drain tube**	Auslaufrohr *n*	tuyau *m* d'écoulement	выпускная труба
D 323	**drain valve,** waste valve	Entleerungsventil *n*	soupape *f* de vidange	вспускной вентиль
D 324	**drain well,** injection well, inverted well, drainage well, dead well, diffusion well, inverted drainage well, percolation well, recharge well, dump well	Schluckbrunnen *m*, Sickerbrunnen *m*, Versenkbrunnen *m*	puits *m* absorbant, puits d'injection	дренажный колодец
D 325	**draught,** flow of air, air draught	Luftströmung *f*, Luftzug *m*	écoulement *m* atmosphérique, écoulement d'air, courant *m* atmosphérique, courant d'air	течение воздуха, тяга воздуха
D 326	**draught indicator**	Zugmesser *m*	indicateur *m* de tirage	тягомер
D 327	**draught of chimney**	Kaminzug *m*, Schornsteinzug *m*	tirage *m* de cheminée	тяга дымовой трубы
	draught tube	*s.* down pipe		
D 328	**draw out,** evacuate	evakuieren	évacuer	откачивать, отсасывать
D 329	**draw rod,** tie rod, tension bar	Zugstange *f*	tirant *m*	тяговая штанга
D 330	**draw well,** open well	Schöpfbrunnen *m*, Ziehbrunnen *m*	puits *m* à poulie	колодец с ведром
D 331	**dress** <water>	aufbereiten <Wasser>	déminéraliser l'eau, adoucir l'eau	приготовлять, очистить <воду>

No.	English	German	French	Russian
D 332	**dressing**	Aufbereitung *f*	traitement *m* d'eau, préparation *f* d'eau	очистка воды
D 333	**dried matter,** dry solid matter	Trockensubstanz *f*	matière *f* sèche	сухое вещество
D 334	**drift,** drive, push, put in motion, propel	treiben	pousser, presser, faire mouvoir, faire aller	приводить в движение, разгонять
D 335	**drift,** current, flow, stream	Strömung *f*, Strom *m*	courant *m*, écoulement *m*	течение, поток, ток
D 336	**drill,** bore	bohren	forer, percer	бурить, сверлить
D 337	**drill-core**	Bohrkern *m*	carotte *f*	керн при бурении породы
D 338	**drilled well,** tube well, bore well	Bohrbrunnen *m*, Rohrbrunnen *m*, Röhrenbrunnen *m*	puits *m* de forage, puits tubulaire	буровой колодец, трубчатый колодец, колодец с обсадной трубой
D 339	**drilling result**	Bohrergebnis *n*	résultat *m* de sondage	результат бурения
D 340	**drilling test,** boring test	Bohrversuch *m*	essai *m* de forage	опыт бурения
D 341	**drinking water**	Trinkwasser *n*	eau *f* potable, eau de boisson	питьевая вода
D 342	**drinking water supply**	Trinkwasserversorgung *f*	alimentation *f* en eau potable, distribution *f* d'eau potable	снабжение питьевой водой
D 343	**drip eliminator**	Tropfenabscheider *m*	séparateur *m* de gouttelettes	отделитель капель
D 344	**drippage**	Abtropfen *n*, Tröpfeln *n*	égouttement *m*	стекание по каплям
D 345	**drip proof**	tropfwassergeschützt	protégé contre les gouttes	защищенный от водяных капель
D 346	**drive,** push, put in motion, drift, propel	treiben	pousser, presser, faire mouvoir, faire aller	приводить в движение, разгонять
D 347	**drive**	antreiben	entraîner, actionner	пускать
D 348	**drive**	Antrieb *m*	entraînement *m*	привод
D 349	**driver,** driving wheel	Treibrad *n*	roue *f* motrice	ведущее колесо
D 350	**driving belt**	Treibriemen *m*	courroie *f* de transmission	приводной ремень
D 351	**driving effect**	Antriebsleistung *f* <für Aggregate>	puissance *f* de propulsion	мощность привода
D 352	**driving engine**	Antriebsmaschine *f*	machine *f* d'entraînement	двигатель привода
D 353	**driving gear**	Triebwerk *n*	mécanisme *m* de transmission	передаточный механизм
D 354	**driving wheel,** driver	Treibrad *n*	roue *f* motrice	ведущее колесо
D 355	**drop condensation**	Tropfenkondensation *f*	condensation *f* par gouttes	капельная конденсация
D 356	**drop of water,** water drop	Wassertropfen *m*	goutte *f* d'eau	водяная капля
D 357	**dry air**	trockene Luft *f*	air *m* sec	сухой воздух
D 358	**dry closet,** earth closet	Trockenabort *m*	cabinet *m* sec	земляной клозет, люфтклозет
D 359	**dry-feed dosage**	Trockendosierung *f*	dosage *m* à sec, alimentation *f* à sec	сухое дозирование
D 360	**dry gas meter,** bellow gas meter, pneumatic gas meter	Balgengaszähler *m*	compteur *m* à gaz à soufflet	сильфонный газомер
D 361	**dry gas meter,** house gas meter	Hausgaszähler *m*	compteur *m* de gaz domestique, compteur de gaz divisionnaire	домовой газомер
D 362	**drying,** desiccation	Trocknung *f*	séchage *m*, dessiccation *f*	сушка, высушивание
D 363	**drying apparatus**	Trockenvorrichtung *f*	dispositif *m* à sécher	сушильное устройство
D 364	**drying plant**	Trocknungsanlage *f*	installation *f* de séchage	сушильная установка
D 365	**drying process**	Trocknungsverfahren *n*	procédé *m* de séchage	способ сушки
D 366	**drying tumbler**	Trommeltrockner *m*	séchoir *m* rotatif, séchoir à tambours	барабанная сушилка
D 367	**dryness of air**	Lufttrockenheit *f*	sécheresse *f* de l'air	сухость воздуха
D 368	**dry solid matter,** dried matter	Trockensubstanz *f*	matière *f* sèche	сухое вещество
D 369	**dry-type air cooler**	trockener Luftkühler *m*	refroidisseur *m* d'air de type sec	сухой воздухоохладитель
D 370	**dry well,** soakaway, soaking pit, seepage pit	Sickergrube *f*, Sickerschacht *m*	puits *m* d'infiltration	поглощающий колодец
D 371	**dual duct system**	Zweikanalsystem *n*	système *m* à deux conduits	двухканальная система
D 372	**dual process gas**	Mischgas *n*	gaz *m* mixte	смешанный газ
D 373	**duckfood bend,** shoe elbow, base elbow flanged 90°	Fußkrümmer *m*, N-Stück *n*	coude *m* à pied, coude à patin	переход от горизонтального участка трубопровода к вертикальному
D 374	**duct,** pipeline, conduit, piping	Rohrleitung *f*	tuyauterie *f*, conduite *f*, canalisation *f*	трубопровод
D 375	**duct system,** sewage system	Kanalsystem *n*	réseau *m* de conduits, réseau de canaux	система каналов
D 376	**duff,** slack coal, slack, small coal	Feinkohle *f*, Kohlengrus *m*	fines *fpl*, menu *m* brut	угольная мелочь
D 377	**dug well**	Schachtbrunnen *m*, Kesselbrunnen *m*, Senkbrunnen *m*, Sodbrunnen *m*	puits *m* foncé, puits ordinaire	шахтный колодец, опускной колодец
D 378	**dump gate**	Reinigungsklappe *f*	clapet *m* de nettoyage	заслонка для очистки

D 379	**dump well,** injection well, inverted well, drainage well, dead well, drain well, diffusion well, inverted drainage well, percolation well, recharge well	Schluckbrunnen *m*, Sickerbrunnen *m*, Versenkbrunnen *m*	puits *m* absorbant, puits d'injection	дренажный колодец
D 380	**duplex tubing,** bimetal tube	Bimetallrohr *n*	tuyau *m* bimétallique	биметаллическая труба
D 381	**duration of aeration**	Belüftungsdauer *f*	durée *f* d'aération	длительность вентиляции
D 382	**duration of freezing**	Gefrierdauer *f*	durée *f* de congélation	продолжительность замораживания
D 383	**duration of rainfall**	Regendauer *f*	durée *f* de la pluie	длительность дождя
D 384	**dust**	Staub *m*	poudre *f*, poussière *f*	пыль
D 385	**dust adhesive medium,** dust bond	Staubbindemittel *n*	agent *m* antipoussière	средство для связывания пыли
D 386	**dust bag**	Staubbeutel *m*	sac *m* à poussières, poucis *m*	пылесборный мешок
D 387	**dustbin,** refuse container, garbage container, domestic dustbin	Müllkasten *m*, Mülltonne *f*	poubelle *f*	мусорный бак
D 388	**dust bond,** dust adhesive medium	Staubbindemittel *n*	agent *m* antipoussière	средство для связывания пыли
D 389	**dust coal**	Staubkohle *f*	charbon *m* pulvérulent	угольная пыль
D 390	**dust content**	Staubgehalt *m*	teneur *f* en poussières	содержание пыли
D 391	**dust efficiency <US>,** degree of dust removal	Entstaubungsgrad *m*	degré *m* de dépoussiérage	степень обеспыливания
D 392	**dust exhausting plant**	Staubabsaugeanlage *f*	installation *f* de dépoussiérage	пылесосная установка
D 393	**dust filter**	Staubfilter *n*	filtre *m* à poussière	пылеулавливающий фильтр
D 394	**dust fraction**	Staubkorngröße *f*	fraction *f* de poussière	диаметр частиц пыли
D 395	**dust-loaden air**	Staubluft *f*	air *m* poussiéreux	пыленосный воздух
D 396	**dust particle**	Staubteilchen *n*	grain *m* de poussière	частица пыли
D 397	**dust removal**	Entstaubung *f*	dépoussiérage *m*	удаление пыли, обеспыливание
D 398	**dust removal installation**	Entstaubungsanlage *f*	installation *f* de dépoussiérage	пылеуловитель
D 399	**dust sediment**	Staubablagerung *f*	gisement *m* poussiéreux	отложение пыли
D 400	**dust tight**	staubdicht	étanche aux poussières	пыленепроницаемый
D 401	**duty,** stress	Beanspruchung *f*, Belastung *f*	effort *m*, travail *m*	нагрузка
D 402	**dye-house wastes**	Färbereiabwässer *npl*	eaux *fpl* résiduaires de teinturerie	сточные воды из красильной
D 403	**dynamic characteristic**	Arbeitskennlinie *f*	caractéristique *f* dynamique	рабочая характеристика
D 404	**dynamic pressure**	Staudruck *m*, dynamischer Druck *m*	pression *f* dynamique	скоростной напор, динамическое давление

E

E 1	**earth closet,** dry closet	Trockenabort *m*	cabinet *m* sec	земляной клозет, люфтклозет
E 2	**earthenware,** stoneware, vitrified tile, vitrified clay	Steingut *n*	faïence *f*, grès *m* porcelaine	керамика, фаянс
E 3	**earthenware drain,** vitrified clay drain pipe, drain pipe of stoneware	Steinzeug-Sickerrohr *n*	drain *m* en poterie	керамическая дренажная труба с открытыми стыками
E 4	**earthenware pipe,** clay pipe, tile pipe	Tonrohr *n*	tuyau *m* en poterie, tuyau en terracotta	гончарная труба
E 5	**earthing**	Erdung *f*	mise *f* à la terre	заземление
E 6	**earth load, earth pressure,** thrust of the ground	Erddruck *m*	poussée *f* des terres, pression *f* des terres	давление грунта
E 7	**earth reservoir, earth tank**	Erdhochbehälter *m*, Flurhochbehälter *m*	réservoir *m* enterré	напорный резервуар, опущенный в грунт
E 8/9	**earthworks**	Erdarbeiten *fpl*	travaux *mpl* de terrassement	земляные работы
E 10	**ebonite,** hard rubber, vulcanite	Hartgummi *m*	caoutchouc *m* durci, ébonite *m*	эбонит
E 11	**eddy,** whirlpool, vortex, whirl	Strudel *m*, Wirbel *m*	tourbillon *m*	вихрь; водоворот
E 12	**eddy region**	Wirbelzone *f*	zone *f* de turbulance	область вихрей
E 13	**effective cross-section**	Wirkungsquerschnitt *m*	section *f* efficace	эффективное поперечное сечение
E 14	**effective temperature,** real temperature	effektive Temperatur *f*	température *f* efficace	действительная температура
E 15	**efficiency indication**	Leistungsnachweis *m*	indication *f* de puissance, indication du débit	доказательство производительности
E 16	**efficiency of clarification,** clarifying efficiency	Kläreffekt *m*, Klärwirkung *f*	rendement *m* de la clarification	эффект очистки

E 17	**ejector**	Strahlpumpe *f*, Ejektor *m*	éjecteur *m*	струйный насос, эжектор
E 18	**ejector nozzle**	Ausblasdüse *f*	éjecteur *m*	продувочное сопло
E 19	**elbow,** square elbow, knee bend, knee	Knierohr *n*, Kniestück *n*, Winkelrohr *n*	coude *m* d'équerre	колено
E 20	**elbow place**	Brüstung *f* <unter dem Fenster>	appui *m* de fenêtre	параметная стенка
E 21	**electric hair drier**	Heißluftdusche *f*	sèche-cheveux *m*, séchoir *m* électrique	душ горячего воздуха
E 22	**electric motor blower**	elektrisches Gebläse *n*	ventilateur *m* électrique	электрическая воздуходувка
E 23	**electric power consumption,** current consumption	Stromverbrauch *m*, Stromaufnahme *f*	consommation *f* de courant	расход тока
E 24	**elevated basin, elevated reservoir,** elevated tank	Hochbehälter *m*, Turmbehälter *m*	réservoir *m* en élévation, réservoir surélevé (sur tour)	надземный напорный резервуар
E 25	**elevated source, elevated spring**	Hochquelle *f*	source *f* haute, source de montagnes	высокий источник
E 26	**elevated tank,** elevated reservoir, elevated basin	Hochbehälter *m*, Turmbehälter *m*	réservoir *m* en élévation, réservoir surélevé (sur tour)	надземный напорный резервуар
E 27	**elevator shaft**	Aufzugschacht *m*	puits *m* de monte-charge	клетка лифта
E 28	**elimination of iron,** iron removal	Enteisenung *f*	élimination *f* du fer, déferrisation *f*	обезжелезивание, деферризация
E 29	**elimination of odour,** odour removal, deodorization, odour control, deodorizing	Geruchsbeseitigung *f*, Desodorierung *f*, Desodorisierung *f*	enlèvement *m* de l'odeur, désodorisation *f*, élimination *f* de l'odeur	удаление запаха
E 30	**elimination of taste,** taste removal, removal of taste	Geschmacksbeseitigung *f*	élimination *f* de la saveur, élimination du goût	удаление привкусов
E 31	**emergency exit**	Notausgang *m*	sortie *f* de réserve	аварийный выход
E 32	**emergency generating set**	Notstromaggregat *n*	groupe *m* générateur de secours	агрегат для запасного тока
E 33	**emergency stop valve**	Hauptabsperrorgan *n*	robinet *m* d'arrêt principal, robinet de sûreté (secours)	главный запорный орган
E 34	**emergency water supply**	Notwasserversorgung *f*	alimentation *f* en eau de secours	аварийное водоснабжение
E 35	**empty,** drain	entleeren	vider, vidanger	опоражнивать
E 36	**emptying**	Entleerung *f*	vidage *m*, vidange *f*	опорожнение
E 37	**emptying device,** drain device	Entleerungseinrichtung *f*	dispositif *m* d'évacuation	выпускное устройство
E 38	**encased bathtub**	eingebaute Badewanne *f*, Einbauwanne *f*	baignoire *f* encastrée	встроенная ванна
E 39	**enclosed blower**	Kapselgebläse *n*	ventilateur *m* volumogène	коловратный вентилятор
E 40	**enclosure**	Verkleidung *f*, Umkleidung *f*, Umhüllung *f*	recouvrement *m*, revêtement *m* extérieur	обшивка, покрытие, облицовка
E 41	**endless gilled pipe**	Bandrippenrohr *n*	tuyau *m* à ailettes circulaires	труба с ленточным оребрением
E 42	**endless grate**	Bandrost *m*	grille *f* sans fin	ленточная колосниковая решетка
E 43	**end of pipe**	Rohrende *n*	bout *m* de tube, bout de tuyau	конец трубы
E 44	**end point,** turning point	Umschlagspunkt *m* <eines Indikators>	point *m* de virage	точка перехода индикатора
E 45	**endurance limit**	Ermüdungsgrenze *f*	limite *f* d'endurance à la fatigue	предел усталости
E 46	**energy**	Energie *f*	énergie *f*	энергия
E 47	**energy balance**	Energiebilanz *f*	bilan *m* énergétique	баланс энергии
E 48	**energy consumption**	Energieverbrauch *m*	consommation *f* d'énergie, dépense *f* d'énergie	расход энергии
E 49	**energy economy**	Energiewirtschaft *f*	économie *f* de l'énergie	энергетическое хозяйство
E 50	**energy exchange**	Energieaustausch *m*	échange *m* d'énergie	энергообмен
E 51	**energy loss**	Energieverlust *m*	perte *f* d'énergie	потеря энергии
E 52	**engine room**	Maschinenraum *m*	compartiment *m* des machines	машинный зал
E 53	**Engler degree**	Engler-Grad *m*	degré *m* Engler	градус Энглера
E 54	**Engler viscosimeter**	Engler-Viskosimeter *n*	viscosimètre *m* Engler	вискозиметр Энглера
E 55	**enlargement,** extension	Erweiterung *f*	élargissement *m*, épanouissement *m*	расширение
E 56	**enthalpy**	Wärmeinhalt *m*, Enthalpie *f*	entalpie *f*	энтальпия
E 57	**entrance side**	Zuflußseite *f*, Einlaufseite *f* <eines Beckens>	côté *m* d'admission	подводящая сторона
E 58	**entrance velocity of flow into the filter,** velocity of flow into the filter	Filtereintrittsgeschwindigkeit *f*	vitesse *f* d'arrivée de l'eau dans le filtre	входная скорость в фильтр
E 59	**entropy**	Entropie *f*	entropie *f*	энтропия
E 60	**enumeration of bacteria**	Keimzählung *f*	numération *f* des germes	подсчет микробов
E 61	**equation of state**	Zustandsgleichung *f*	équation *f* d'état	уравнение состояния
E 62	**equilibrium,** balance	Gleichgewicht *n*	équilibre *m*, balance *f*	равновесие

E 63	**equilibrium ball valve**	Schwimmerausflußventil *n*	soupape *f* de vidange à flotteur, vanne *f* d'écoulement de l'eau, commandée par un flotteur	поплавковый клапан
E 64	**equipment room**	Apparateraum *m*	salle *f* des appareils	помещение для аппаратуры
E 65	**equivalence**	Gleichwertigkeit *f*	équivalence *f*	эквивалентность. равнозначность
E 66	**equivalent of heat**	Wärmeäquivalent *n*	équivalent *m* mécanique de la chaleur	тепловой эквивалент
E 67	**erect**	aufstellen, montieren	monter, assembler	монтировать
E 68	**erection of a duct in a channel**	Kanalverlegung *f* der Rohrleitung	montage *m* en canal à tuyaux	канальная прокладка трубопровода
E 69	**erosion**	Erosion *f*, Anfressung *f*	érosion *f*	эрозия
E 70	**escape,** leakage	Undichtheit *f*	fuite *f*	неплотность
E 71	**escape valve,** outlet valve	Ablaufventil *n*	soupape *f* de décharge	спускной клапан
E 72	**estimate**	Kostenanschlag *m*	devis *m* [estimatif]	смета, расходная смета
E 73	**etch**	ätzen, beizen	corroder, ronger	травить; разъедать
E 74	**eternit pipe,** asbestos concrete pipe	Asbestbetonrohr *n*, Asbestzementrohr *n*, Eternit-Rohr *n* <für Abgasrohre>	tuyau *m* de béton d'amiante, tuyau d'éternit	асбоцементная труба, этернитовая труба
E 75	**ethane**	Äthan *n*	éthane *m*	этан
E 76	**evacuate,** draw out	evakuieren	évacuer	откачивать, отсасывать
E 77	**evaporate**	verdunsten	s'évaporer	испарить
E 78	**evaporating,** evaporation, vaporization	Verdampfung *f*, Eindampfen *n*	évaporation *f*, vaporisation *f*	испарение
E 79	**evaporating plant**	Verdampfungsanlage *f*	installation *f* d'évaporation, station *f* de vaporisation	установка испарения
E 80	**evaporation,** evaporating, vaporization	Verdampfung *f*, Eindampfen *n*	évaporation *f*, vaporisation *f*	испарение
E 81	**evaporation area**	Verdunstungsfläche *f*	aire *f* d'évaporation	площадь испарения
E 82	**evaporation heat,** heat of vaporization	Verdampfungswärme *f*	chaleur *f* de vaporisation	теплота испарения
E 83	**evaporative cooling**	Verdunstungskühlung *f*	refroidissement *m* par évaporation	испарительное охлаждение
E 84	**evaporator**	Verdampfer *m*	évaporateur *m*	испаритель
E 85	**evaporator coil,** expansion coil	Verdampferschlange *f*	serpentin *m* évaporateur	змеевик испарителя
E 86	**examination of the water,** water analysis	Wasseruntersuchung *f*	analyse *f* d'eau	анализ воды
E 87	**excelsior** <US>, wood wool	Holzwolle *f*	laine *f* de bois	древесная шерсть
E 88	**excess carbonic acid**	Überschußkohlensäure *f*	acide *m* carbonique libre en excès	избыточная углекислота
E 89	**excess chlorination,** superchlorination, high chlorination	Hochchlorung *f*, Überschußchlorung *f*, Überchlorung *f*	surchloration *f*, chloration *f* à haute dose	перехлорирование
E 90	**excessive pressure**	Überdruck *m*	surpression *f*	повышенное давление, избыточное давление
E 91	**excess of air**	Luftüberschuß *m*	air *m* en excès, excédent *m* d'air	избыток воздуха
E 92	**excess of consumption**	Mehrverbrauch *m*	excédent *m* de consommation	добавочный расход
E 93	**excess temperature**	Übertemperatur *f*	température *f* supérieure à la normale	избыточная температура, температура перегрева
E 94	**exchange**	austauschen, auswechseln	échanger	заменять
E 95	**exfiltration of air**	Luftaustritt *m* <durch Leckstellen>	fuite *f* d'air	утечка воздуха
E 96	**exhaled air**	ausgeatmete Luft *f*	air *m* exhalé, air émis	выдыхаемый воздух
E 97	**exhaust,** de-aerate, ventilate	entlüften	éliminer l'air, enlever l'air, désaérer, ventilate	отводить воздух
E 98	**exhaust air**	Fortluft *f*, Abluft *f*	air *m* expulsé, air vicié	уходящий воздух
E 99	**exhauster**	Exhaustor *m*, Absauger *m*	exhausteur *m*, extracteur *m*, suceuse *f*	эксгаустер, всасывающий вентилятор
E 100	**exhaustion**	Absaugung *f*, Entleerung *f*	essorage *m*, aspiration *f*, exhaustion *f*	отсос, отсасывание
E 101	**exhaust opening**	Abluftöffnung *f*	orifice *m* de sortie d'air	вытяжное отверстие
E 102	**exhaust pipe,** outlet vent, vent pipe	Dunstrohr *n*, Entlüftungsrohr *n*	tuyau *m* d'évent, tuyau d'aération, tube *m* aérateur, tuyau d'échappement	вытяжная вентиляционная труба
E 103	**exhaust steam,** dead steam, waste steam, spent steam	Abdampf *m*	vapeur *f* épuisée	мятый пар, отработавший пар
E 104	**exhaust steam heating**	Abdampfheizung *f*	chauffage *m* à vapeur épuisée	трубопровод мятого пара
E 105	**expand**	aufweiten <ein Rohr>	élargir, évaser	расширять, развальцовывать
E 106	**expanel flange**	Aufwalzflansch *m*	collet *m* laminé, collet renflé	навальцованный фланец

No.	English	German	French	Russian
E 107	**expansion,** dilatation	Ausdehnung *f*, Expansion *f*	dilatation *f*, détente *f*, expansion *f*	расширение, дилатация
E 108	**expansion coil,** evaporator coil	Verdampferschlange *f*	serpentin *m* évaporateur	змеевик испарителя
E 109	**expansion control system,** expansive regulator, expansion regulator	Ausdehnungsregler *m*	mécanisme *m* régulateur d'expansion	регулятор расширения
E 110	**expansion cylinder**	Expansionsgefäß *n*	vase *m* d'expansion	расширительный сосуд
E 111	**expansion due to heat**	Wärmeausdehnung *f*, Wärmedehnung *f*	dilatation *f* sous l'influence de la chaleur	тепловое расширение
E 112	**expansion joint**	Kompensator *m* <Dehnungsausgleicher>	compensateur *m*	компенсатор
E 113	**expansion nippers**	Aufweitzange *f*	embauchoir *m*, pince *f* à élargir	клещи для развальцовывания
E 114	**expansion regulator,** expansive regulator, expansion control system	Ausdehnungsregler *m*	mécanisme *m* régulateur d'expansion	регулятор расширения
E 115	**expansion separator**	Ausdehnungskondenstopf *m*	pot *m* de condensation à extension	конденсационный горшок с расширяющейся упругой трубкой
E 116	**expansion steam separator**	Ausdehnungsdampfstauer *m*	séparateur *m* de vapeur	конденсационный горшок с расширяющейся упругой трубкой
E 117	**expansion tank**	Ausdehnungsgefäß *n*	vase *m* d'expansion	расширительный сосуд
E 118	**expansion valve**	Expansionsventil *n*	soupape *f* de détente	расширительный клапан
E 119	**expansive regulator,** expansion control system, expansion regulator	Ausdehnungsregler *m*	mécanisme *m* régulateur d'expansion	регулятор расширения
E 120	**expectoration**	Auswurf *m*	expectoration *f*, crachat *m*	отбросы, экскреты
E 121	**experiment**	Experiment *n*	expérience *f*, expérimentation *f*	опыт
E 122	**experimental station,** test station	Versuchsanstalt *f*, Versuchsstation *f*	institut *m* d'expérimentation	исследовательская лаборатория
E 123	**explode**	explodieren, zerknallen	exploser	взорваться
E 124	**explosion**	Explosion *f*, Zerknall *m*	explosion *f*	взрыв
E 125	**explosion flap**	Explosionsklappe *f*	clapet *m* d'explosion	взрывной предохранительный клапан
E 126	**explosion limit**	Explosionsgrenze *f*	limite *f* d'explosibilité	предел взрыва
E 127	**explosion proof**	explosionssicher	antidéflagrant	взрывобезопасный
E 128	**explosive**	explosiv, zerknallfähig	explosif, explosible	взрывчатый
E 129	**extend**	ausdehnen, verlängern, strecken	étendre, accroître	расширить
E 130	**extension,** enlargement	Erweiterung *f*	élargissement *m*, épanouissement *m*	расширение
E 131	**extension joint**	Längenausgleicher *m*	compensateur *m*, joint *m* glissant	компенсатор линейного расширения
E 132	**extension pipe,** making-up pipe, making-up piece	Verlängerungsrohr *n*, Aufsatzrohr *n*	tube *m* de rallonge	патрубок, удлинительная труба
E 133	**extensometer,** strain gauge	Dehnungsmesser *m*	dilatomètre *m*, extensomètre *m*	тензометр
E 134	**exterior corrosion**	Außenkorrosion *f*	corrosion *f* extérieure	внешняя коррозия
E 135	**exterior of a pipe**	Rohroberfläche *f*	surface *f* extérieure d'un tuyau	поверхность трубы
E 136	**exterior thread**	Außengewinde *n*	filet *m* extérieur	наружная резьба
E 137	**exterior wall**	Außenwand *f*	mur *m* extérieur, paroi *f* extérieure	наружная стена
E 138	**external current**	Fremdstrom *m*	courant *m* étranger	посторонний ток
E 139	**extinguishing of the fire,** fire extinction, fire fighting	Feuerlöschen *n*, Brandlöschung *f*	extinction *f* des incendies, défense *f* contre l'incendie, service *m* d'incendie	огнетушение
E 140	**extraction of water,** dehydration, dewatering, drainage	Entwässerung *f*, Wasserentzug *m*	déshydratation *f*, extraction *f* de l'eau, drainage *m*	дренирование, дренаж

F

No.	English	German	French	Russian
F 1	**factor of correction**	Berichtigungsfaktor *m*	facteur *m* de correction	поправочный коэффициент
F 2	**factor of isochronism**	Gleichzeitigkeitsfaktor *m*	facteur *m* de simultanéité	коэффициент одновременности
F 3	**factor of safety,** safety-factor	Sicherheitsfaktor *m*	facteur *m* de sécurité	коэффициент надежности
F 4	**factory kitchen,** works kitchen	Betriebsküche *f*	cuisine *f* d'usine	заводская кухня
F 5	**faeces,** fecal matter, fecal substances, feces	Kotstoffe *mpl*, Fäkalien *pl*	matières *fpl* fécales, fèces *fpl*, excréments *mpl*	фекалии, фекальные массы, экскременты
F 6	**fall head,** height of fall	Gefälle *n*, Fallhöhe *f*	chute *f*, hauteur *f* de chute	перепад, напор
F 7	**fall of channel**	Kanalgefälle *n*	pente *f* du canal	уклон канала
F 8	**fall of pressure,** decrease of pressure, pressure drop	Druckabfall *m*	diminution (chute, réduction) *f* de pression	падение давления

F 9	**fall of temperature**	Temperaturabfall *m*	chute *f* de température	падение температуры
F 10	**fan,** ventilator	Lüfter *m*, Ventilator *m*	ventilateur *m*	вентилятор; воздушник
F 11	**fan blade**	Ventilatorflügel *m*	pale *f* de ventilateur	лопасть вентилятора
F 12	**fan of outgoing air**	Abluftventilator *m*	ventilateur *m* d'évacuation d'air	вытяжной вентилятор
F 13	**fast-coupling pipe**	Schnellkupplungsrohr *n* <Bewässerung>	tuyau *m* à accouplement rapide	труба с быстро сцепляющимся стыком
F 14	**fasten**	befestigen	arrêter, fixer	закреплять
F 15	**fastener,** fixing medium	Befestigungsmittel *n*	moyen *m* de fixation	соединительный зажим
F 16	**fastening,** fixing	Befestigung *f*	fixage *m*, fixation *f*	закрепление
F 17	**fastening iron**	Befestigungseisen *n*	fer *m* d'ancrage	скрепляющее железо
F 18	**fast flange,** fixed flange	fester Flansch *m*	bride *f* fixe	неподвижный фланец
F 19	**fatigue fracture**	Ermüdungsbruch *m*	rupture *f* par fatigue	разрушение от усталости
F 20	**fatty acid**	Fettsäure *f*	acide *m* gras	жирная кислота
F 21	**faucet,** tap, bib cock	Zapfhahn *m*	robinet *m*, robinet à bec-courbe, robinet de poste d'eau	заборный кран
F 22	**fecal matter,** fecal substances, faeces, feces	Kotstoffe *mpl*, Fäkalien *pl*	matières *fpl* fécales, fèces *fpl*, excréments *mpl*	фекалии, фекальные массы, экскременты
F 23	**fecal odour, fecal smell**	fäkalienartiger Geruch *m*	odeur *f* fécale	фекальный запах
F 24	**fecal substances, feces,** fecal matter, faeces	Fäkalien *fpl*, Kotstoffe *mpl*	matières *fpl* fécales, fèces *fpl*, excréments *mpl*	фекальные массы, экскременты, фекалии
F 25	**feed,** charge, apply	beschicken	alimenter, charger	загружать
F 26	**feed,** add, apply	zusetzen	ajouter	добавить
F 27	**feed,** charge, application, dosage	Beschickung *f*	alimentation *f*, chargement *m*	загрузка, подача
F 28	**feed,** supply	Zuleitung *f*, Zuführung *f*	amenée *f*, adduction *f*	подвод
F 29	**feed apparatus**	Speisevorrichtung *f* <Kesselspeisung>	alimentateur *m*	питатель; питательное устройство
F 30	**feed channel, feed conduit, feeder,** feed line	Speiseleitung *f*	conduite *f* d'alimentation, conduite nourricière	питательный трубопровод
F 31	**feeder main,** transmission main	Hauptzuleitung *f*	amenée *f* principale	магистральный подвод
F 32	**feeding pipe,** supply pipe, feed pipe	Zuleitungsrohr *n*, Zuführungsrohr *n*	tuyau *m* d'amenée, tuyau d'admission	подводящая труба
F 33	**feed line,** feeder, feed conduit, feed channel	Speiseleitung *f*	conduite *f* d'alimentation, conduite nourricière	питательный трубопровод
F 34	**feed pipe,** supply pipe, feeding pipe	Zuleitungsrohr *n*, Zuführungsrohr *n*	tuyau *m* d'amenée, tuyau d'admission	подводящая труба
F 35	**feed pump,** low lift pump, low intake pump	Vorhebepumpe *f*, Zubringerpumpe *f*, Speisepumpe *f*	pompe *f* nourricière, pompe alimentaire, pompe d'alimentation	бустерный насос; насос подкачки, питательный насос
F 36	**feed socket**	Einlaufstutzen *m*	moignon *m*	входной патрубок
F 37	**feed valve,** filling valve	Füllventil *n*	vanne *f* de remplissage	клапан заполнения
F 38	**feed water**	Speisewasser *n*	eau *f* d'alimentation	питательная вода
F 39	**feed water preheater**	Speisewasservorwärmer *m*	réchauffeur *m* de l'eau d'alimentation	подогреватель питательной воды
F 40	**feed water preheating**	Speisewasser-vorwärmung *f*	réchauffage *m* d'eau d'alimentation	подогрев питательной воды
F 41	**feed water treatment**	Kesselspeisewasser-aufbereitung *f*	épuration *f* de l'eau d'alimentation de chaudière	водоподготовка для котлов
F 42	**feldspathic ware,** hard white ware	Hartsteingut *n*	faïence *f* feldspathique	полевошпатовый фаянс
F 43	**felt covering**	Filzverkleidung *f*	revêtement *m* de feutre	войлочная облицовка
F 44	**female thread,** internal thread	Innengewinde *n*	filet *m* intérieur, filet femelle	внутренняя резьба
F 45	**ferment**	Ferment *n*, Gärungserreger *m*	ferment *m*, agent *m* de fermentation	возбудитель брожения, фермент
F 46	**fibre glass,** spun glass	Glasgespinst *n* <Isoliermaterial>	verre *m* filé	стеклянное волокно
F 47	**fibreglass laminate, fibreglass-reinforced resin**	Glasfaserstoff *m* <Isoliermaterial für Behälter>	tissu *m* de verre stratifié	стеклянное волокно
F 48	**field test,** test in place, in situ test	Versuch *m* an Ort und Stelle	essai *m* sur place	эксперимент на месте работы
F 49	**fill**	füllen	remplir	наполнять, загружать
F 50	**fill,** filling	Füllung *f*	remplissage *m*	наполнение
F 51	**fill and draw contact bed,** contact bed	Füllkörper *m*	lit *m* de contact	контактный окислитель, заливной фильтр
F 52	**filler, filler material**	Füllstoff *m*	matériau *m* de remplissage	наполнитель
F 53	**fillet weld**	Kehlnaht *f*	joint *m* d'angle	угловой шов
F 54	**filling,** fill	Füllung *f*	remplissage *m*	наполнение
F 55	**filling,** stuffing, charge	Füllung *f*	remplissage *m*, charge *f*	загрузка, заполнение
F 56	**filling and draining socket**	Füll- und Entleerungsstutzen *m*	tuyau *m* pour robinets de remplissage et de vidange	патрубок для заполнения и опорожения
F 57	**filling and draining tap**	Füll- und Entleerungshahn *m*	robinet *m* de remplissage et de vidange	кран для заполнения и опорожения
F 58	**filling funnel**	Fülltrichter *m* <für Standrohr oder Pumpe>	entonnoir *m* d'alimentation	воронка для заполнения
F 59	**filling height**	Füllhöhe *f*	hauteur *f* de remplissage	высота наполнения
F 60	**filling height curve**	Füllhöhenkurve *f*	courbe *f* d'hauteur de remplissage	линия высот наполнения

F 61	**filling station for gaseous fuels**	Gastankstelle *f*	distributeur *m* de carburants gazeux	газонаполнительная станция
F 62	**filling station for gaseous fuels under low pressure**	Niederdruck-Gastankstelle *f*	distributeur *m* de carburants gazeux à basse pression	газовая заправочная станция низкого давления
F 63	**filling up**	Ausmauerung *f*	maçonnage *m* de chaudières	обмуровка
F 64	**filling valve,** feed valve	Füllventil *n*	vanne *f* de remplissage	клапан заполнения
F 65	**filter**	Filter *n*	filtre *m*	фильтр
F 66	**filter area,** filter surface	Filterfläche *f*, Filteroberfläche *f*	surface *f* du filtre	фильтрационная поверхность
F 67	**filter body**	Filterkörper *m*	corps *m* filtrant	корпус фильтра
F 68	**filter bottom,** filter drainage	Filterboden *m*, Filterzwischenboden *m*	fond *m* d'un filtre, faux-fond *m* d'un filtre	дно фильтра, промежуточное дно фильтра
F 69	**filter box,** filter tank	Filterbecken *n*	bassin *m* de filtration, bassin filtrant	фильтрационный резервуар
F 70	**filter capacity,** filtering capacity	Filterleistung *f*	débit *m* d'un filtre	пропускная способность фильтра
F 71	**filter cloth,** filtering cloth	Filtertuch *n*	étoffe *f* filtrante	фильтрационная ткань
F 72	**filter drainage,** filter bottom	Filterboden *m*, Filterzwischenboden *m*	fond *m* d'un filtre, faux-fond *m* d'un filtre	дно фильтра, промежуточное дно фильтра
F 73	**filter drum**	Filtertrommel *f*	tambour *m* filtrant	барабан фильтра
F 74	**filtered water,** filtrated water	gefiltertes Wasser *n*, filtriertes Wasser	eau *f* filtrée	фильтрованная вода
F 75	**filter equipment**	Filterausrüstung *f*	accessoires *mpl* des filtres	оборудование для фильтров
F 76	**filter filling**	Filterfüllung *f*	remplissage *m* filtrant	заполнение фильтра
F 77	**filter gravel**	Filterkies *m*	gravier *m* filtrant	фильтрационный гравий
F 78	**filtering,** filtration	Filtern *n*, Filtrieren *n*, Filterung *f*, Filtrierung *f*	filtration *f*, filtrage *m*	фильтрование
F 79	**filtering capacity,** filter capacity	Filterleistung *f*	débit *m* d'un filtre	пропускная способность фильтра
F 80	**filtering charcoal**	Filterkohle *f*	charbon *m* à filtrer	фильтрующий уголь
	filtering cloth	*s.* filter cloth		
F 81	**filtering effect**	Filterwirkung *f*	effet *m* d'un filtre	фильтрующее действие
F 82	**filtering fabric**	Filtergewebe *n*	tissu *m* filtrant	фильтрационная ткань
F 83	**filtering process**	Filtervorgang *m*	procéde *m* de filtration	процесс фильтрования
F 84	**filtering well**	Filterbrunnen *m*	puits *m* de filtrage	фильтрационный колодец
F 85	**filter loading**	Tropfkörperbelastung *f*	charge *f* d'un lit bactérien	нагрузка биофильтра
F 86	**filter mass**	Filtermasse *f*	masse *f* de filtrage	фильтрующая масса
F 87	**filter material, filter medium**	Tropfkörpermaterial *n*, Tropfkörperbrocken *m*	matériaux *mpl* filtrants	материал биофильтра
F 88	**filter nozzle**	Filterdüse *f*	tuyère *f* d'un filtre	фильтрационное сопло
F 89	**filter paper**	Filterpapier *n*, Filtrierpapier *n*	papier *m* filtre	фильтровальная бумага
F 90	**filter plant,** filtration plant	Filteranlage *f*	installation *f* de filtration, établissement *m* filtrant	фильтровальная установка
F 91	**filter product**	Filtergut *n*	matière *f* filtrante	фильтруемый материал
F 92	**filter sand**	Filtersand *m*	sable *m* d'un filtre	фильтрующий песок
F 93	**filter strainer,** suction strainer	Filterkorb *m*, Saugkorb *m*	crépine *f* filtrante, sucette *f*	коробка фильтра
F 94	**filter surface,** filter area	Filterfläche *f*, Filteroberfläche *f*	surface *f* du filtre	фильтрационная поверхность
F 95	**filter tank,** filter box	Filterbecken *n*	bassin *m* de filtration, bassin filtrant	фильтрационный резервуар
F 96	**filter wash, filter washing**	Filterspülung *f*, Filterwäsche *f*	lavage *m* d'un filtre	промывка фильтра
F 97	**filth,** dirt, polluted matter, polluting matter	Schmutz *m*	saleté *f*, ordure *f*, souillure *f*, salissure, fange *f*	грязь
F 98	**filtrated water,** filtered water	gefiltertes Wasser *n*, filtriertes Wasser	eau *f* filtrée	фильтрованная вода
F 99	**filtration,** filtering	Filtern *n*, Filtrieren *n*, Filterung *f*, Filtrierung *f*	filtration *f*, filtrage *m*	фильтрование
F 100	**filtration plant,** filter plant	Filteranlage *f*	installation *f* de filtration, établissement *m* filtrant	фильтровальная установка
F 101	**filtration rate,** operating rate of a filter	Filtergeschwindigkeit *f*	vitesse *f* de filtration	скорость фильтрования
F 102	**fin**	berippen <mit Lamellen versehen>	garnir d'ailettes, ailetter	оребрять
F 103	**final clarification,** final sedimentation, secondary clarification	Nachklärung *f*	décantation *f* secondaire	последующее осветление
F 104	**final drying**	Nachtrocknung *f*	séchage *m* final	последующая сушка
F 105	**final filtration,** subsequent filtration	Nachfiltern *n*, Nachfilterung *f*	filtration *f* terminale	последующая фильтрация
F 106	**final purification**	Nachreinigung *f*	épuration *f* secondaire	последующая очистка
F 107	**final sedimentation,** final clarification, secondary clarification	Nachklärung *f*	décantation *f* secondaire	последующее осветление
F 108	**fine filter**	Feinfilter *n*	filtre *m* fin	мелкий фильтр
F 109	**fine-grained**	feinkörnig	à grains fins	мелкозернистый
F 110	**fine purification**	Feinreinigung *f*	épuration *f* poussée	тонкая очистка
F 111	**fine regulation,** precise regulation	Feinregulierung *f*	réglage *m* précis	прецизионное регулирование
F 112	**fine sand filter**	Feinsandfilter *n*	filtre *m* à sable fin	фильтр с мелким песком

F 113	**fire**	anheizen	échauffer	растапливать
F 114	**fire extinction,** fire fighting, extinguishing of the fire	Feuerlöschen *n*, Brandlöschung *f*	extinction *f* des incendies, défense *f* contre l'incendie, service *m* d'incendie	огнетушение
F 115	**fire extinguisher**	Feuerlöscher *m*	extincteur *m* [d'incendie]	огнетушитель
F 116	**fire extinguishing armature**	Feuerlöscharmatur *f*	armature *f* à extinction	огнетушительная арматура
F 117	**fire extinguishing equipment**	Löscheinrichtung *f*	installation *f* à éteindre	противопожарное устройство
F 118	**fire extinguishing hydrant**	Feuerlöschhydrant *m*	bouche *f* d'incendie	пожарный гидрант
F 119	**fire fighting,** fire extinction, extinguishing of the fire	Feuerlöschen *n*, Brandlöschung *f*	extinction *f* des incendies, défense *f* contre l'incendie, service *m* d'incendie	огнетушение
F 120	**fire fighting water,** water for fire extinction	Feuerlöschwasser *n*	eau *f* pour les secours d'incendie	вода для пожарных целей
F 121	**fireman,** stoker	Heizer *m*	chauffeur *m*	кочегар
F 122	**fire place**	Kamin *m*	cheminée *f*	дымовая труба, камин
F 123	**fire place**	Feuerstätte *f*	foyer *m*	топка
F 124	**fireproof building material**	feuerfester Baustoff *m*	matériaux *mpl* de construction réfractaires	огнеупорный строительный материал
F 125	**fire resistance**	Feuerbeständigkeit *f*	résistance *f* au feu	огнеупорность
F 126	**fire surface of a boiler**	Kesselheizfläche *f*	surface *f* chauffée d'une chaudière	поверхность нагрева котла
F 127	**fire tube**	Siederohr *n*	tube *m* bouilleur	кипятильная труба
F 128	**fire tube boiler,** multitubular boiler	Heizrohrkessel *m*	chaudière *f* multitubulaire de chauffe, chaudière à tubes de chauffe	котел с дымогарными трубками
F 129	**firing hour,** heating hour	Heizstunde *f*	heure *f* de chauffage	час отопления
F 130	**first air**	Erstluft *f*	air *m* primaire	первичный воздух
F 131	**fissure,** crack	Riß *m*, Sprung *m*	gerçure *f*, lézarde *f*, fente *f*, crique *f*, fissure *f*, cassure *f*	трещина
F 132	**fit,** mount	einbauen	incorporer	монтировать
F 133	**fitter,** mounter	Monteur *m*	monteur *m*	монтер
F 134	**fitting,** pipe fitting, special casting	Formstück *n*, Fitting *n*	tuyau *m* d'ajustage, pièce *f* spéciale, pièce de forme	фасонная часть, фитинг
F 135	**fitting-out,** equipment	Ausrüstung *f* <Kesselausrüstung>	équipement *m*	оборудование
F 136	**fittings**	Fittings *npl*	fittings *mpl*	фитинг, фасонная часть
F 137	**five days biochemical oxygen demand**	fünftägiger biochemischer Sauerstoffbedarf *m*, BSB_5 *m*	demande *f* biochimique en oxygène en cinq jours	пятидневная биохимическая потребность кислорода
F 138	**fixed flange,** fast flange	fester Flansch *m*	bride *f* fixe	неподвижный фланец
F 139	**fixed point**	Festpunkt *m*	point *m* fixé, point de fixation	точка закрепления, неподвижная опора
F 140	**fixing,** fastening	Befestigung *f*	fixage *m*, fixation *f*	закрепление
F 141	**fixing material**	Befestigungsmaterial *n*	pièce *f* de fixation	скрепляющий материал
F 142	**fixing medium,** fastener	Befestigungsmittel *n*	moyen *m* de fixation	скрепление, соединительный зажим
F 143	**flame**	Flamme *f*	flamme *f*	пламя; факел
F 144	**flame coloration,** colouring of flame	Flammenfärbung *f*	coloration *f* de flamme	окраска факела
F 145	**flame cone**	Flammenkegel *m*	dard *m* de la flamme	конус факела
F 146	**flame decomposition**	Flammenspaltung *f*	fendage *m* de la flamme	расщепление факела
F 147	**flame form**	Flammenform *f*	forme *f* de la flamme	конфигурация факела
F 148	**flame formation**	Flammenbildung *f*	formation *f* de la flamme	образование пламени
F 149	**flame length**	Flammenlänge *f*	longueur *f* de la flamme	длина факела
F 150	**flame picture**	Flammenbild *n*	aspect *m* de la flamme	вид пламени
F 151	**flame regulation**	Flammeneinstellung *f*	positionnement *m* de la flamme	регулирование пламени
F 152	**flame stability**	Flammenstabilität *f*	stabilité *f* de la flamme	стабильность факела
F 153	**flame temperature**	Flammentemperatur *f*	température *f* de la flamme	температура факела
F 154	**flame turbulence**	Flammenturbulenz *f*	turbulence *f* de la flamme	турбулентность факела
F 155	**flame volume**	Flammenvolumen *n*	volume *m* de la flamme	объем, заполненный факелом
F 156	**flaming coal**	Flammkohle *f*	charbon *m* flambant	пламенный уголь
F 157	**flange**	anflanschen	brider	соединять на фланцах
F 158	**flange**	bördeln	border, bordeler, faire un collet	загибать кронку
F 159	**flange**	Flansch *m*	bride *f*, collet *m*	фланец
F 160	**flange and spigot bend**	Flanschenbogen *m*, Fk-Stück *n*	coude *m* à brides	колено с фланцами
F 161	**flange-back valve**	Flanschenrückschlagventil *n*	soupape *f* de retenue à brides	обратный клапан с фланцами
F 162	**flange coupling**	Flanschenkupplung *f*	accouplement *m* à plateaux	фланцевое соединение
F 163	**flanged cross,** cross, TT piece, fourway branch, cross branch, 4-way piece	Kreuzstück *n*, TT-Stück *n*	croix *f*, croix à quatre brides	фланцевый крест
F 164	**flanged joint**	Flanschenverbindung *f*	assemblage (joint, raccord) *m* à brides	фланцевое соединение
F 165	**flanged pipe**	Flanschrohr *n*	tuyau *m* à bride	труба с фланцем
F 166	**flange footvalve**	Flanschenfußventil *n*	soupape *f* de pied à brides	клапан с фланцами

F 167	**flange packing,** gasket	Flanschdichtung *f*	joint *m* à brides	прокладка между фланцами
F 168	**flange-pressure pipe**	Flanschendruckrohr *n*	tube *m* de pression à brides	напорная труба с фланцем
F 169	**flange sluice valve**	Flanschenschieber *m*	robinet-vanne *m* à bride	задвижка с фланцами
F 170	**flange tap**	Flanschenhahn *m*	robinet *m* à brides	кран с фланцами
F 171	**flange valve**	Flanschenventil *n*	soupape *f* à brides	клапан с фланцами
F 172	**flanging coupling box**	Bördelmuffe *f*	manchon *m* à brides	отбортованная муфта
F 173	**flanging ring**	Bördelring *m*	collet *m* rabattu	отбортованное кольцо
F 174	**flap valve,** tilting disk check valve	Klappenventil *n*, Verschlußklappe *f*	soupape *f* à clapet, clapet *m* de fermeture	створчатый клапан, запорный клапан
F 175	**flashback**	Flammenrückschlag *m*	choc *m* en retour de la flamme	проскок пламени, обратный удар пламени
F 176	**flash point**	Flammpunkt *m*	point *m* d'inflammation	точка воспламенения
F 177	**flat back urinal for installation in a corner**	Eckpissoirbecken *n*, Eckurinalbecken *n*	urinoir *m* d'équerre	угловой писсуар
F 178	**flat burner**	Flachbrenner *m*	bec *m* plat	плоская горелка
F 179	**flat packing ring**	Flachdichtring *m* <für lose Flansche>	garniture *f* plate	плоское кольцевое уплотнение
F 180	**flat radiator**	Flachheizkörper *m*	corps *m* de chauffe plan	плоский радиатор
F 181	**flat slide valve**	Flachschieber *m*	tiroir *m* méplat, tiroir plat, robinet *m*	плоская задвижка
F 182	**flexibility,** pliability	Biegsamkeit *f*	flexibilité *f*	гибкость
F 183	**flexibility stress,** bending stress, transverse stress	Biegespannung *f*	effort *m* de flexion	изгибающее напряжение
F 184	**flexibility test,** bending test, bend test, beam test <tubes>	Biegungsversuch *m*, Biegeversuch *m*	essai *m* de flexion	испытание на изгиб
F 185	**flexible,** pliable, pliant	biegsam, flexibel	pliable, ployable, flexible	гибкий
F 186	**flexible joint**	Gelenkverbindung *f*	assemblage *m* flexible	шарнирное соединение
F 187	**flexion,** bending, deflection, sag, flexure	Durchbiegung *f*	flexion *f* [transversale], flèche *f*, fléchissement *m*	прогиб
F 188	**flexional elasticity,** beam property	Biegefähigkeit *f*	flexibilité *f*	способность изгиба
	flexure	*s.* flexion		
F 189	**float**	Schwimmer *m*	flotteur *m*	поплавок
F 190	**float ball**	Schwimmerkugel *f*	flotteur *m* à boule	поплавковый шар
F 191	**float housing**	Schwimmergehäuse *n*	chambre *f* du flotteur	поплавковая камера
F 192	**floating arm,** slewing arm	Schwenkarm *m*	bras *m* oscillant, bras pivotant	поворотный рукав
F 193	**floating body**	Schwimmkörper *m*	corps *m* flottant	поплавок
F 194	**floating channel**	Fluter *m*	fossé *m* de drainage	водосброс; водоспуск
F 195	**floating matter, floating solids,** skimmings	Schwimmstoffe *mpl*	matières *fpl* flottantes	плавающее вещество
F 196	**float switch**	Schwimmerschalter *m*	interrupteur *m* à flotteur	поплавковый включатель
F 197	**float valve**	Schwimmerventil *n*	soupape *f* à flotteur	поплавковый клапан
F 198	**flocculant,** coagulant, flocking agent	Flockungsmittel *n*, Ausflockungsmittel *n*	coagulant *m*, floculant *m*	коагулянт
F 199	**flocculate,** coagulate	flocken, ausflocken, koagulieren	floculer, coaguler	коагулировать, створаживаться
F 200	**flocculation,** coagulation, coagulating	Flockung *f*, Flocken *n*, Ausflockung *f*, Ausflocken *n*, Koagulation *f*	coagulation *f*, floculation *f*	коагуляция; свертывание, хлопьеобразование
F 201	**flocculation basin, flocculation tank, flocculator,** coagulation tank (basin), coagulating basin	Flockungsbecken *n*, Ausflockungsbecken *n*, Koagulationsbecken *n*	bassin *m* de floculation, bassin de coagulation	бассейн коагулирования
F 202	**flocculent**	flockig	floculeux, floconneux	хлопьевидный
F 203	**flocking agent,** coagulant, flocculant	Flockungsmittel *n*, Ausflockungsmittel *n*	coagulant *m*, floculant *m*	коагулянт
F 204	**flood,** inundate	überschwemmen	inonder	затопить
F 205	**flood, flooding,** inundation	Überschwemmung *f*, Überflutung *f*	inondation *f*	затопление, наводнение
F 206	**flood protection**	Hochwasserschutz *m*	défense *f* contre les crues	защита от паводковых вод
F 207	**floor heating**	Fußbodenheizung *f*	chauffage *m* du sol	отопление с отопительными панелями в полу помещения
F 208	**floor heating installation**	Etagenheizung *f*	chauffage *m* central à un étage	этажное центральное отопление
F 209	**floor shell**	Fußbodenhülse *f* <Rohrhülse>	manchon *m* du plancher	гильза
F 210	**floor temperature**	Fußbodentemperatur *f*	température *f* du plancher	температура пола
F 211	**flow**	fließen	couler, parcourir	течь
F 212	**flow,** current, drift, stream	Strömung *f*, Strom *m*	courant *m*, écoulement *m*	течение, поток, ток
F 213	**flow,** passage	Durchfluß *m*	passage *m*	расход, проток
F 214	**flow area,** sectional area of flow	Durchflußquerschnitt *m*	section *f* d'écoulement	проходное сечение
F 215	**flow coefficient,** flow factor	Durchflußzahl *f*	coefficient *m* de débit	коэффициент расхода
F 216	**flow diagram**	Strömungsdiagramm *n*	diagramme *m* d'écoulement	диаграмма течения

F 217	**flow factor,** flow coefficient	Durchflußzahl *f*	coefficient *m* de débit	коэффициент расхода
F 218	**flow governor**	Durchflußmengenregler *m*	directeur *m* de débit	регулятор расхода
F 219	**flow heater,** geyser, hot water apparatus	Durchlauferhitzer *m*, Durchlaufwasserheizer *m*	chauffe-eau *m* instantané, chauffe-eau à écoulement libre	прибор для нагрева при прохождении, прямоточный подогреватель
F 220	**flow indicator**	Durchflußanzeiger *m*	indicateur *m* de passage, indicateur du débit	расходомер
F 221	**flowing-out hole,** mouth	Auslauf *m*, Auslaufstelle *f*	écouloir *m*, sortie *f*	истечение, выход
F 222	**flow measurement**	Durchflußmengenmessung *f*	mesurage *m* de débit	измерение расхода
F 223	**flow meter**	Durchflußmengenmesser *m*	débitmètre *m*, fluxmètre *m*	расходомер
F 224	**flow of air,** draught, air draught	Luftströmung *f*, Luftzug *m*	écoulement *m* atmosphérique, écoulement d'air, courant atmosphérique, courant d'air	течение воздуха
F 225	**flow of boundary layer**	Grenzschichtströmung *f*	écoulement *m* de couche limite	течение в пограничном слое
F 226	**flow off**	ablaufen, abfließen	laisser partir, laisser s'écouler	сливать, спустить
F 227	**flow out,** pass out	ausströmen	s'écouler, s'épancher	истекать
F 228	**flow time**	Durchlaufzeit *f*	temps *m* (durée *f*) de passage	время протока
F 229	**fluctuating quantity of water**	pulsende Wassermenge *f*, fluktuierende Wassermenge	quantité *f* d'eau flottante, quantité d'eau fluctuante	пульсирующее количество воды
F 230	**fluctuation,** oscillation, variation	Schwankung *f*	oscillation *f*, fluctuation *f*, variation *f*	колебание
F 231	**fluctuation of demand**	Bedarfsschwankung *f*	variation *f* des besoins	колебание расхода
F 232	**fluctuation of pressure,** pressure fluctuation	Druckschwankung *f*	fluctuation *f* de pression	колебание давления
F 233	**fluctuation of speed,** speed variation	Geschwindigkeitsschwankung *f*	fluctuation *f* de vitesse, variation *f* de vitesse	колебание скорости
F 234	**flue,** chimney, funnel	Schornstein *m*, Schlot *m*, Kamin *m*	cheminée *f*	дымовая труба
F 235	**flue,** heating flue	Heizkanal *m*	carneau *m* de chauffage	отопительный канал
F 236	**flue boiler,** boiler with internal flues	Flammrohrkessel *m*	chaudière *f* à tubes-foyer	жаротрубный котел
F 237	**flue-brush,** cable-brush	Kanalbürste *f*, Seilbürste *f*	hérisson *m* à cordes	щетка для чистки каналов канализации
F 238	**flue dust,** fly-ash	Flugasche *f*	cendre *f* volante	летучая зола
	flue dust	*s. a.* blast furnace dust		
F 239	**flue dust collector**	Flugaschenfänger *m*	collecteur *m* de cendre volante, capuchon *m* à cendres volantes	золоулавливатель
F 240	**flue dust loss**	Flugaschenverlust *m*	perte *f* par cendre folle	потеря с уносом
F 241	**flue dust separation**	Flugaschenabscheidung *f*	séparation *f* des cendres volantes	улавливание летучей золы
F 242	**flue dust separator**	Flugaschenabscheider *m*	séparateur *m* des cendres volantes	сепаратор летучей золы
F 243	**flue gas**	Rauchgas *n*	gaz *m* de fumée	дымовой газ
F 244	**flue gas canal**	Rauchgaskanal *m*	tuyau *m* de cheminée	дымоход
F 245	**flue gas test**	Rauchgasprüfung *f*	vérification *f* de gaz de fumée	анализ дымовых газов
F 246	**fluid,** liquid	Flüssigkeit *f*	fluide *m*, liquide *m*	жидкость
F 247	**fluid,** liquid	flüssig	liquide, fluide	жидкий
F 248	**fluid fuel,** liquid fuel	flüssiger Brennstoff *m*	combustible *m* liquide	жидкое топливо
F 249	**fluid state of aggregation,** liquid state of aggregation	flüssiger Aggregatzustand *m*	état *m* liquide d'agrégation	жидкое агрегатное состояние
F 250	**flume,** race <US>	Gerinne *n*	caniveau *m*, rigole *f*, cunette *f*, pierrée *f*	лоток
F 251	**fluorate**	fluorieren	fluorer	фторировать
F 252	**fluoration**	Fluorierung *f*	fluoration *f*	фторирование
F 253	**fluorosis caused by drinking water**	Trinkwasserfluorose *f*	fluorose *f* causée par l'eau potable	флюороз питьевой воды
F 254	**flush,** rinse, wash, scour	spülen	rincer	промывать
F 255	**flush away,** wash away	fortspülen, wegspülen, fortschwemmen	porter, laver, desacoster	промывать
F 256	**flush boring,** hydraulic boring	Spülbohrung *f*	forage *m* par pression hydraulique	бурение с промывкой
F 257	**flushing,** rinsing, washing, scouring, rinse	Spülung *f*	rinçage *m*, lavage *m*	намывание, промывка
F 258	**flushing apparatus**	Druckspüler *m*	robinet *m* de chasse d'eau	устройство для напорной промывки
F 259	**flushing box,** cistern <W.C.>	Spülkasten *m*	caisse *f* d'écurage	бачок для промывки унитаза
F 260	**flushing device,** rinsing equipment	Spüleinrichtung *f*	appareil *m* de chasse, dispositif *m* de chasse	устройство для намыва
F 261	**flushing gully**	Spülschacht *m*	regard *m* de chasse	промывочный колодец
F 262	**flush-tank**	Kastenspüler *m*	bassin *m* de chasse	коробчатый рефулер
F 263	**fly-ash,** flue dust	Flugasche *f*	cendre *f* volante	летучая зола
F 264	**flywheel pump**	Schwungradpumpe *f*	pompe *f* à volant	центробежный насос
F 265	**foam**	schäumen	écumer	вспенивать
F 266	**foam up**	aufschäumen	déborder en moussant	вспениться
F 267	**focal radius**	Brennstrahl *m*	rayon *m* focal	струя, выходящая из горелки

F 268	**foot**	Fuß *m*	côté *m*, pied *m*	основание; нижняя часть; ножка
F 269	**foot bath tub**	Fußbadewanne *f*	pédiluve *m*	ванна для мытья ног
F 270	**footing of a well**	Brunnenkranz *m*, Brunnenschuh *m*	fond *m* de puits	нижняя часть опускного колодца с режущей кромкой
F 271	**foot valve**	Fußventil *n*, Bodenventil *n*	soupape *f* (clapet *m*) de pied, clapet de fond	пятовый (донный, приемный) клапан
F 272	**foot valve with socket**	Fußventil *n* mit Muffe <für Rohrbrunnen>	soupape *f* de pied avec manchon	приемный клапан с муфтой
F 273	**foot valve with two flap valves**	Fußventil *n* mit zwei Ventilklappen	soupape *f* de pied avec deux clapets	приемный клапан с двумя заслонками
F 274	**forced air circulation**	mechanische Luftumwälzung *f*	circulation *f* d'air forcée	механическая циркуляция воздуха
F 275	**forced circulation air cooler**	Luftkühler *m* <mit mechanischem Umlauf>	refroidisseur *m* d'air à circulation forcée	воздухоохладитель с принудительной циркуляцией воздуха
F 276	**forced circulation boiler**	Zwangsumlaufkessel *m* <La-Mont>	chaudière *f* tubulaire à circulation forcée	котел с многократной принудительной циркуляцией
F 277	**force pump,** pressure pump	Druckpumpe *f*	pompe *f* foulante (de pression)	нагнетательный насос
F 278	**forking,** bifurcation	Gabelung *f*	bifurcation *f*	развилка, разветвление
F 279	**formation of fog**	Nebelbildung *f*	formation *f* du brouillard	туманообразование
F 280	**formation of steam,** steam generation	Dampfbildung *f*	génération *f* de vapeur	парообразование
F 281	**fossil meal brick**	gebrannter Kieselgurstein *m* <für Rohrisolierung>	brique *f* en kieselguhr	диатомитовый кирпич
F 282	**foul water sewer,** sanitary sewer, waste water drain	Schmutzwasserkanal *m*, Schmutzwasserleitung *f*	tuyauterie *f* des eaux boueuses, canal *m* des eaux boueuses	канал сточных вод, трубопровод сточных вод
F 283	**foundation,** base	Fundament *n*, Sockel *m*	fondation *f*, fondement *m*, base *f*	фундамент
F 284	**foundation plate,** base plate	Grundplatte *f*, Fundamentplatte *f*	plaque *f* de base, plaque de fondation	фундаментная плита
F 285	**fountain**	Springbrunnen *m*, Fontäne *f*	fontaine *f* [jaillissante]	фонтан
F 286	**fourway branch,** cross, TT piece, cross branch, 4-way piece, flanged cross	Kreuzstück *n*, TT-Stück *n*	croix *f*, croix à quatre brides	фланцевый крест
F 287	**four-wire network**	Vierleitersystem *n*	système *m* à quatre fils	четырехтрубная система
F 288	**fracture,** breakage, rupture	Bruch *m*	rupture *f*, bris *m*	излом
F 289	**framing of joists**	Balkenlage *f*	chevronnage *m*	балка перекрытия
F 290	**free available chlorine,** free chlorine	frei wirksames Chlor *n*, freies Chlor	chlore *m* actif libre, chlore libre	свободный хлор
F 291	**free carbonic acid**	freie Kohlensäure *f*	acide *m* carbonique libre	свободная углекислота
F 292	**free chlorine,** free available chlorine	frei wirksames Chlor *n*, freies Chlor	chlore *m* actif libre, chlore libre	свободный хлор
F 293	**free from rust,** remove rust	entrosten	dérouiller	удалять ржавчину
F 294	**free level**	freier Spiegel *m*	niveau *m* de la surface (nappe) libre, surface *f* libre de la nappe	свободное зеркало
F 295	**free outlet**	freier Ausfluß *m*	écoulement *m* libre	свободный сброс
F 296	**free plain**	freie Fläche *f*	plaine *f* à ciel ouvert	свободная поверхность
F 297	**free residual chlorine**	freies Restchlor *n*	chlore *m* résiduel libre	остаток свободного хлора
F 298	**free section**	freier Querschnitt *m*	section *f* libre	свободное поперечное сечение
F 299	**free water surface**	freier Wasserspiegel *m*	niveau *m* d'eau libre	открытое зеркало воды
F 300	**freeze,** congeal	frieren, gefrieren	geler, congeler	замерзать
F 301	**freeze-drying**	Gefriertrocknung *f*	lyophilisation *f*, cryodessiccation *f*	сублимационная сушка
F 302	**freeze in**	einfrieren	geler, frigorifier, congeler	замораживать
F 303	**freezing**	Gefrieren *n*	congélation *f*	замораживание
F 304	**freezing method**	Gefriermethode *f*	systématique *f* de congélation	метод замораживания
F 305	**freezing point**	Gefrierpunkt *m*	point *m* de congélation	точка замерзания
F 306	**freezing temperature**	Gefriertemperatur *f*	température *f* de congélation	температура замораживания, температура замерзания
F 307	**freezing trunk,** cooling trunk	Gefriertruhe *f*	armoire *f* frigorifique, armoire de surgélation	морозильный ларь
F 308	**Freon**	Freon *n*	fréon *m*	фреон
F 309	**frequency of rain**	Regenhäufigkeit *f*	fréquence *f* de la pluie	частота дождевых осадков
F 310	**fresh-air heater**	Frischluftheizung *f*	chauffage *m* à l'air frais	отопление приточным воздухом
F 311	**fresh-air oil heating apparatus**	Frischluft-Öl-Heizgerät *n*	chaufferette *f* à l'huile d'air frais	нагревательный прибор воздушного отопления, работающий на жидком топливе
F 312	**fresh sewage, fresh waste**	frisches Abwasser *n*	eaux *fpl* d'égout fraîches	свежая сточная вода
F 313	**fresh water**	Frischwasser *n*	eau *f* fraîche	свежая вода

F 314	**Fretz-Moon conduit**	Fretz-Moon-Rohr *n* <Deckenheizung>	tuyau *m* « Fretz-Moon »	труба Фретца-Моона
F 315	**friction**	Reibung *f*	friction *f*, frottement *m*	трение
F 316	**frictional loss,** friction loss	Reibungsverlust *m*	perte *f* par frottement	потеря на трение
F 317	**frictional resistance**	Reibungswiderstand *m*	résistance *f* du frottement	сопротивление трения
F 318	**friction loss,** frictional loss	Reibungsverlust *m*	perte *f* par frottement	потеря на трение
F 319	**frontal charging**	frontale Beschickung *f*	fournée *f* frontale	подача со стороны фронта
F 320	**front of furnace,** furnace front	Feuergeschränk *n*	devanture *f* du foyer	топочная рама
F 321	**frost**	bereifen	givrer	покрывать инеем
F 322	**frost danger**	Frostgefahr *f*	danger *m* du froid	морозоопасность
F 323	**frost deposit**	Reifbelag *m*	dépôt *m* de glace, dépôt de givre	слой инея
F 324	**frost resistance**	Frostbeständigkeit *f*	résistance *f* au gel	морозостойкость
F 325	**frost-resistant**	frostsicher, frostbeständig	incongélable	морозостойкий
F 326	**frozen food storage room**	Gefrierlagerraum *m*	chambre *f* de stockage pour produits congelés	камера хранения замороженных грузов
F 327	**fuchsin[e]**	Fuchsin *n*	fuchsine *f*	фуксин
F 328	**fuel,** combustibles	Brennmaterial *n*, Brennstoff *m*, Heizmaterial *n*	matériaux *mpl* de chauffage, combustibles *mpl*	топливо, горючее
F 329	**fuel bunker**	Brennstoffbunker *m*	réservoir *m* de combustible, trémie *f* d'emmagasinage de combustible, silo *m*	бункер для топлива
F 330	**fuel cinders**	Brennstoffasche	cendre *f* du combustible	зола топлива
F 331	**fuel consumption**	Brennstoffverbrauch *m*	consommation *f* de combustible	расход топлива
F 332	**fuel gas**	Brenngas *n*	gaz *m* combustible	горючие газы
F 333	**fuel gas analysis**	Brenngasanalyse *f*	analyse *f* de gaz combustible	анализ горючих газов
F 334	**fuel gas quality,** quality of fuel gas	Brenngaseigenschaft *f*	qualité *f* du gaz combustible	свойство горючих газов
F 335	**fuel oil**	Heizöl *n*	huile *f* combustible	жидкое топливо; мазут
F 336	**fuel room**	Brennstoffraum *m*	trémie *f* de combustible	помещение для топлива
F 337	**fuel store**	Brennstofflager *n*	magasin *m* de combustibles	склад топлива
F 338	**fuel tank,** combustible tank	Brennstofftank *m*	réservoir *m* de combustible	бак для горючего
F 339	**fuel utilization**	Brennstoffausnutzung *f*	utilisation *f* de combustible	использование топлива
F 340	**fullering of the lead in the sockets,** caulking of lead in sockets	Verstemmen *n* des Bleies in den Muffen	matage *m* du plomb dans les emboîtements	зачеканка муфт свинцом
F 341	**fullering tool,** caulking tool, caulking iron	Stemmeißel *m*, Setzer *m*, Kordeleisen *n*	ciseau *m* à mater, matoir *m*	долото
F 342	**full-scale test,** large-scale experiment	Großversuch *m*	essai *m* à grande échelle	крупный эксперимент
F 343	**functional trouble,** break-down <machine>	Betriebsstörung *f*	panne *f*, trouble *m* fonctionnel <machine>	авария
F 344	**funnel,** chimney, flue	Schornstein *m*, Schlot *m*, Kamin *m*	cheminée *f*	дымовая труба
F 345	**funnel,** hopper, cone	Trichter *m*	entonnoir *m*	воронка
F 346	**funnel of sheet iron,** smoke pipe of sheet iron	Blechschornstein *m*	cheminée *f* en tôle	железная дымовая труба
F 347	**funnel-shaped**	trichterförmig	en forme d'entonnoir	воронкообразный
F 348	**furnace**	Feuerungsanlage *f*	foyer *m*, installation *f* de chauffe	топочное устройство
F 349	**furnace**	Ofen *m*	poêle *m*	печь
F 350	**furnace front,** front of furnace	Feuergeschränk *n*	devanture *f* du foyer	топочная рама
F 351	**furnace man**	Kesselwärter *m*	conducteur *m* de chaudière	кочегар
F 352	**furnace room**	Heizkeller *m*	chaufferie *f*	котельная в подвале
F 353	**furnace size**	Ofengröße *f*	dimension *f* du poêle	размер печи

G

G 1	**galena,** lead sulphide, blue lead	Bleiglanz *m*	sulfure *m* de plomb, galène *f*	свинцовый блеск, галенит
G 2	**galvanize**	verzinken	galvaniser, zinquer	оцинковывать
G 3	**galvanizing**	Verzinkung *f*	galvanisage *m*	оцинковывание
	gang of wells	*s.* battery of wells		
G 4	**garage gas radiator**	Garagengasheizofen *m*	four *m* à gaz à garage	газовая отопительная печь для гаража
G 5	**garage heating**	Garagenheizung *f*	chauffage *m* à garage	отопление для гаража
G 6	**garbage container,** refuse container, dustbin, domestic dustbin	Müllkasten *m*, Mülltonne *f*	poubelle *f*	мусорный бак
G 7	**garbage disposal,** refuse disposal	Müllbeseitigung *f*	action *f* d'écarter des immondices	удаление мусора
G 8	**garbage grinder**	Müllwolf *m*; Küchenmüllzerkleinerer *m*	dilacérateur *m*; broyeur *m* d'ordures ménagères	мусородробилка; кухонная мусородробилка

G 9	**garbage incineration,** refuse incineration	Müllverbrennung *f*	crémation *f* des immondices	сжигание мусора
G 10	**garbage transport,** refuse removal	Müllabfuhr *f*	enlèvement *m* des ordures ménagères	удаление мусора
G 11	**garden hydrant**	Gartenhydrant *m*	prise *f* d'eau du jardin	садовый гидрант
G 12	**garden water cock**	Gartensprenghahn *m*	robinet *m* des jardins	садовый оросительный кран
G 13	**garret story,** attic	Dachgeschoß *n*	mansarde *f*	чердачный этаж
G 14	**gas**	Gas *n*	gaz *m*	газ
G 15	**gas admission,** gas supply	Gaszufuhr *f*	admission *f* du gaz, arrivée *f* du gaz	подвод газа
G 16	**gas-air heat exchanger**	Gas-Luft-Wärme-austauscher *m*	appareil *m* d'échange de chaleur système de gaz et d'air	газовоздушный тепло-обменник
G 17	**gas-air mixture**	Gasluftgemisch *n*	mélange *m* d'air et de gaz	газовоздушная смесь
G 18	**gas analysis**	Gasanalyse *f*	analyse *f* de gaz	анализ газа
G 19	**gas apparatus**	Gasgerät *n*	appareil *m* à gaz	газовый прибор
G 20	**gas baking oven**	Gasbackofen *m*	four *m* de boulanger à gaz	газовая духовка
G 21	**gas blower**	Gasgebläse *n*	soufflerie *f* à gaz	газодувка
G 22	**gas boiler**	Gaskessel *m*	chaudière *f* à gaz	газовый котел
G 23	**gas bottle,** gas cylinder	Gasflasche *f*	bouteille *f* à gaz, bonbonne *f* à gaz, cylindre *m* à gaz	баллон для газа
G 24	**gas bubble**	Gasblase *f*	bulle *f* de gaz	газовый пузырь
G 25	**gas burner**	Gasbrenner *m*	bec *f* de gaz, bec à gaz, brûleur *m* de gaz	газовая горелка, форсунка
G 26	**gas burning,** gas firing	Gasfeuerung *f*	chauffage *m* au gaz	газовое отопление; топка для газообраз-ного топлива
G 27	**gas calorific value**	Gasheizwert *m*	valeur *f* calorifique de gaz	теплота сгорания газа
G 28	**gas calorimeter**	Gaskalorimeter *m*	calorimètre *m* à gaz	газовый калориметр
G 29	**gas-central heating**	Gaszentralheizung *f*	chauffage *m* central au gaz	центральное газовое отопление
G 30	**gas chimney**	Gasschornstein *m*	carneau *m* à gaz	дымоход
G 31	**gas clean-up,** gas purification	Gasreinigung *f*	épuration *f* du gaz, purification *f* du gaz	очистка газа
G 32	**gas cock,** gas tap, gas faucet <US>	Gashahn *m*	robinet *m* de gaz	газовый кран
G 33	**gas collector**	Gasfänger *m*	collecteur *m* du gaz	газовый коллектор
G 34	**gas compound,** gas mixture	Gasgemisch *n*	mélange *m* gazeux, mélange de gaz	газовая смесь
G 35	**gas compressor**	Gaskompressor *m*	compresseur *m* du gaz	компрессор газа
G 36	**gas conduit**	Gasleitung *f*	conduite *f* de gaz	газопровод
G 37	**gas connection**	Gasleitungsnetz *n*	réseau *m* de distribution de gaz	газопроводная сеть
G 38	**gas constant**	Gaskonstante *f*	constante *f* de gaz	газовая постоянная
G 39	**gas consumption**	Gasverbrauch *m*	consommation *f* de gaz	расход газа
G 40	**gas container,** gasome-ter, gas-holder, gas tank	Gasometer *m*, Gasbehälter *m*	gazomètre *m*, réservoir *m* à gaz	газгольдер
G 41	**gas cooker**	Gaskocher *m*	cuisinière *f* à gaz	газовый кипятильник
G 42	**gas cooler**	Gaskühler *m*	refroidisseur *m* du gaz, réfrigérant *m* à gaz	газовый холодильник
G 43	**gas cooling**	Gaskühlung *f*	refroidissement *m* à gaz	охлаждение газов
G 44	**gas-counter**	Gaszähler *m*	compteur *m* à gaz	газовый счетчик
G 45	**gas cutting,** torch cutting	Brennschneiden *n*	oxycoupage *m*	кислородная резка
G 46	**gas cylinder,** gas bottle	Gasflasche *f*	bouteille *f* à gaz, bonbonne *f* à gaz, cylindre *m* à gaz	баллон для газа
G 47	**gas decontamination**	Gasentgiftung *f*	désintoxication *f* de gaz	удаление ядовитых веществ из газа
G 48	**gas density**	Gasdichte *f*	densité *f* de gaz	плотность газа
G 49	**gas density measurement**	Gasdichtemessung *f*	mesure *f* de la densité de gaz	измерение плотности газа
G 50	**gas density recorder**	Gasdichteschreiber *m*	enregistreur *m* de la densité de gaz	самопишущий прибор плотности газа
G 51	**gas detector**	Gasspürgerät *n*, Gasspurenprüfer *m*	appareil *m* détecteur de gaz, détecteur *m* des gaz	прибор для обнаружи-вания утечек газа
G 52	**gas development,** gas formation	Gasentwicklung *f*, Gasbildung *f*	formation *f* de gaz, dégagement *m* de gaz	образование газа
G 53	**gas distribution**	Gasverteilung *f*	distribution *f* de gaz	раздача газа, распреде-ление газа, газо-распределение
G 54	**gas distribution conduit**	Gasverteilungsrohr *n*	tuyau *m* de distribution de gaz	труба для распределения газа
G 55	**gas drainage**	Gasabsaugung *f*	aspiration *f* du gaz	отсос газа
G 56	**gas drying**	Gastrocknung *f*	dessiccation *f* du gaz	сушка газов
G 57	**gas energy**	Gasenergie *f*	énergie *f* de gaz	энергия газа
G 58	**gaseous,** gasiform	gasförmig	gazeux	газообразный
G 59	**gaseous chlorine,** chlorine gas	Chlorgas *n*	chlore *m*	хлорный газ
G 60	**gaseous fuel**	gasförmiger Brennstoff *m*	combustible *m* gazéiforme	газообразное топливо
G 61	**gas equation**	Gasgleichung *f*	équation *f* des gaz	уравнение состояния газа
G 62	**gas exhauster**	Gassauger *m*	exhausteur (extracteur, aspirateur) *m* de gaz	эксгаустер
G 63	**gas faucet** <US>, gas cock, gas tap	Gashahn *m*	robinet *m* de gaz	газовый кран

No.	English	German	French	Russian
G 64	**gas fired air heater**	Gaslufterhitzer *m*	réchauffeur *m* d'air à gaz	газовый нагреватель воздуха
G 65	**gas fired air heating**	Gasluftheizung *f*	calorifère *m* à gaz	воздушное отопление от газов
G 66	**gas fired furnace**	Gasfeuerstätte *f*	foyer *m* à gaz	газовая топка
G 67	**gas firing,** gas burning	Gasfeuerung *f*	chauffage *m* au gaz	газовое отопление; топка для газообразного топлива
G 68	**gas firing,** gas heating	Gasheizung *f*	chauffage *m* à gaz	газовое отопление
G 69	**gas fitter,** plumber, pipe fitter	Installateur *m*	serrurier-forgeron *m*	монтер
G 70	**gas flushburner**	Gaseinbaubrenner *m*	brûleur *m* à gaz pour montage dans chaudières	встроенная газовая горелка
G 71	**gas formation,** gas development	Gasentwicklung *f*, Gasbildung *f*	formation *f* de gaz, dégagement *m* de gaz	образование газа
G 72	**gas furnace for room heating,** gas stove	Gasofen *m* für Raumheizung	four *m* à gaz pour chauffage des locaux	газовая печь для отопления
G 73	**gas generation,** gas production	Gaserzeugung *f*	production *f* de gaz, génération *f* de gaz	производство газа
G 74	**gas generator,** gas producer	Gaserzeuger *m*, Gasgenerator *m*	gazogène *m*, générateur *m* de gaz	газогенератор
G 75	**gas-geyser**	Gaswasserheizer *m*	chauffe-eau *m* à gaz	газовая колонка
G 76	**gas governor,** gas pressure regulator	Gasdruckregler *m*	régulateur *m* de pression de gaz	регулятор давления газа
G 77	**gas hearth,** gas range <US>, gas kitchener	Gasherd *m*	réchaud-four *m* à gaz	газовая плита
G 78	**gas heated ultra-red radiator**	gasbeheizter Infrarotstrahler *m*	four *m* à rayonnement infrarouge chauffé au gaz	газовый инфракрасный излучатель
G 79	**gas heating,** gas firing	Gasheizung *f*	chauffage *m* à gaz	газовое отопление
G 80	**gas-holder,** gasometer, gas container, gas tank	Gasometer *m*, Gasbehälter *m*	gazomètre *m*, réservoir *m* à gaz	газгольдер
G 81	**gas hot-air furnace**	Gaswarmluftofen *m*	four *m* à air à gaz	газовоздушная печь
G 82	**gas humidity**	Gasfeuchtigkeit *f*	humidité *f* de gaz	влажность газа
G 83	**gasification**	Vergasung *f*	gazéification *f*	превращение в газ
G 84	**gasification triangle**	Vergasungsdreieck *n*	triangle *m* de gazéification	треугольник газообразования
G 85	**gasiform,** gaseous	gasförmig	gazeux	газообразный
G 86	**gasify**	vergasen	gazéifier	превращать в газ
G 87	**gas index**	Gaskennziffer *f*	caractéristique *f* du gaz	газовый показатель
G 88	**gas installation**	Gasinstallation *f*	installation *f* de gaz	газопроводка
G 89	**gas jet**	Gasstrahl *m*	courant (flux) *m* de gaz	газовая струя
G 90	**gasket,** flange packing	Flanschdichtung *f*	joint *m* à brides	прокладка между фланцами
G 91	**gasket ring,** packing ring, joint ring	Dichtungsring *m*	bague *f* de garniture (joint), rondelle *f* de joint	уплотнительное кольцо
G 92	**gas kitchen**	Gasküche *f*	cuisine *f* à gaz	газовая кухня
G 93	**gas kitchener,** gas hearth, gas range <US>	Gasherd *m*	réchaud-four *m* à gaz	газовая плита
G 94	**gas law**	Gasgesetz *n*	loi *f* des gaz	закон газа
G 95	**gas lift**	Gasauftrieb *m*	force *f* ascensionnelle de gaz	подъемная сила газа
G 96	**gas lighting**	Gasbeleuchtung *f*	éclairage *m* au gaz	газовое освещение
G 97	**gas main**	Hauptgasleitung *f*	conduite *f* principale de gaz	магистральный газопровод
G 98	**gas main cock,** main gas-tap	Gashaupthahn *m*	robinet *m* principal de gaz	главный газовый кран
G 99	**gas mantle,** incandescent hood, incandescent mantle	Gasglühkörper *m*	manchon *m* à incandescence, chaussure *f* de la lumière incandescente de gaz	газовый запальник
G 100	**gas mask,** box respirator	Gasmaske *f*	masque *m* à gaz, masque contre les gaz, masque antigaz	противогазная маска
G 101	**gas meter**	Gasmesser *m*, Gasuhr *f*	gazomètre *m*	газомер
G 102	**gas meter with rotary pistons**	Drehkolbengaszähler *m*	compteur *m* à gaz à piston rotatif	счетчик газа с вращающимся поршнем
G 103	**gas mixture,** gas compound	Gasgemisch *n*	mélange *m* gazeux, mélange de gaz	газовая смесь
G 104	**gas motor**	Gasmotor *m*	moteur *m* à gaz	газовый мотор
G 105	**gasoline-air gas mixture** <US>	Benzin-Luftgas *n*	gaz *m* à air chargée d'essence	бензовоздушный газ
G 106	**gasoline separator** <US>, petrol separator, petrol trap, gasoline trap <US>	Benzinabscheider *m*, Leichtflüssigkeitsabscheider *m*	séparateur *m* d'essence	бензиноуловитель
G 107	**gasoline soldering lamp** <US>	Benzinlötlampe *f*	lampe *f* à souder à essence	бензиновая паяльная лампа
G 108	**gasoline trap** <US>, petrol separator, gasoline separator <US>, petrol trap	Benzinabscheider *m*, Leichtflüssigkeitsabscheider *m*	séparateur *m* d'essence	бензиноуловитель
G 109	**gasometer,** gas container, gas-holder, gas tank	Gasometer *m*, Gasbehälter *m*	gazomètre *m*, réservoir *m* à gaz	газгольдер

G 110	**gas pilot burner**	Sparbrenner *m*	brûleur *m* de gaz à veilleuse	экономичная форсунка
G 111	**gas pipe**	Gasrohr *n*	tuyau *m* à gaz	газовая труба
G 112	**gas pipeline**	Gasfernleitung *f*	canalisation *f* de gaz pour grandes distances	дальний газопровод
G 113	**gas pipe thread**	Gasgewinde *n*	filet *m*, filet [de tuyaux] à gaz	газовая резьба
G 114	**gas poisoning**	Gasvergiftung *f*	empoisonnement *m* par le gaz, intoxication *f* par le gaz	отравление газом
G 115	**gas pressure**	Gasdruck *m*	tension *f* gazeuse, pression *f* de gaz	давление газа
G 116	**gas pressure measurement**	Gasdruckmessung *f*	mesure *f* de la pression gazeuse	измерение давления газа
G 117	**gas pressure regulator,** gas governor	Gasdruckregler *m*	régulateur *m* de pression de gaz	регулятор давления газа
G 118	**gas producer,** gas generator	Gaserzeuger *m*, Gasgenerator *m*	gazogène *m*, générateur *m* de gaz	газогенератор
G 119	**gas production,** gas generation	Gaserzeugung *f*	production *f* de gaz, génération *f* de gaz	производство газа
G 120	**gas protection,** protection against poisonous gas	Gasschutz *m*	protection *f* antigaz, protection contre les gaz toxiques	противогазовая защита
G 121	**gas purification,** gas clean-up	Gasreinigung *f*	épuration *f* du gaz, purification *f* du gaz	очистка газа
G 122	**gas quantity measurement**	Gasmengenmessung *f*	mesure *f* de la quantité de gaz	измерение расхода газа
G 123	**gas radiator**	Gasraumheizer *m*, Gasheizofen *m*, Gasradiator *m*	radiateur *m* à gaz, four *m* à gaz	газовый комнатный нагревательный прибор, газовый отопительный прибор, газовый радиатор
G 124	**gas range** <US>, gas hearth, gas kitchener	Gasherd *m*	réchaud-four *m* à gaz	газовая плита
G 125	**gas refrigerator**	Gaskühlschrank *m*	réfrigérateur *m* à gaz	газовый холодильник
G 126	**gas roasting oven**	Gasbratofen *m*	rôtissoire *f* à gaz	газовая духовка
G 127	**gas room heating**	Gasraumheizung *f*	chauffage *m* des locaux au gaz	газовое комнатное отопление
G 128	**gas smell**	Gasgeruch *m*	odeur *f* de gaz	запах газа
G 129	**gas smoothing iron**	Gasbügeleisen *n*	fer *m* à repasser à gaz	газовый утюг
G 130	**gas stop**	Gasabsperrung *f*	arrêt *m* de gaz	отсечка газа
G 131	**gas storage**	Gasspeicherung *f*	stockage *m* des gaz	накопление газа
G 132	**gas stove,** gas furnace for room heating	Gasofen *m* für Raumheizung	four *m* à gaz pour chauffage des locaux	газовая печь для отопления
G 133	**gas structure**	Gaszusammensetzung *f*	synthèse *f* de gaz, structure *f* de gaz	состав газа
G 134	**gas supply**	Gasversorgung *f*	distribution *f* de gaz	газоснабжение
G 135	**gas supply,** gas admission	Gaszufuhr *f*	admission *f* du gaz, arrivée *f* du gaz	подвод газа
G 136	**gas tank,** gas holder, gasometer, gas container	Gasbehälter *m*, Gasometer *m*	gazomètre *m*, réservoir *m* à gaz	газгольдер
G 137	**gas tank heating**	Gasbehälterbeheizung *f*	chauffage *m* de gazomètre	отопление для газгольдера
G 138	**gas tap,** gas cock, gas faucet <US>	Gashahn *m*	robinet *m* de gaz	газовый кран
G 139	**gas test**	Gasuntersuchung *f*	épreuve *f* du gaz	газовый анализ
G 140	**gas thermometer**	Gasthermometer *n*	thermomètre *m* à gaz	газовый термометр
G 141	**gas transmissibility,** permeability to gas	Gasdurchlässigkeit *f*	perméabilité *f* aux gaz, porosité *f* aux gaz	газопроницаемость
G 142	**gas transport**	Gastransport *m*	transport *m* du gaz	транспорт газа
G 143	**gas turbine**	Gasturbine *f*	turbine *f* à gaz	газовая турбина
G 144	**gas type**	Gasart *f*	nature (sorte, espèce) *f* de gaz	вид газа
G 145	**gas unit**	Gasaggregat *n*	appareil (agrégat) *m* au gaz	газовый агрегат
G 146	**gas use**	Gasanwendung *f*	application *f* du gaz	применение газа
G 147	**gase use plant**	Gasanwendungsanlage *f*	arrangement *m* d'application du gaz	установка для применения газа
G 148	**gas use technique**	Gasanwendungstechnik *f*	technique *f* d'application du gaz	техника применения газа
G 149	**gas volume**	Gasvolumen *n*	volume *m* de gaz	объем газа
G 150	**gas washing**	nasse Gasreinigung *f*	lavage *m* mouillé du gaz	мокрая очистка газа
G 151	**gas-water-heat exchanger**	Gas-Wasser-Wärmeaustauscher *m*	appareil *m* d'échange de chaleur eau à gaz	газоводяной теплообменник
G 152	**gas water heating**	Gaswasserheizung *f* <z. B. Durchflußheizer>	chauffe-eau *m* à écoulement libre	водяное отопление на газе
G 153	**gas winning**	Gasgewinnung *f*	récupération *f* du gaz	добыча газа
G 154	**gas works**	Gaswerk *n*, Gasanstalt *f*	usine *f* à gaz	газовый завод
G 155	**gas yield**	Gasanfall *m*, Gasausbeute *f*	rendement *m* de gaz, débit *m* de gaz	количество добываемых газов; дебит газа
G 156	**gate house**	Schieberkammer *f*, Schieberhaus *n*	chambre *f* des vannes	золотниковая камера
G 157	**gauging,** metering	Messung *f*	mesurage *m*, mensure *f*	измерение

G 158	**gauging point**	Meßstelle *f*	point *m* de mesure	место измерения
	Gay-Lussac law	*s.* Charles's law		
G 159	**gear pump**	Zahnradpumpe *f*, Räderpumpe *f*	pompe *f* à engrenages	шестереночный насос
G 160	**geodetic head**	geodätische Druckhöhe *f*	hauteur *f* géodésique	геодезическая высота напора
G 161	**geodetic suction height**	geodätische Saughöhe *f*, statische Saughöhe	hauteur *f* d'aspiration géodésique	геодезическая высота всасывания
G 162	**geological map**	geologische Karte *f*	carte *f* géologique	геологическая карта
G 163	**germ**	Keim *m*	germe *m*	зародыш
G 164	**germ carrier**, carrier of germs	Keimträger *m*, Bazillenträger *m*	porteur *m* de germes	носитель микроорганизмов
G 165	**germicidal**, bactericidal	keimtötend, bakterizid	bactéricide	бактерицидный
G 166	**germicidal effect**, bactericidal effect, sterilizing effect	keimtötende Wirkung *f*	effet *m* bactericide	стерилизирующее действие
G 167	**germicide**, sterilizing agent	Entkeimungsmittel *n*	agent *m* de stérilisation	средство стерилизации
G 168	**geyser**, flow heater, hot-water apparatus	Durchlauferhitzer *m*, Durchlaufwasserheizer *m*	chauffe-eau *m* instantané, chauffe-eau à écoulement libre	прибор для нагрева при прохождении, прямоточный подогреватель
	geyser	*s. a.* bath oven		
G 169	**gilled pipe**	Rippenrohr *n*	tuyau *m* à ailettes	ребристая труба
G 170	**glaciation**	Vereisung *f*	givrage *m*	обледенение, замерзание
G 171	**glance coal**, shining coal	Glanzkohle *f*	houille *f* éclatante (brillante, luisante)	блестящий уголь
G 172	**glass gauge**, water gauge	Wasserstandsglas *n*	tube *m* de niveau d'eau	водомерное стекло
G 173	**glass insulation**	Glasisolation *f*	isolation *f* en verre	стеклянная изоляция
G 174	**glass pipe**, **glass tube**	Glasrohr *n*	tube *m* de verre, tube en verre	стеклянная труба
G 175	**glass wadding**	Glaswatte *f* <Isolierung>	ouate *f* de verre	стеклянная вата
G 176	**glass wool**, spun glass	Glaswolle *f*	laine *f* de verre	стеклянная вата
G 177	**glow filament**	Glühspirale *f*	spirale *f* incandescente	спираль накаливания
G 178	**glowing fire**, live coal	Glut *f*	braise *f* chaude	жар
G 179	**goose-neck**	Schwanenhals *m* <Installation>	cou *m* de cygne	гусек
G 180	**grade of grain**, size of grain	Korngröße *f*	grosseur *f* des grains	размер зерен
G 181	**grading**, granular composition	Körnung *f*, Kornzusammensetzung *f*	composition *f* granulométrique	гранулометрический состав
G 182	**granular composition**, grading	Körnung *f*, Kornzusammensetzung *f*	composition *f* granulométrique	гранулометрический состав
G 183	**granulating basin**	Granulierkessel *m*	bassin-granulateur *m*	котел с сухим шлакоудалением
G 184	**granulator**	Granulator *m*	broyeur-granulateur *m*	гранулятор
G 185	**graph**, diagram	Schaubild *n*	diagramme *m*, graphique *m*	диаграмма; график
G 186	**graphite**, plumbago, black lead	Graphit *m*	plombagine *f*, graphite *m*, écume *f* de fonte de fer	графит
G 187	**grate**, lattice	Gitter *n*	grille *f*, grillage *m*, treillis *m*	решетка
G 188	**grate**, gridiron	Gitterrost *m*	grille *f*	колосниковая решетка
G 189	**grate**, grating, grid rack, grill	Rost *m* <Abdeckung>	grille *f*	колосники; решетка
G 190	**grate with steps**	Treppenrost *m*	grille *f* à gradins	ступенчатая колосниковая решетка
G 191	**grating**, grid rack, grate, grill	Rost *m* <Abdeckung>	grille *f*	колосники; решетка
G 192	**gravel filter**, **gravel packed filter**	Kiesfilter *n*	filtre *m* de gravier	кварцевый фильтр
G 193	**gravity**	Schwerkraft *f*	gravité *f*	сила тяжести
G 194	**gravity filter**, open filter	offenes Filter *n*	filtre *m* ouvert, filtre gravitaire	открытый фильтр
G 195	**gravity-flow warm air furnace**	Schwerkraft-Luftheizung *f*	chauffage *m* à air chaud à convection naturelle	гравитационная система воздушного отопления
G 196	**gravity line**	Freispiegelleitung *f*, Gefälleleitung *f*	aqueduc *m*, conduite *f* à écoulement libre, canalisation *f* par gravité	безнапорный водовод
G 197	**great calorie**, kilocalorie	Kilokalorie *f*	kilocalorie *f*	килокалория
G 198	**greenery heating**, **greenhouse heating**	Gewächshausheizung *f*	chauffage *m* de serre	отопление теплиц
G 199	**gridiron**, grate	Gitterrost *m*	grille *f*	колосниковая решетка
G 200	**grid rack**, **grill**, grating, grate	Rost *m* <Abdeckung>	grille *f*	колосники; решетка
G 201	**grit basin**, **grit chamber**, **grit tank**, detritus tank, sand trap, detritus chamber, detritor	Sandfang *m*, Sandfänger *m*	dessableur *m*, séparateur *m* de sable	песколовка
G 202	**gross calorific value**	oberer Heizwert *m*	valeur *f* calorifique maximale, valeur calorifique brute	высшая теплота сгорания

G 203	**ground floor**	Erdgeschoß *n*	rez-de-chaussée *m*	партер; этаж на уровне земли
G 204	**ground plan**	Grundriß *m*	projection *f* horizontale, vue *f* en plan	горизонтальная проекция
G 205	**ground water,** subsoil water, subterranean water, underground water, phreatic water	Grundwasser *n*	eaux *fpl* souterraines	грунтовая вода
G 206	**ground-water level,** ground-water table	Grundwasserspiegel *m*, Grundwasserstand *m*	niveau *m* de la nappe d'eau	уровень грунтовых вод
G 207	**ground-water supply**	Grundwasserversorgung *f*	approvisionnement *m* en eau souterraine	водоснабжение грунтовыми водами
G 208	**ground-water table,** ground-water level	Grundwasserspiegel *m*, Grundwasserstand *m*	niveau *m* de la nappe d'eau	уровень грунтовых вод
G 209	**group burner**	Gruppenbrenner *m*	brûleur *m* par groupes	групповая горелка
G 210	**group of machines,** set of maschines	Maschinensatz *m*	groupe *m* de machines	машинный агрегат
G 211	**group regulation**	Gruppenregelung *f*	réglage *m* de groupe	групповое регулирование
G 212	**group water supply**	Gruppenwasserversorgung *f*	alimentation *f* d'eau pour groupes	групповое водоснабжение
G 213	**growth inhibiting**	wachstumhemmend	retardant la croissance, inhibitant la croissance	тормозящий рост
G 214	**growth of population,** increase in population	Bevölkerungszunahme *f*, Bevölkerungszuwachs *m*	accroissement *m* de la population	прирост населения
G 215	**growth promoting**	wachstumfördernd	favorisant la croissance, accélérant la croissance	способствующий росту
G 216	**guarantee**	Garantie *f*	garantie *f*	гарантийная величина
G 217	**guide blade**	Zunge *f* <Leitzunge>	chicane *f*	язык
G 218	**guide plate**	Leitblech *n*	déflecteur *m*	направляющий лист, дефлектор
G 219	**guide ring,** guide wheel	Leitrad *n*	couronne *f* fixe, couronne directrice	направляющее колесо
G 220	**guide shoe,** crosshead shoe	Gleitschuh *m*	patin *m* de crosse, coulisseau *m* de crosse	башмак ползуна
G 221	**guide vane,** vane, stationary blade	Leitschaufel *f*	aube *f* directrice, aube fixe	направляющая лопатка
G 222	**guide wall,** training wall	Leitwand *f*	guideau *m*	направляющая стенка
G 223	**guide wheel,** guide ring	Leitrad *n*	couronne *f* fixe, couronne directrice	направляющее колесо
G 224	**gulley, gully**	Gully *m*	puits *m* d'écoulement, puits d'entrée	ливнеспуск
G 225	**gully,** sink trap, slop sink	Sinkkasten *m*, Gully *m*, Ablauf *m*, Rinneneinlaß *m*	siphon *m* de décantation	опускной ящик, ливнеспуск, спуск
G 226	**gully hole**	Kanalschacht *m*	puits *m* de canal	смотровой колодец
G 227	**gunite**	torkretieren	guniter	торкретировать
G 228	**gutter**	Dachrinne *f*	gouttière *f*	водосточный желоб
G 229	**gutter,** street drain	Straßenrinne *f*, Abzugsrinne *f*, Rinnstein *m*, Gosse *f*	caniveau *m*	лоток; канава; риншток

H

H 1	**hair crack**	Haarriß *m*	fissure *f* capillaire	волосовая трещина
H 2	**hair hygrometer**	Haarhygrometer *n*	hygromètre *m* à cheveu	волосяной гигрометр
H 3	**half load**	Halblast *f*	demi-charge *f*	нагрузка 50% от номинальной
H 4	**half load pump**	Halblastpumpe *f*	pompe *f* de demi-charge	насос с половинной нагрузкой
H 5	**hall heating**	Großraumheizung *f*	chauffage *m* de grande capacité	отопление больших помещений
H 6	**hammer-welding**	Hammerschweißung *f*	soudage *m* au marteau, soudure *f* au feu de la forge	горновая сварка
H 7	**hammer-weld pipe**	hammergeschweißtes Rohr *n*	tuyau *m* soudé au marteau	горноварная труба
H 8	**hand basin**	Handwaschbecken *n*	lavabo *m*, lave-mains *m*	таз для мытья рук
H 9	**handle,** treat	behandeln, bearbeiten	traiter, usiner	обрабатывать
H 10	**handle,** holdfast	Halter *m*	appui *m*, manche *m*, crampon *m*	держатель
H 11	**handling,** treatment	Behandlung *f*	traitement *m*	обработка
H 12	**hand-operated fire extinguisher,** portable fire extinguisher	Handfeuerlöscher *m*	extincteur *m* d'incendie à main	ручной огнетушитель
H 13	**hand-operated pump, hand pump**	Handpumpe *f*	pompe *f* à bras, pompe à main	ручной насос
H 14	**hand regulation**	Handregelung *f*	régulation *f* à main, réglage *m* à main	ручная регулировка
H 15	**hand spray**	Handbrause *f*	douche *f* à main	ручной душ
H 16	**hand spray armature**	Handbrausegarnitur *f*	garniture *f* de douche à main	гарнитура ручного душа
H 17	**hand wheel**	Handrad *n*	volant *m* de manœuvre, volant à main	маховичок

H 18	**hanger** <for hand spray>	Aufhänger *m* <für Handbrausen>	attacheur *m* pour douches à main, porteur *m* pour douches à main	крючок для ручного душа
H 19	**hard lead,** slug lead	Hartblei *n*	plomb *m* dur, plomb antimonié	гартблей; твердый сплав свинца
H 20	**hardness of the water**	Härte *f* des Wassers	dureté *f* de l'eau	жесткость воды
H 21	**hardness scale**	Härteskala *f*	échelle *f* de dureté	шкала жесткости
H 22	**hardness test,** determination of hardness <water>	Härtebestimmung *f* <Wasser>	hydrotimétrie *f*	определение жесткости <воды>
H 23	**hard rubber,** ebonite, vulcanite	Hartgummi *m*	caoutchouc *m* durci, ébonite *m*	эбонит
H 24	**hard rubber shape**	Hartgummiformteil *n*	pièce *f* profilée de caoutchouc durci	фасонная часть из эбонита
H 25	**hard solder,** brazing metal (solder)	Hartlot *n*	brasure *f* forte	твердый припой
H 26	**hardware**	Beschläge *mpl*, Kleineisenwaren *fpl*	ferrure *f*	обшивки
H 27	**hard water**	hartes Wasser *n*	eau *f* dure, eau calcaire	жесткая вода
H 28	**hard white ware,** feldspathic ware	Hartsteingut *n*	faïence *f* feldspathique	полевошпатовый фаянс
H 29	**head of a filter,** operating head of a filter, differential head of a filter	Filterdruck *m*, Filterüberdruck *m*, Arbeitsdruck *m* eines Filters	pression *f* filtrante	фильтрационный напор
H 30	**hearth coil**	Herdschlange *f*	serpentin *m* réchauffeur à foyer	топочный змеевик
H 31	**heat**	beheizen	chauffer	отапливать
H 32	**heat accumulation**	Wärmespeicherung *f*	accumulation *f* de chaleur	перегрев
H 33	**heat accumulator**	Wärmespeicher *m*	accumulateur *m* de chaleur	аккумулятор тепла
H 34	**heat capacity**	Wärmekapazität *f*	capacité *f* calorifique	теплоемкость
H 35	**heat conductivity**	Wärmeleitfähigkeit *f*	conductivité *f* thermique, conductibilité *f* thermique	теплопроводность
H 36	**heat convection**	Wärmekonvektion *f*	convection *f* de chaleur	термоконвекция
H 37	**heat distribution**	Wärmeverteilung *f*	distribution *f* de chaleur	распределение тепла
H 38	**heat economy**	Wärmewirtschaft *f*	économie *f* thermique	тепловое хозяйство
H 39	**heat effect**	Wärmewirkung *f*	effet *m* thermique	тепловой эффект
H 40	**heat emission**	Wärmeabgabe *f*	émission *f* de chaleur	теплоотдача
H 41	**heater**	Erhitzer *m*	réchauffeur *m*	нагреватель, подогреватель
H 42	**heater,** radiator	Heizkörper *m*	radiateur *m*, corps *m* de chauffe	радиатор, нагревательный прибор
H 43	**heater,** boiler	Heizkessel *m*	chaudière *f*	отопительный котел
H 44	**heater load**	Heizbelastung *f*	charge *f* chauffante	отопительная нагрузка
H 45	**heater operation**	Heizbetrieb *m*	fonctionnement *m* de chauffage	режим отопления
H 46	**heat exchanger**	Wärme[aus]tauscher *m*	échangeur *m* thermique (de chaleur, de température)	теплообменник
H 47	**heating**	Heizung *f*, Beheizung *f*	chauffage *m*	отопление, теплоснабжение
H 48	**heating armatures**	Heizungsarmaturen *fpl*	garniture *f* de chauffage	отопительные арматуры
H 49	**heating cartridge,** heating inset	Heizeinsatz *m*	cartouche *f* de chauffage	встроенное отопительное устройство
H 50	**heating coil**	Heizschlange *f*	serpentin *m* de chauffage	отопительный змеевик
H 51	**heating conduit**	Heizleitung *f*	tuyautage *m* de chauffage	отопительный трубопровод
H 52	**heating control valve**	Heizungsregulierventil *n*	soupape *f* régulatrice de chauffage	отопительная регулировочная задвижка
H 53	**heating costs**	Heizungskosten *pl*	dépenses *fpl* de chauffage	стоимость отопления
H 54	**heating duration**	Heizdauer *f*	durée *f* de chauffage	продолжительность нагрева
H 55	**heating effect**	Heizeffekt *m*	effet *m* calorique	тепловой эффект
H 56	**heating experiment**	Heizversuch *m*	essai *m* de chauffe	тепловое испытание
H 57	**heating flue,** flue	Heizkanal *m*	carneau *m* de chauffage	отопительный канал
H 58	**heating furnace,** heating oven	Heizofen *m*	four *m* de chauffage	отопительная печь
H 59	**heating gas**	Heizgas *n*	gaz *m* chaud (de chauffage, de combustion)	горючие газы, газообразное топливо
H 60	**heating hour,** firing hour	Heizstunde *f*	heure *f* de chauffage	час отопления
H 61	**heating inset,** heating cartridge	Heizeinsatz *m*	cartouche *f* de chauffage	встроенное отопительное устройство
H 62	**heating installation,** heating plant	Heizungsanlage *f*, Heizanlage *f*	installation *f* de chauffage, calorifère *m*	система отопления, отопительное устройство
H 63	**heating load**	Heizlast *f*	charge *f* calorifique	отопительная нагрузка
H 64	**heating net**	Heiznetz *n*	tuyautage *m* de chauffage	тепловая сеть
H 65	**heating net installation**	Heiznetzverlegung *f*	pose *f* du tuyautage de chauffage	прокладка тепловой сети
H 66	**heating oven,** heating furnace	Heizofen *m*	four *m* de chauffage	отопительная печь
H 67	**heating peak**	Heizspitze *f*	pointe *f* de courbe de chauffe	пиковая отопительная нагрузка

H 68	**heating period**	Heizungsperiode *f*	période *f* de chauffage	период отопления
H 69	**heating plant,** heating installation	Heizungsanlage *f*, Heizanlage *f*	installation *f* de chauffage, calorifère *m*	система отопления, отопительное устройство
H 70	**heating power**	Heizleistung *f*	puissance *f* calorifique	теплопроизводительность
H 71	**heating power station**	Heizkraftwerk *n*	centrale *f* thermique	теплоэлектроцентраль
H 72	**heating steam**	Heizdampf *m*	vapeur *f* de chauffe	пар теплофикационного отбора, греющий пар
H 73	**heating steam consumption**	Heizdampfverbrauch *m*	consommation *f* de vapeur de chauffage	расход пара на отопление
H 74	**heating steam pressure**	Heizdampfdruck *m*	pression *f* de la vapeur de chauffage	давление пара теплофикационного отбора
H 75	**heating steam system**	Heizdampfnetz *n*	tuyautage *m* de vapeur de chauffage	паровая тепловая сеть
H 76	**heating surface**	Heizfläche *f*	surface *f* de chauffe	поверхность нагрева
H 77	**heating system**	Heizsystem *n*	système *m* de chauffe	система отопления
H 78	**heating technics**	Heizungstechnik *f*	technique *f* du chauffage	техника отопления
H 79	**heating time**	Heizzeit *f*	temps *m* de chauffe	время отопления
H 80	**heating tube**	Heizrohr *n*	tuyau *m* de chauffage	дымогарная труба, нагревательная труба
H 81	**heating type**	Heizungsart *f*	sorte *f* de chauffage	вид отопления
H 82	**heating water**	Heizwasser *n*	eau *f* de chauffage	сетевая вода
H 83	**heating-water temperature control**	Heizwassertemperaturregelung *f*	réglage *m* de la température d'eau de chauffage	регулирование отпуска тепла температурой сетевой воды, качественное регулирование отпуска тепла
H 84	**heat insulating material**	Wärmedämmstoff *m*	matériel *m* thermo-isolant	материал тепловой изоляции
H 85	**heat insulation**	Wärmedämmung *f*	isolation *f* thermique	теплоизоляция
H 86	**heat insulator material**	Wärmeschutzstoff *m*	matière *f* calorifuge	теплозащитный материал
H 87	**heat of compression**	Verdichtungswärme *f*	chaleur *f* de compression	теплота сжатия
H 88	**heat of condensation**	Kondensationswärme *f*	chaleur *f* de condensation	теплота конденсации
H 89	**heat of mixing**	Mischungswärme *f*	chaleur *f* de mélange	теплота смешения
H 90	**heat of reaction**	Reaktionswärme *f*	chaleur *f* de réaction	теплота реакции
H 91	**heat of solution**	Lösungswärme *f*	chaleur *f* de dissolution	теплота растворения
H 92	**heat of vaporization,** evaporation heat	Verdampfungswärme *f*	chaleur *f* de vaporisation	теплота испарения
H 93	**heat output**	Wärmeleistung *f*	puissance *f* calorifique	тепловая мощность, тепловая производительность
H 94	**heat production**	Wärmeerzeugung *f*	production *f* de chaleur	производство тепла
H 95	**heat-proofness,** resistance to heat	Hitzebeständigkeit *f*	résistance *f* à la chaleur, résistance à chaude, réfractarité *f*	жаростойкость
H 96	**heat pump**	Wärmepumpe *f*	pompe *f* à chaleur, thermopompe *f*	тепловой насос
H 97	**heat radiation**	Wärmestrahlung *f*	radiation *f* de chaleur, rayonnement *m* de chaleur	тепловое излучение
H 98	**heat supply**	Wärmezufuhr *f*	adduction *f* de chaleur	подвод тепла
H 99	**heat transfer**	Wärmedurchgang *m*	transmission *f* thermique	теплопередача
H 100	**heat-up time**	Aufheizzeit *f*	temps *m* d'échauffement	время нагрева
H 101	**heavy-duty boiler**	Hochleistungskessel *m*	chaudière *f* à grand débit	котел высокой производительности
H 102	**heavy plate,** thick plate, thick sheet iron	Grobblech *n*	tôle *f* grosse, tôle forte, tôle à chaudière	толстолистовая сталь
H 103	**Hefner candle**	Hefnerkerze *f*, HK	bougie *f* Hefner	свеча Гефнера
H 104	**height finder,** altimeter	Höhenmesser *m*	altimètre *m*	альтиметр
H 105	**height of a chimney flue**	Kaminhöhe *f*	hauteur *f* de cheminée	высота ствола дымовой трубы
H 106	**height of fall,** fall head	Gefälle *n*, Fallhöhe *f*	chute *f*, hauteur *f* de chute	перепад, напор
H 107	**height of hydrostatic pressure,** height of water pressure	Wasserdruckhöhe *f*	hauteur *f* de la pression d'eau	напор воды
H 108	**height of jet**	Strahlhöhe *f*	hauteur *f* du jet	высота струи
H 109	**height of loss**	Verlusthöhe *f*	hauteur *f* de la perte	высота потери
H 110	**height of natural evaporation**	Verdunstungshöhe *f*	hauteur *f* d'évaporation	высота испарения
H 111	**height of overflow**	Überfallhöhe *f*	hauteur *f* de la lame déversante	высота перелива
H 112	**height of rainfall**	Regenhöhe *f*	hauteur *f* pluviométrique, hauteur de pluie	высота слоя дождевых осадков
H 113	**height of water level**	Wasserstand *m*	hauteur *f* du niveau d'eau	уровень воды
H 114	**height of water pressure,** height of hydrostatic pressure	Wasserdruckhöhe *f*	hauteur *f* de la pression d'eau	напор воды
H 115	**helical fan,** propeller fan, spiral fan	Schraubenlüfter *m*, Axialventilator *m*	ventilateur *m* hélicoïdal (à hélice, à ailettes)	пропеллерный вентилятор
H 116	**hemp rope**	Hanfstrick *m*, Hanfseil *n*	corde *f* de chanvre	пеньковый жгут
H 117	**Henry's principle**	Henrysches Gesetz *n*	principe *m* Henry	закон Генри
H 118	**hermetic**	hermetisch	hermétique	герметический
H 119	**high ballast content fuel**	ballastreicher Brennstoff *m*	charbon *m* sale	топливо с высоким содержанием балласта

H 120	**high-building heating,** skyscraper heating	Hochhausheizung *f*	chauffage *m* à gratte-ciel	отопление высотного здания
H 121	**high-building water supply**	Hochhauswasserversorgung *f*	distribution *f* d'eau des maisons à plusieurs étages	система горячего водоснабжения высотного здания
H 122	**high-capacity boiler,** large boiler	Großkessel *m*	installation *f* de chaudière industrielle	мощный котлоагрегат
H 123	**high-capacity gas meter**	Hochleistungsgasmesser *m*	compteur *m* à gaz de haute performance	газомер высокой производительности
H 124	**high chlorination,** superchlorination, excess chlorination	Hochchlorung *f*, Überschußchlorung *f*, Überchlorung *f*	surchloration *f*, chloration *f* à haute dose	перехлорирование
H 125	**high-level district,** high-pressure zone, high-pressure district	Hochdruckzone *f*, Hochzone *f*	zone *f* à haute pression	зона высокого давления
H 126	**high-lift safety valve**	Hochhubsicherheitsventil *n*	soupape *f* de sûreté à haut levage	полноподъемный предохранительный клапан
H 127	**high point**	Hochpunkt *m*	haut point *m*	высокая точка
H 128	**high pressure**	Hochdruck *m*	haute pression *f*	высокое давление
H 129	**high-pressure air escape**	Hochdruckluftauslaß *m*	sortie *f* d'air à haute pression	выход воздуха высокого давления
H 130	**high-pressure boiler**	Hochdruckkessel *m*	chaudière *f* à haute pression	котел высокого давления
H 131	**high-pressure burner**	Hochdruckbrenner *m*	brûleur *m* à haute pression	горелка высокого давления
H 132	**high-pressure centrifugal pump**	Hochdruckkreiselpumpe *f*	pompe *f* centrifuge à haute pression	центробежный насос высокого давления
H 133	**high-pressure compressor**	Hochdruckverdichter *m*	compresseur *m* haute pression	компрессор высокого давления
H 134	**high-pressure cylinder gas**	Hochdruckflaschengas *n*	gaz *m* à haute pression en bouteilles	баллонный газ высокого давления
H 135	**high-pressure district,** high-pressure zone, high-level district	Hochdruckzone *f*, Hochzone *f*	zone *f* à haute pression	зона высокого давления
H 136	**high-pressure end**	Hochdruckteil *m*	partie *f* haute pression	часть высокого давления
H 137	**high-pressure flange**	Hochdruckflansch *m*	collet *m* à haute pression	фланец для высокого давления
H 138	**high-pressure gas**	Preßgas *n*	gaz *m* comprimé	сжатый газ
H 139	**high-pressure gas burner**	Hochdruckgasbrenner *m*; Preßgasbrenner *m*	brûleur *m* de gaz à haute pression; brûleur pour gaz surpressé	газовая горелка с высоким напором газа; газовая горелка высокого давления
H 140	**high-pressure gasometer**	Hochdruckgasbehälter *m*	réservoir *m* à gaz à haute pression	газгольдер высокого давления
H 141	**high-pressure gauge**	Hochdruckmanometer *n*	manomètre *m* à haute pression	манометр высокого давления
H 142	**high-pressure heating**	Hochdruckdampfheizung *f*	chauffage *m* à vapeur à haute pression	паровое отопление высокого давления
H 143	**high-pressure induction unit**	Hochdruckinduktionsgerät *n*	inducteur *m* à haute pression	индукционный прибор высокого давления
H 144	**high-pressure instrument**	Hochdruckgerät *n*	appareil *m* à haute pression	прибор высокого давления
H 145	**high-pressure line**	Hochdruckleitung *f*	conduite *f* à haute pression, tuyautage *m* à haute pression	трубопровод высокого давления
H 146/7	**high-pressure mountings**	Hochdruckarmatur *f*	robinetterie *f* pour haute pression	арматура высокого давления
H 148	**high-pressure oxygen conduit**	Hochdrucksauerstoffleitung *f*	conduit *m* de tuyaux à oxygène à haute pression	трубопровод кислорода высокого давления
H 149	**high-pressure packing**	Hochdruckdichtung *f*	joint *m* à haute pression	уплотнение для высокого давления
H 150	**high-pressure plunger pump**	Hochdruckkolbenpumpe *f*	pompe *f* à piston à haute pression	поршневой насос высокого давления
H 151	**high-pressure pump**	Hochdruckpumpe *f*	pompe *f* à haute pression, pompe à forte pression	насос высокого давления
H 152	**high-pressure radiator**	Hochdruckradiator *m*	radiateur *m* à haute pression	радиатор высокого давления
H 153	**high-pressure range**	Hochdruckbereich *m*	région *f* à haute pression	область высокого давления
H 154	**high-pressure regulator**	Hochdruckregler *m*	mécanisme *m* régulateur à haute pression	регулятор высокого давления
H 155	**high-pressure side**	Hochdruckseite *f*	côté *f* haute pression	сторона высокого давления
H 156	**high-pressure sluice valve**	Hochdruckwasserschieber *m*	robinet-vanne *m* à haute (forte) pression	шибер для водопровода высокого давления
H 157	**high-pressure spray**	Hochdruckzerstäubung *f*	désintégration *f* sous haute pression	распыление под высоким давлением
H 158	**high-pressure steam**	Hochdruckdampf *m*	vapeur *f* à haute pression	пар высокого давления
H 159	**high-pressure steam conduit**	Hochdruckdampfleitung *f*	conduite *f* de vapeur à haute pression	паропровод высокого давления
H 160	**high-pressure steam generator**	Hochdruckdampferzeuger *m*	appareil-producteur *m* de vapeur à haute pression	паровой котел высокого давления
H 160a	**high-pressure steam network**	Hochdruckdampfnetz *n*	tuyautage *m* de vapeur à haute pression	паровая сеть высокого давления
H 161	**high-pressure ventilating**	Hochdrucklüftung *f*	ventilation *f* à haute pression	высоконапорная вентиляция

H 162	**high-pressure zone,** high-pressure district, high-level district	Hochdruckzone *f*, Hochzone *f*	zone *f* à haute pression	зона высокого давления
H 163	**high-velocity plant**	Hochgeschwindigkeits-anlage *f*	climatiseur *m* à haute vitesse	установка больших скоростей
H 164	**highwater floodgate, highwater outlet sluice, highwater overflow**	Hochwasserüberlauf *m*	déversoir *m*, évacuateur *m* de crues	водосброс паводковых вод
H 165	**hip-bath**	Sitzbadewanne *f*	bain *m* de siège	сидячая ванна
H 166	**hoist**	aufziehen, aufwinden	soulever, élever	надевать, насаживать
H 167	**hoist motor**	Hubmotor *m*	moteur *m* de levage	сервомотор
H 168	**holdfast,** handle	Halter *m*	appui *m*, manche *m*, crampon *m*	держатель
H 169	**holdfast, holding device,** clip	Halterung *f*	attache *f*, fixage *m*	опора
H 170	**hold-over coil**	Kältespeicher *m*	accumulateur *m* de froid	холодильник, змеевиковый аккумулятор холода
H 171	**hollow ram pump,** Abyssinian driven well	Schlagbrunnen *m*, Rammbrunnen *m*, Stoßbrunnen *m*	puits *m* abyssin, puits instantané	абиссинский колодец
H 172	**home freezer**	Heimfroster *m*	congélateur *m* domestique	домашняя морозилка
H 173	**hood,** bonnet	Haube *f*	capot *m*, capuchon *m*	колпак
H 174	**Hooke's law**	Hookesches Gesetz *n*	loi *f* de Hooke	закон Гука
H 175	**Hooke's number**	Hooke-Zahl *f*	nombre *m* de Hooke	число Гука
H 176	**hook-spanner**	Hakenschlüssel *m*	clé *f* à crochet, clé en col de cygne	крючковый ключ
H 177	**hopper,** funnel, cone	Trichter *m*	entonnoir *m*	воронка
H 178	**horizontal filter well**	horizontaler Filter-brunnen *m*, Horizontal-filterbrunnen *m*	puits *m* filtrant horizontal, puits à drains rayonnants	горизонтальный фильтровый колодец
H 179	**horizontal flow**	horizontaler Durchfluß *m*	écoulement *m* horizontal, circulation *f* horizontale	горизонтальный проток
H 180	**horizontal pump**	liegende Pumpe *f*	pompe *f* horizontale	горизонтальный насос
H 181	**horizontal well,** collector well	Horizontalbrunnen *m*	puits *m* horizontal, puits à drains horizontaux	горизонтальный колодец
H 182	**horn lead,** chloride of lead	Bleichlorid *n*	chlorure *m* de plomb	хлорид свинца
H 183	**horse,** trestle	Gestell *n*, Bock *m*	tréteau *m*, échafaud *m*, chevalet *m*	каркас, стойка
H 184	**horseshoe-shaped section**	hufeisenförmiger Querschnitt *m*	section *f* en fer à cheval	поперечное сечение в форме подковы
H 185	**hose coupling**	Schlauchkupplung *f*	raccord *m* pour tuyaux flexibles (en toile caoutchoutée)	соединение шланга
H 186	**hose [pipe]**	Schlauch *m*	tube *m* flexible, tuyau *m* en toile caoutchoutée	шланг
H 187	**hospital gutter,** hospital sink	Krankenhausausguß *m*	bassin *m* d'évier d'hôpitaux	больничная раковина
H 188	**hospital sink,** hospital gutter	Krankenhausausguß *m*	bassin *m* d'évier d'hôpitaux	больничная раковина
H 189	**hot air**	Warmluft *f*	air *m* chaud	теплый воздух
H 190	**hot air**	Heißluft *f*	air *m* chaud	горячий воздух
H 191	**hot-air cabinet**	Heißlufttrockenschrank *m*	étuve *f* sèche à air chaud	шкаф для сушки горячим воздухом
H 192	**hot-air heating**	Feuerluftheizung *f*, Warmluftheizung *f*	chauffage *m* à air chaud	огневоздушное отопление, воздушное отопление
H 193	**hot-air plant**	Luftheizungsanlage *f*	installation *f* de chauffage d'air	установка воздушного отопления
H 194	**hot-air stove**	Kachelofenluftheizung *f*	chauffage *m* à air par poêle faïence	печное воздушное отопление
H 195	**hot-air system of multiple rooms**	Mehrraumluftheizung *f*	calorifère *m* central	многокомнатное воздушное отопление
H 196	**hot water**	Heißwasser *n*	eau *f* chaude	горячая вода
H 197	**hot-water apparatus,** flow heater, geyser	Durchlauferhitzer *m*, Durchlaufwasserheizer *m*	chauffe-eau *m* instantané, chauffe-eau à écoulement libre	прибор для нагрева при прохождении, прямоточный подогреватель
H 198	**hot-water boiler, hot-water cistern**	Heißwasserspeicher *m*	chauffe-eau *m* à accumulation	аккумулятор горячей воды
H 199	**hot-water conduit**	Heißwasserleitung *f*	tuyauterie *f* à l'eau surchauffée	трубопровод перегретой воды
H 200	**hot water for use**	Gebrauchswarmwasser *n*	eau *f* chaude de consommation	горячая вода для бытовых нужд
H 201	**hot-water heating**	Heißwasserheizung *f*	chauffage *m* à l'eau surchauffée	водяное отопление
H 202	**hot-water heating boiler**	Heißwasserheizungskessel *m*	chaudière *f* de chauffage à l'eau surchauffée	теплофикационный водогрейный котел
H 203	**hot-water heating distant line**	Heißwasserheizungs-fernleitung *f*	conduite *f* de chauffage à l'eau surchauffée	теплофикационный трубопровод перегретой воды
H 204	**hot-water heating net**	Heißwasserheizungsnetz *n*	tuyautage *m* de chauffage à l'eau surchauffée	тепловая сеть перегретой воды
H 205	**hot-water heating pump**	Heißwasserheizungs-pumpe *f*	pompe *f* de chauffage à l'eau surchauffée	насос для системы отопления, работающий на перегретой воде

H 206	**hot-water tank**	Warmwasserbereiter *m*	chauffe-eau *m*	бойлер, водоподогреватель
H 207	**hot-water transformer**	Heißwasserumformer *m*	appareil *m* d'échange de l'eau surchauffée	подогреватель перегретой воды
H 208	**hot-wire anemometer**	Hitzdrahtanemometer *n*	anémomètre *m* à fil chaud	анемометр с нитью накала
H 209	**house characteristic**	Hauskenngröße *f*	caractéristique *f* de maison	характеристика дома
H 210	**house chimney**	Hausschornstein *m*	cheminée *f* de maison	домовой дымоход
H 211	**house connection,** service pipe, service connection	Hausanschluß *m*, Hausanschlußleitung *f*, Hauszuleitung *f*	branchement *m* d'abonné, branchement d'immeuble	домовой ввод
H 212	**house connection station**	Hausanschlußstation *f*	raccordement *m* domestique	домовой ввод
H 213	**house drainage**	Hausentwässerung *f*	drainage *m* domestique	домовая канализация
H 214	**house gas meter,** dry gas meter	Hausgaszähler *m*	compteur *m* de gaz domestique, compteur de gaz divisionnaire	домовой газомер
H 215	**household garbage** <US>, household rubbish, household refuse	Hausmüll *m*	ordures *fpl* ménagères	домашний мусор
H 216	**household gas cooker**	Haushaltsgaskocher *m*	cuisinière *f* domestique à gaz	домашняя газовая плитка
H 217	**household gas hearth**	Haushaltsgasherd *m*	réchaud-four *m* domestique à gaz	домашняя газовая плита
H 218	**household geyser**	Gasbadeofen *m*	chauffe-bain *m* à gaz, chauffe-eau *m* à gaz pour bains	газовая колонка
H 219	**household hearth**	Haushaltsherd *m*	cuisinière *f* domestique	домашняя плита
H 220	**household refuse,** household rubbish, household garbage <US>	Hausmüll *m*	ordures *fpl* ménagères	домашний мусор
H 221	**household rubbish,** household refuse, household garbage <US>	Hausmüll *m*	ordures *fpl* ménagères	домашний мусор
H 222	**household waste water,** domestic sewage	häusliches Abwasser *n*	eau *f* usée domestique, eau usée ménagère	бытовая сточная вода
H 223	**house inlet**	Hauseinführung *f*	installation *f* d'alimentation domestique	домовой ввод
H 224	**house wiring**	Hausinstallation *f*	installation *f* domestique	домовое оборудование
H 225	**housing density,** residential density	Wohndichte *f*	densité *f* d'habitation	плотность населенности
H 226	**hub and spigot joint,** spigot and socket joint, sleeve joint	Muffenverbindung *f*	joint *m* à emboîtement, joint à manchon, assemblage *m* à manchon	соединение муфтами
H 227	**human excreta**	menschliche Abgänge *mpl*, Exkremente *npl*, Auswurfstoffe *mpl*	déchets *mpl* humains, excréments *mpl*, fèces *fpl*	человеческие экскременты, человеческие отходы
H 228	**humid,** damp, moist, wet	feucht	humide, mouillé	сырой, влажный
H 229	**humid air**	feuchte Luft *f*	air *m* humide	влажный воздух
H 230	**humidification,** moistening	Befeuchtung *f*	humidification *f*, mouillage *m*	увлажнение; орошение
H 231	**humidification agent,** moistening agent	Benetzungsmittel *n*	agent *m* d'humectation	смачивающее средство
H 232	**humidification by steam**	Dampfbefeuchtung *f*	humectation *f* à vapeur	увлажнение паром
H 233	**humidifier,** moistening apparatus	Befeuchtungsanlage *f*, Befeuchter *m*	humidificateur *m*	ороситель
H 234	**humidity,** moisture	Feuchte *f*, Feuchtigkeit *f*	humidité *f*	влажность, сырость
H 235/6	**humidity controller**	Feuchteregler *m*	régulateur *m* d'humidité, hygrostat *m*	регулятор влажности
H 237	**humidity degree**	Feuchtigkeitsgrad *m*	degré *m* hygrométrique	степень влажности
H 238	**humidity diagram**	Feuchtigkeitsdiagramm *n*	diagramme *m* d'humidité	диаграмма влажности воздуха
H 239	**humidity of the air,** moisture of the air, atmospheric moisture	Luftfeuchtigkeit *f*	humidité *f* de l'air	влажность воздуха
H 240	**hydrant**	Hydrant *m*	borne-fontaine *f*, hydrante *m*	гидрант
H 241	**hydrant bonnet,** hydrant cap	Hydrantenkappe *f*	chapeau *m* de borne-fontaine	защитный колпак гидранта
H 242	**hydrant cap,** hydrant bonnet	Hydrantenkappe *f*	chapeau *m* de borne-fontaine	защитный колпак гидранта
H 243	**hydrate of chlorine,** chlorine hydrate	Chlorhydrat *n*	chlorhydrate *m*	хлоргидрат
H 244	**hydraulic**	hydraulisch	hydraulique	гидравлический
H 245	**hydraulically smooth pipe**	hydraulisch glattes Rohr *n*	tuyau *m* poli hydrauliquement	гидравлически гладкая труба
H 246	**hydraulic boring,** flush boring	Spülbohrung *f*	forage *m* par pression hydraulique	бурение с промывкой
H 247	**hydraulic engine**	Wassermotor *m*	moteur *m* à eau	гидравлический мотор
H 248	**hydraulic gradient**	hydraulisches Gefälle *n*	gradient *m* hydraulique, ligne *f* [de charge] hydraulique	гидравлический уклон
H 249	**hydraulic head,** hydraulic pressure	Fließdruck *m* des Wassers, hydraulischer Druck *m*	pression *f* hydraulique	давление истечения; гидравлическое давление

No.	English	German	French	Russian
H 250	**hydraulic jump**	hydraulischer Sprung *m*	ressaut *m* hydraulique	гидравлический удар
H 251	**hydraulic line,** water pressure line	Fließdrucklinie *f*, hydraulische Drucklinie *f*	ligne *f* piézométrique, ligne [de charge] hydraulique	линия гидравлического давления
H 252	**hydraulic pressure,** hydraulic head	Fließdruck *m* des Wassers, hydraulischer Druck *m*	pression *f* hydraulique	давление истечения; гидравлическое давление
H 253	**hydraulic ram**	Stoßheber *m*, hydraulischer Widder *m*	bélier *m* hydraulique	гидравлический таран
H 254	**hydraulics**	Hydraulik *f*	hydraulique *f*	гидравлика
H 255	**hydro-electric bath**	hydroelektrisches Bad *n*	bain *m* hydro-électrique	гидроэлектрическая ванна
H 256	**hydrogenation**	Hydrierung *f*	hydrogénation *f*	гидрирование
H 257	**hydrogen exchanger**	Wasserstoffaustauscher *m*	échangeur *m* d'hydrogène	Н-катионит
H 258	**hydrogen ion concentration**	Wasserstoffionenkonzentration *f*	concentration *f* en (des) ions hydrogènes	концентрация водородных ионов
H 259	**hydrogen permutite**	Wasserstoffpermutit *n*	permutite *f* à hydrogène	пермутитный водород
H 260	**hydrogen sulphide,** sulphuretted hydrogen	Schwefelwasserstoff *m*	hydrogène *m* sulfuré, acide *m* sulfhydrique	сероводород
H 261	**hydrological board**	hydrologisches Amt *n*	service *m* hydrologique	гидрологическое учреждение
H 262	**hydrological investigation,** hydrological research	hydrologische Untersuchung *f*	recherche *f* hydrologique	гидрологическое исследование
H 263	**hydrological research,** hydrological investigation	hydrologische Untersuchung *f*	recherche *f* hydrologique	гидрологическое исследование
H 264	**hydrology**	Hydrologie *f*	hydrologie *f*	гидрология
H 265	**hydrometer**	Hydrometer *n*, Wasserstandsanzeiger *m*	indicateur *m* de niveau d'eau, hydromètre *m*	гидрометр
	hydrometer	*s.* water meter		
H 266	**hydrometric propeller,** screw current meter	Wassermeßflügel *m*, Wassermeßschraube *f*, hydrometrischer Flügel *m*	moulinet *m* hydraulique, moulinet hydrométrique	вертушка от водопроводного счетчика, гидрометрическая вертушка, крыльчатый водомер
H 267	**hydrometric wing**	hydrometrischer Flügel *m*	aile *f* hydrométrique	гидрометрическая вертушка
H 268	**hydrophobic**	wasserabweisend	hydrophobe	гидрофобный
H 269	**hydrostatic head, hydrostatic height of pressure,** hydrostatic pressure head	hydrostatische Druckhöhe *f*	charge *f* hydrostatique	гидростатическая высота давления
H 270	**hydrostatic line of pressure**	Ruhewasserdrucklinie *f*, hydrostatische Drucklinie *f*	ligne *f* de pression hydrostatique	линия гидростатического напора
H 271	**hydrostatic pressure**	Ruhewasserdruck *m*, hydrostatischer Druck *m*	pression *f* hydrostatique	гидростатический напор
H 272	**hydrostatic pressure head,** hydrostatic height of pressure, hydrostatic head	hydrostatische Druckhöhe *f*	charge *f* hydrostatique	гидростатическая высота давления
H 273	**hydrostatic pressure of driving water**	Betriebswasserdruck *m*	pression *f* hydraulique de service	рабочее давление воды
H 274	**hydrostatics**	Hydrostatik *f*	hydrostatique *f*	гидростатика
H 275	**hydrostatic test**	Wasserdruckprobe *f*	épreuve *f* (essai *m*) hydrostatique	гидравлическое испытание
H 276	**hydro-therapeutics**	Hydrotherapie *f*	hydrothérapie *f*	гидротерапия
H 277	**hygrometer**	Hygrometer *n*, Feuchtemesser *m*	hygromètre *m*	гигрометр
H 278	**hygroscope**	Hygroskop *n*	hygroscope *m*	гигроскоп
H 279	**hygroscopic**	wasseranziehend, hygroskopisch	hygroscopique	гигроскопический
H 280	**hygroscopical water, hygroscopic water**	hygroskopisches Wasser *n*	eau *f* hygroscopique	гигроскопическая вода
H 281	**hypochlorite**	Hypochlorit *n*, unterchlorigsaures Salz *n*	hypochlorite *m*	гипохлорит
H 282	**hypochlorous acid**	unterchlorige Säure *f*	acide *m* hypochloreux	хлорноватистая кислота

I

No.	English	German	French	Russian
I 1	**ice water**	Schmelzwasser *n*	eau *f* de fusion de la glace	талая вода
I 2	**ignite,** inflame	entflammen, entzünden	enflammer, allumer	воспламенять
I 3	**ignition**	Zündung *f*	allumage *f*	зажигание, воспламенение
I 4	**ignition circuit**	Zündleitung *f*	circuit *m* d'allumage	огнепровод
I 5	**ignition device**	Zündvorrichtung *f* <Gasfeuerung>	dispositif *m* d'allumage	запальное устройство
I 6	**ignition magneto**	Zündmagnet *m*	magnéto *f* d'allumage	магнето
I 7	**ignition point**	Zündpunkt *m*	point *m* d'allumage	момент зажигания
I 8	**ignition residue,** residue on ignition	Glührückstand *m*	résidu *m* calciné, résidu de calcination, résidu fixe après calcination	остаток при прокаливании
I 9	**ignition temperature**	Zündtemperatur *f*, Entzündungstemperatur *f*	température *f* d'allumage, température d'inflammation	температура воспламенения
I 10	**illumination**	Beleuchtung *f*	éclairage *m*	освещение

	English	German	French	Russian
I 11	**immerse in,** dip in	eintauchen	planger, immerger	погружать
I 12	**impact,** shock, percussion	Stoß *m*	choc *m*, coup *m*, percussion *f*	удар
I 13	**impenetrable,** impermeable, impervious	undurchlässig	imperméable, impénétrable	непроницаемый
I 14	**impermeability,** imperviousness	Undurchlässigkeit *f*	imperméabilité *f*	непроницаемость
I 15	**impermeable, impervious,** impenetrable	undurchlässig	imperméable, impénétrable	непроницаемый
	imperviousness	*s.* impermeability		
I 16	**impound,** dam up	stauen, aufstauen, anstauen	élever les eaux, emmagasiner les eaux, refouler les eaux	запруживать, подпирать
I 17	**impulse equation**	Impulsgleichung *f* <der Grenzschicht>	équation *f* d'impulsions	уравнение импульса
I 18	**impulse loss**	Impulsverlust *m*	perte *f* d'impulsion	потеря импульса
I 19	**impulse regulator**	Impulsregler *m*	régulateur *m* d'impulsions	импульсный регулятор
I 20	**impulse turbine,** action turbine	Gleichdruckturbine *f*	turbine *f* à action	активная турбина, свободноструйная турбина
I 21	**impulsion load,** shock load	Stoßbelastung *f*	charge *f* périodique	ударная нагрузка
I 22	**impulsive,** in batches	stoßweise	par chocs, par secousses	периодический
I 23	**impurity of gas**	Gasverunreinigung *f*	impureté *f* de gaz	загрязнение газа
I 24	**in batches,** impulsive	stoßweise	par chocs, par secousses	периодический
I 25	**incandescent gaslight**	Gasglühlicht *n*	lumière *f* incandescente de gaz	газовая накальная свеча
I 26	**incandescent hood, incandescent mantle,** gas mantle	Gasglühkörper *m*	manchon *m* à incandescence, chaussure *f* de la lumière incandescente de gaz	газовой запальник
I 27	**incinerate,** burn	verbrennen	incinérer, brûler	сгорать
I 28	**incineration,** combustion	Verbrennung *f*	incinération *f*, combustion *f*	сгорание
I 29	**incineration ash**	Verbrennungsrückstand *m*	résidu *m* de la combustion	остаток сгорания
I 30	**incinerator,** combustion furnace	Verbrennungsofen *m*	four *m* d'incinération, four crématoire	пламенная печь
I 31	**incinerator plant**	Verbrennungsanlage *f*	installation *f* d'incinération	установка для сжигания
I 32	**inclined valve**	Schrägsitzventil *n*	soupape *f* à siège incline	наклонно расположенный клапан
I 33	**incomplete combustion**	unvollkommene Verbrennung *f*	combustion *f* imparfaite, combustion incomplète	неполное сгорание
I 34	**inconformity,** irregularity	Ungleichförmigkeit *f*	inégalité *f*, irrégularité *f*	неравномерность
I 35	**increase,** augmentation	Zuwachs *m*, Zunahme *f*, Anwachsen *n*	accroissement *m*, augmentation *f*	прирост, приращение
I 36	**increase in population,** growth of population	Bevölkerungszunahme *f*, Bevölkerungszuwachs *m*	accroissement *m* de la population	прирост населения
I 37	**increase of consumption**	Verbrauchssteigerung *f*	accroissement *m* de la consommation	повышение расхода
I 37a	**increase of pressure,** rise of pressure	Druckanstieg *m*	augmentation *f* de pression	повышение давления
I 38	**incrust**	verkrusten	incruster, entartrer	покрываться корой
I 39	**incrustation**	Verkrustung *f*, Inkrustation *f*	incrustation *f*	образование накипи
	incrustation	*s. a.* scale formation		
I 40	**indicator,** tell-tale	Anzeigeeinrichtung *f*, Anzeiger *m*	indicateur *m*	показывающее устройство
I 41	**indifferent equilibrium,** neutral equilibrium	indifferentes Gleichgewicht *n*	équilibre *m* indifférent	безразличное равновесие
I 42	**indirect cooler**	Oberflächenkühler *m*	refroidisseur *m* par surface	охладитель поверхностного типа
I 43	**individual resisting force**	Einzelwiderstand *m*	résistance *f* individuelle	местное сопротивление
I 44	**individual sewage treatment plant,** premises sewage treatment plant	Hauskläranlage *f*, Kleinkläranlage *f*, Einzelkläranlage *f*, Grundstückskläranlage *f*	installation *f* d'épuration d'immeuble, installation domestique	осветительная установка для отдельного дома
I 45	**indoor swimming-bath, indoor swimming-pool**	Hallen[schwimm]bad *n*	piscine *f* couverte	крытый бассейн для плавания
I 46	**induction pipe**	Ansaugleitung *f*	tuyau *m* d'aspiration	всасывающий трубопровод
I 47	**induction unit**	Induktionsgerät *n*	inducteur *m*	индукционный прибор
I 48	**industrial boiler**	Industriedampfkessel *m*	chaudière *f* à vapeur industrielle	промышленный паровой котел
I 49	**industrial chimney**	Industrieschornstein *m*	cheminée *f* industrielle	промышленная дымовая труба
I 50	**industrial furnace**	Industrieofen *m*	four *m* industriel, four pour l'industrie	промышленная печь
I 51	**industrial gas furnace**	Industriegasofen *m*	fourneau *m* à gaz industriel	промышленная газовая печь

I 52	**industrial gas meter**	Industriegaszähler *m*	compteur *m* à gaz industriel	промышленный газосчетчик
I 53	**industrial heating power station**	Industrieheizkraftwerk *n*	centrale *f* de force et chauffage industrielle	промышленная тепло-электроцентраль
I 54	**industrial hygiene**	Gewerbehygiene *f*	hygiène *f* industrielle	промышленная гигиена
I 55	**industrial refrigeration plant**	Großkälteanlage *f*	installation *f* frigorifique industrielle	крупная холодильная установка
I 56	**industrial sewage,** trade wastes, manufactural wastes, trade wastes water	gewerbliches Abwasser *n*, industrielles Abwasser *n*, Industrieabwasser *n*, Fabrikabwasser *n*	eaux *fpl* résiduaires industrielles	промышленные сточные воды
I 57	**industrial steam**	Industriedampf *m*	vapeur *f* industrielle	производственный пар
	industrial wastes	*s.* industrial sewage		
I 58	**industrial water,** process water, service water	Brauchwasser *n*, Betriebswasser *n*, Fabrikationswasser *n*, Nutzwasser *n*	eau *f* d'usage, eau d'usage industriel	непитьевая вода, промышленная вода
I 59	**inert gas,** rare gas, noble gas	Edelgas *n*	gaz *m* rare, gaz inerte	инертный газ
I 60	**inertia,** inertion, inertness	Beharrungsvermögen *n*, Trägheit *f*	inertie *f*	инерция
I 61	**inertion, inertness,** inertia	Beharrungsvermögen *n*, Trägheit *f*	inertie *f*	инерция
I 62	**infected sewage**	infektiöses Abwasser *n*	eau *f* résiduelle infectieuse	заразная сточная вода
	infectious germs	*s.* disease germs		
I 63	**infectious water**	krankheitserregendes Wasser *n*	eau *f* infectieuse	болезнетворная вода
I 64	**infiltrate,** soak in	einsickern	s'infiltrer	просачиваться внутрь, инфильтрировать
I 65	**infiltration,** percolation, seepage	Durchsickerung *f*, Infiltration *f*, Einsickerung *f*, Sickerung *f*, Versickerung *f*	suintement *m*, infiltration *f*, percolation *f*	просачивание, инфильтрация
I 66	**infiltration due to wind pressure**	Fugenlüftung *f*	infiltration *f* d'air due à la pression du vent	инфильтрация воздуха через швы
I 67	**infiltration gallery,** irrigation drain	Sickerleitung *f*, Sickergalerie *f*, Dränleitung *f*	galerie *f* drainante, saignée *f*	дренаж, дрена
I 68	**inflame,** ignite	entflammen, entzünden	enflammer, allumer	воспламенять
I 69	**inflammability**	Entzündbarkeit *f*	inflammabilité *f*	воспламеняемость
I 70	**inflammable**	entzündbar, entflammbar	inflammable	воспламеняемый
I 71	**inflammation**	Entzündung *f*	inflammation *f*	воспламенение
I 72	**inflate,** swell	blähen	gonfler	вспучиваться
I 73	**inflow**	Zufluß *m*	affluence *f*	приток
I 74	**inflow of water**	Wasserzufluß *m*	arrivée *f* d'eau	приток воды
I 75	**influent conduit,** inlet channel	Einlaufkanal *m*	canal *m* d'entrée (d'amenée, d'admission)	подводящий канал
I 76	**infra-red heating**	Infrarotheizung *f*	chauffage *m* aux rayons infrarouges	инфракрасное отопление
I 77	**infra-red irradiation**	Infrarotbestrahlung *f*	irradiation *f* infrarouge	облучение инфракрасными лучами
I 78	**infra-red radiator**	Infrarotstrahler *m*	four *m* à rayonnement infrarouge	инфракрасный излучатель
I 79	**ingoing air**	Zuluft *f*	air *m* frais	приточный воздух
I 80	**inhibitor**	Inhibitor *m*	inhibiteur *m*, agent *m* inhibitif	ингибитор
I 81	**initial temperature**	Anfangstemperatur *f*	température *f* initiale	начальная температура
I 82	**injection of air**	Einblasen *n* von Luft	insufflation *f* d'air	вдувание воздуха
I 83	**injection well,** inverted well, drainage well, dead well, drain well, diffusion well, inverted drainage well, percolation well, recharge well, dump well	Schluckbrunnen *m*, Sickerbrunnen *m*, Versenkbrunnen *m*	puits *m* absorbant, puits d'injection	дренажный колодец
I 84	**inlet channel,** influent conduit	Einlaufkanal *m*	canal *m* d'entrée, canal d'amenée, canal d'admission	подводящий канал
I 85	**inlet conduit,** transmission line	Zubringerleitung *f*, Zuführungsleitung *f*	conduite *f* d'adduction, conduite d'amenée	подающий трубопровод
I 86	**inlet pipe,** service pipe	Zuflußrohr *n*, Einlaufrohr *n*	tuyau *m* d'entrée	подводящая труба
I 87	**inlet-pipe connection,** intake flange	Eintrittsstutzen *m*	manchon *m* d'entrée	входной патрубок
I 88	**inlet speed,** admission velocity	Einströmgeschwindigkeit *f*	vitesse *f* d'admission	скорость на входе
I 89	**inlet strainer**	Einlaufseiher *m*	crépine *f* d'entrée	входной заградительный фильтр
I 90	**inlet valve**	Eintrittsventil *f*	soupape *f* d'entrée	впускной клапан
I 91	**inner surface,** internal wall	Innenwandung *f*, innere Wandung *f*	paroi *f* interne, surface *f* intérieure, parement *m* interne	внутренняя стена
I 92	**inoculate,** seed	impfen, animpfen	inoculer, ensemencer	прививать
I 93	**inoculation of sludge**	Impfen *n* des Schlammes	inoculation *f* des schlamms	заражение ила
I 94/5	**inodourous,** odourless	geruchlos	inodore, sans odeur	без запаха
I 96	**inorganic matter,** mineral substances, mineral components	mineralische Stoffe *mpl*	matières *fpl* minérales	минеральные вещества

I 97	**insert strainer**	Einsteckseiher *m*	crépine *f* démontable, couloir *m* démontable	вставной заградительный фильтр
I 98	**inside coat**	innerer Anstrich *m*, Innenanstrich *m*	peinture *f* intérieure, enduit *m* intérieur	внутренняя покраска
I 99	**inside diameter**	Innendurchmesser *m*	diamètre *m* intérieur	внутренний диаметр
I 100	**inside diameter of socket**	Muffenweite *f*	diamètre *m* intérieur de l'emboîtement	ширина раструба
I 101	**insipid,** tasteless	geschmacklos	sans saveur, insipide	безвкусный
I 101 a	**in situ test,** field test, test in place	Versuch *m* an Ort und Stelle	essai *m* sur place	эксперимент на месте работы
I 102	**insolubility**	Unlöslichkeit *f*	insolubilité *f*	нерастворимость
I 103	**insoluble**	unlöslich	insoluble	нерастворимый
I 104	**inspection chamber,** inspection shaft, inspection well, inspection manhole	Kontrollschacht *m*, Revisionsschacht *m*	puits *m* de visite	контрольная шахта, ревизионный колодец
I 105	**inspection cover**	Revisionsdeckel *m*	couvercle *m* d'inspection	ревизионная крышка
I 106	**inspection hole,** sight hole	Schauöffnung *f*	trou *m* de regard	смотровое отверстие
I 107	**inspection manhole, inspection shaft, inspection well,** inspection chamber	Kontrollschacht *m*, Revisionsschacht *m*	puits *m* de visite	контрольная шахта, ревизионный колодец
I 108	**instable equilibrium,** unstable equilibrium	labiles Gleichgewicht *n*	équilibre *m* instable	неустойчивое равновесие
I 109	**install**	installieren	installer	устанавливать; монтировать
I 110	**installation,** assembly	Einbau *m*	installation *f* intérieure	сборка, установка
I 111	**installation**	Installation *f*	installation *f*	монтаж
I 112	**installation of pipes**	Verlegung *f* von Rohren	pose *f* des tuyaux, montage *m* des tuyaux	прокладка труб
I 113	**installation of well pipes,** casing of wells, lining of wells	Verrohren *n* der Brunnen, Verrohrung *f* der Brunnen, Einsetzen *n* von Brunnenrohren	tubage *m* de puits	опускание обсадной трубы
I 114	**installation plan**	Leitungsplan *m*	plan *m* de câblage	план трубопроводов
I 115	**installation technique**	Installationstechnik *f*	technique *f* d'installation	монтажная техника
I 116	**installed capacity**	installierte Leistung *f*	capacité *f* installée	установленная мощность
I 117	**installed main-pump capacity**	installierte Hauptpumpenleistung *f*	capacité *f* maximale de pompage installée	установленная мощность главных насосов
I 118	**insulating board**	Isolierplatte *f* <für Behälter>	plaque *f* isolante	изоляционная плита
I 119	**insulating case**	Isoliermantel *m* <für Gliederkessel>	enveloppe *f* isolante	изолирующее покрытие
I 120	**insulating compound**	Isoliermasse *f*	masse *f* isolante	изоляционная масса
I 121	**insulating cord**	Isolierschnur *f* <mit Isoliermasse gefüllte Textilschläuche>	cordeau *m* isolant	изоляционный шнур
I 122	**insulating covering**	Isolierschale *f*	enveloppe *f* isolante	изоляционная оболочка
I 123	**insulating flange**	Isolierflansch *m*	collet *m* isolant	изоляционный фланец
I 124	**insulating layer**	Isolierschicht *f*	couche *f* isolante, gaine *f* isolante	изоляционный слой
I 125	**insulating material**	Isoliermaterial *n*, Dämmstoff *m*	matière *f* isolante, matière calorifuge	изоляционный материал
I 126	**insulating shape**	Isolierformstück *n*	pièce *f* façonnée isolante	изоляционная фасонная часть
I 127	**insulating thickness**	Isolierdicke *f*	épaisseur *f* isolante, grosseur *f* d'isolateur	толщина изоляции
I 128	**insulating value**	Dämmwert *m*	valeur *f* isolante	величина изоляции
I 129	**intake area**	Wassereintrittsfläche *f* <eines Brunnens>	périmètre *m* d'alimentation	площадь притока воды
I 130	**intake flange,** inlet-pipe connection	Eintrittsstutzen *m*	manchon *m* d'entrée	входной патрубок
I 131	**intake screen**	Einlaufrost *m*	grille *f* d'entrée	входная решетка
I 132	**intensity of illumination,** luminious intensity, candle power	Beleuchtungsstärke *f*	intensité *f* lumineuse	освещенность
I 133	**intensity of noise**	Geräuschstärke *f*	intensité *m* de bruit	сила шума
I 134	**intensity of rainfall**	Regendichte *f*	intensité *f* de la pluie	интенсивность дождя
I 135	**intensive burner**	Intensivbrenner *m*	brûleur *m* intensif	интенсивная горелка
I 136	**interconnected heating net**	vermaschtes Heiznetz *n*	tuyautage *m* maillé de chauffage	кольцевая тепловая сеть
I 137	**intercooler**	Zwischenkühler *m*	refroidisseur *m* intermédiaire	промежуточный охладитель
I 138	**intercrystalline corrosion**	interkristalline Korrosion *f*	corrosion *f* intergranulaire	межкристаллическая коррозия
I 139	**interior cooling**	Innenraumkühlung *f*	réfrigération *f* intérieure	внутреннее охлаждение
I 140	**intermediate ceiling**	Zwischendecke *f*	faux plafond *m*	междуэтажное перекрытие
I 141	**intermediate pumping station,** booster pump station	Zwischenpumpwerk *n*, Überpumpwerk *n*	station *f* de pompage intermédiaire	промежуточная насосная станция
I 142	**intermediate superheater**	Zwischenüberhitzer *m*	surchauffeur *m* intermédiaire	промежуточный перегреватель

No.	English	German	French	Russian
I 143	**intermediate tank,** surge tank	Zwischenbehälter *m*	réservoir *m* intermédiaire, récipient *m* intermédiaire	промежуточный резервуар
I 144	**intermittent application,** intermittent feeding	intermittierende Beschickung *f*	alimentation *f* intermittente, chargement *m* intermittent	периодическая подача
I 145	**intermittent chlorination**	Stoßchlorung *f*	chloration *f* intermittente	периодическое хлорирование
I 146	**intermittent feeding,** intermittent application	intermittierende Beschickung *f*	alimentation *f* intermittente, chargement *m* intermittent	периодическая подача
I 147	**intermittent filtering,** intermittent filtration	intermittierende Filterung *f*	filtration *f* intermittente	периодическое фильтрование
I 148	**intermittent filtration,** intermittent filtering	intermittierende Filterung *f*	filtration *f* intermittente	периодическое фильтрование
I 149	**intermittent heater operation**	unterbrochener Heizbetrieb *m*	marche *f* intermittente de chauffage	периодическое отапливание, прерывистое отапливание
I 150	**internal air**	Innenluft *f*	air *m* intérieur	внутренний воздух
I 151	**internal corrosion**	Innenkorrosion *f*	corrosion *f* interne	внутренняя коррозия
I 152	**internal diameter,** clear diameter	lichte Weite *f*	diamètre *m* intérieur	отверстие по свету
I 153	**internal diameter of pipe,** bore of pipe	Rohrweite *f*	calibre *m* de tuyau, diamètre *m* du tuyau	внутренний диаметр трубы
I 154	**internal pressure**	Innendruck *m*	pression *f* intérieure	внутреннее давление
I 155	**internal temperature**	Innentemperatur *f*	température *f* interne	внутренняя температура
I 156	**internal thread,** female thread	Innengewinde *n*	filet *m* intérieur, filet femelle	внутренняя резьба
I 157	**internal wall,** inner surface	Innenwandung *f*, innere Wandung *f*	paroi *f* interne, surface *f* intérieure, parement *m* interne	внутренняя стена
I 158	**interruption,** break	Unterbrechung *f*	interruption *f*	прерывание
I 159	**interspace,** distance	Abstand *m*, Zwischenraum *m*, Entfernung *f*, Intervall *n*	distance *f*, écartement *m*, intervalle *m*	расстояние
I 160	**intestinal bacterium, intestinal germ**	Darmbakterium *n*, Darmkeim *m*	germe *m* de l'intestin, bactérie *f* intestinale	кишечный микроб
I 161	**intrados,** soffit	Innenleibung *f*	intrados *m*	внутренняя поверхность <арки>
I 162	**inundate,** flood	überschwemmen	inonder	затопить
I 163	**inundation,** flood, flooding	Überschwemmung *f*, Überflutung *f*	inondation *f*	затопление, наводнение
I 164	**inverted drainage well,** injection well, inverted well, drainage well, dead well, drain well, diffusion well, percolation well, recharge well, dump well	Schluckbrunnen *m*, Sickerbrunnen *m*, Versenkbrunnen *m*	puits *m* absorbant, puits d'injection	дренажный колодец
I 165	**inverted siphon,** dip-pipe	Düker *m*	siphon *m* submergé, siphon à point bas, siphon renversé	дюкер
I 166	**inverted well,** injection well, drainage well, dead well, drain well, diffusion well, inverted drainage well, percolation well, recharge well, dump well	Schluckbrunnen *m*, Sickerbrunnen *m*, Versenkbrunnen *m*	puits *m* absorbant, puits d'injection	дренажный колодец
I 167	**investigation,** research	Forschung *f*, Erforschung *f*	investigation *f*, recherche *f*	исследование
I 168	**in working order,** serviceable	betriebsfähig	prêt pour la service en ordre de fonctionnement	готовый к эксплуатации
I 169	**iodic**	jodhaltig	iodé	содержащий йод
I 170	**ion exchanger**	Ionenaustauscher *m*	échangeur *m* d'ions	ионит
I 171	**ionization**	Ionisation *f*	ionisation *f*	ионизация
I 172	**IP-control system**	IP-Regler *m*	régulateur *m* système IP	пропорционально-интегральный регулятор
I 173	**IP-diagram**	IP-Diagramm *n*	diagramme *m* IP	IP-диаграмма, диаграмма энтальпия-давление
I 174	**iron removal,** elimination of iron	Enteisenung *f*	élimination *f* du fer, déferrisation *f*	обезжелезивание, деферризация
I 175	**iron sheet line**	Blechrohrleitung *f*	conduit *m* de tuyaux en tôle	жестянный трубопровод
I 176	**irradiate**	bestrahlen	irradier	облучать
I 177	**irradiation**	Bestrahlung *f*	irradiation *f*	облучение
I 178	**irregularity,** inconformity	Ungleichförmigkeit *f*	inégalité *f*, irrégularité *f*	неравномерность
I 179	**irrigate**	verrieseln	irriguer, arroser	оросить
I 180	**irrigate by spraying**	verregnen	arroser par aspersion	дождевать

No.	English	German	French	Russian
I 181	**irrigating field**	Berieselungsfeld *n*	champ *m* d'arrosage	поле орошения
I 182	**irrigation**	Verrieselung *f*	irrigation *f*, arrosage *m*	орошение
I 183	**irrigation channel**	Bewässerungskanal *m*	fossé *m* d'irrigation, rigole *f* d'irrigation	оросительный канал
I 184	**irrigation drain,** infiltration gallery	Sickerleitung *f*, Sickergalerie *f*, Dränleitung *f*	galérie *f* drainante, saignée *f*	дренаж, дрена
I 185	**irrigation of slope**	Hangberieselung *f*	arrosage *m* de pente	орошение напуском по склону
I 186	**irrigation system**	Bewässerungsanlage *f*	installation *f* d'irrigation	оросительная установка
I 187	**irrigation works**	Berieselungsanlagen *fpl*	appareils *mpl* d'arrosage, installation *f* d'irrigation	установка для орошения
I 188	**IS-diagram**	IS-Diagramm *n*	diagramme *m* IS	IS-диаграмма, диаграмма энтальпия-энтропия
I 189	**isobar**	Isobare *f*	isobare *f*	изобара
I 190	**isochronism,** simultaneousness	Gleichzeitigkeit *f*	simultanéité *f*, synchronisme *m*	одновременность
I 191	**isotropic**	isotrop	isotropique	изотропный

J

No.	English	German	French	Russian
J 1	**jalousie**	Jalousie *f*	jalousie *f*	жалюзи
J 2	**jet**	auswerfen, ausströmen	gicler	выбрасывать
J 3	**jet,** ray	Strahl *m*	rayon *m*, jet *m*	струя; луч
J 4	**jet condensation,** condensation by injection	Einspritzkondensation *f*	condensation *f* par injection	конденсация вспрыскиванием
J 5	**jet condenser**	Einspritzkondensator *m*	condenseur *m* à jet, condenseur par injection	вспрыскивающий конденсатор
J 6	**jet nozzle**	Strahldüse *f*	tuyère *f* à jet	струйное сопло
J 7	**jet of water**	Wasserstrahl *m*	jet *m* d'eau	водяная струя
J 8	**jet pipe**	Ausflußrohr *n*	tuyau *m* de déversement	отточная труба
J 9	**jet pipe**	Strahlrohr *n*	lance *f* d'arrosage	излучающая труба; струйная трубка
J 10	**jet pump**	Strahlpumpe *f*	pompe *f* à jet	элеватор; струйный насос
J 11	**joining socket**	Anschlußstutzen *m*	tuyau *m* de raccordement, asutage *m*, asutoir *m*	присоединительный патрубок, патрубок присоединения
J 12	**joint**	Fuge *f*, Stoßfuge *f*	joint *m*	стык
J 13	**joint coupling,** link coupling	Gelenkkupplung *f*	accouplement *m* articulé	шарнирное соединение
J 14	**jointing compound**	Vergußmasse *f* für Dichtungen	mastic *m* pour joints, matériel *m* de scellement pour joints	масса для заливки
J 15	**joint ring,** packing ring, gasket ring	Dichtungsring *n*	bague *f* de garniture, bague de joint, rondelle *f* de joint	уплотнительное кольцо
J 16	**junction,** confluence	Zusammenfluß *m*	confluent *m*	место слияния
J 17	**junction station**	Anschlußstation *f* <an Fernnetze>	station *f* d'embranchement	место присоединения
J 18	**Junkers-calorimeter**	Junkers-Kalorimeter *n*	calorimètre *m* de Junkers	калориметр Юнкерса
J 19	**jute**	Jute *f*	jute *m*	джут
J 20	**jute covering**	Juteumwicklung *f*	guipage *m* en jute	джутовый бандаж
J 21	**jute packing**	Jutepackung *f*	garniture *f* de jute	джутовая набивка
J 22	**juvenile water**	juveniles Wasser *n* <Quellwasser>	eau *f* juvénile	вода из источника

K

No.	English	German	French	Russian
K 1	**keeping of the pressure**	Druckhalten *n*	tenue *f* de la pression	поддержание напора
K 2	**keg**	kleines Faß *n*	baril *m*	бак; бочка
K 3	**Kelvin-scale**	Kelvin-Skale *f*	échelle *f* Kelvin	шкала Кельвина
K 4	**key-oval valve**	Keilovalschieber *m*	robinet-vanne *m* ovale à coins	овальная клиновая задвижка
K 5	**key-piston valve**	Keilrundschieber *m*	robinet-vanne *m* rond à coins	круглая клиновая задвижка
K 6	**key-slide valve**	Keilflachschieber *m*	robinet-vanne *m* plat à coins	плоская клиновая задвижка
K 7	**key-valve**	Keilschieber *m*	robinet-vanne *m* à coins	клиновая задвижка
K 8	**kieselguhr,** diatomite	Kieselgur *n*	kieselguhr *m*, diatomite *f*	трепел, кизельгур
	killed spirits	*s.* soldering solution		
K 9	**kilocalorie,** great calorie	Kilokalorie *f*	kilocalorie *f*	килокалория
K 10	**kinematic tenacity**	kinematische Zähigkeit *f*	ténacité *f* cinématique	кинематическая вязкость
K 11/12	**kinetic energy**	kinetische Energie *f*	énergie *f* cinétique	кинетическая энергия
K 13	**kinetic theory of gases**	kinetische Gastheorie *f*	théorie *f* cinétique des gaz	кинетическая теория газа
K 14	**kinetic theory of heat**	kinetische Wärmetheorie *f*	théorie *f* cinétique de chaleur	кинетическая теория тепла
K 15	**kitchen sink,** rinsing basin	Spülbecken *n*	rinçoir *m*, cuve *f* de rinçage	кухонная раковина
K 16	**Klingerit-jointing**	Klingeritdichtung *f*	joint *m* Klingerit	прокладка из клингерита
K 17	**knee,** **knee bend,** elbow, square elbow	Knierohr *n*, Kniestück *n*, Winkelrohr *n*	coude *m* d'équerre	колено
K 18	**Kutter's formula**	Kuttersche Formel *f*	formule *f* « Kutter »	формула Куттера

L

No.	English	German	French	Russian
L 1	**laboratory armatures,** laboratory fittings	Laborarmaturen *fpl*	armatures *fpl* de laboratoire	лабораторные арматуры
L 2	**laboratory basin**	Laborbecken *n*	bassin *m* de laboratoire	лабораторный бассейн
L 3	**laboratory fittings,** laboratory armatures	Laborarmaturen *fpl*	armatures *fpl* de laboratoire	лабораторные арматуры
L 4	**laboratory test**	Laboratoriumsversuch *m*	essai *m* de (en) laboratoire	лабораторное испытание
L 5	**labyrinth steam trap**	Labyrinth-Kondenswasserableiter *m*	séparateur *m* d'eau de condensation à labyrinthe	лабиринтовый конденсатоотводчик
L 6	**lamellar condenser**	Lamellenkondensator *m*	condenseur *m* à lamelles	пластинчатый конденсатор
L 7	**lamellar heating ceiling**	Lamellenheizdecke *f*	panneaux *mpl* rayonnants à lamelles	пластинчатый нагревательный потолок
L 8	**laminar boundary layer**	laminare Grenzschicht *f*	couche *f* limite, couche mitoyenne	ламинарный [по]граничный слой
L 9	**laminar flow,** streamline flow	laminare Strömung *f*	écoulement *m* laminaire	ламинарное течение
L 10	**laminated tube**	Lamellenrohr *n*	tube *m* à lamelles	труба с металлическими пластинками
L 11	**land type boiler**	Landdampfkessel *m*	chaudière *f* terrestre	стационарный паровой котел
L 12	**lap-welding**	Überlappungsschweißung *f*	soudure *f* par recouvrement	сварка внахлестку
L 13	**large coal,** lump coal	Stückkohle *f*	gros charbon *m*	кусковой уголь
L 14	**large filter**	Großfilter *n*	installation *f* grande de filtrage	фильтр грубой очистки
L 15	**large-scale experiment,** full-scale test	Großversuch *m*	essai *m* à grande échelle	крупный эксперимент
L 16	**large steam boiler**	Großdampfkessel *m*	grande chaudière *f* à vapeur	паровой котел большой производительности
L 17	**large volume furnace**	Großraumofen *m*	four *m* à grande capacité	печь большой емкости
L 18	**large waterspace boiler,** tank type of boiler	Großwasserraumkessel *m*	chaudière *f* à grand volume d'eau	котел с большим водяным объемом
L 19	**lasting rain**	Dauerregen *m*	pluie *f* de longue durée	длительный дождь
L 20	**lateral collector**	Seitenkanal *m*	émissaire *m* latéral	обходной канал
L 21	**lateral sewer,** subsidiary sewer, branch sewer	Nebensammler *m*	collecteur *m* secondaire	добавочный коллектор
L 22	**lattice,** grate	Gitter *n*	grille *f*, grillage *m*, treillis *m*	решетка
L 23	**Laughlin filter,** magnetite filter	Magnetitfilter *n*, Laughlinfilter *n*	filtre *m* à magnétite, filtre Laughlin	магнетитный фильтр
L 24	**laundry**	Waschanstalt *f*, Wäscherei *f*	blanchisserie *f*, buanderie *f*	прачечная
L 25	**laundry equipment**	Wäschereieinrichtung *f*	installation *f* d'une blanchisserie	оборудование прачечной
L 26	**laundry wastes**	Wäschereiabwasser *n*	eaux *fpl* résiduaires de blanchissage	сточные воды из прачечной
L 27	**lava slag**	Lavaschlacke *f*	scorie *f* de lave	пористая вулканическая порода
L 28	**lavatory,** closet	Abortanlage *f*, Klosettanlage *f*	latrines *fpl*, commodités *fpl*	уборная, клозет
L 29	**lavatory,** public convenience	Bedürfnisanstalt *f*	chalet *m* de nécessité, cabinet *m* d'aisances	общественная уборная
L 30	**lavatory basin**	Abortbecken *n*, Abortständer *m*, WC-Becken *n*	cuvette *f* d'urinoire, cuvette de cabinet	унитаз
L 31	**lavatory trough,** washing basin	Waschbecken *n*	cuvette *f*, lavabo *m*, lavoir *m*	умывальный таз, умывальник
L 32	**lay,** place	verlegen	poser	прокладывать
L 33	**layer of dirt**	Schmutzschicht *f*	couche *f* d'ordures	слой грязи
L 34	**layer of sand,** sand layer, stratum of sand	Sandschicht *f*	couche *f* de sable	слой песка
L 35	**lead**	Blei *n*	plomb *n*	свинец
L 36	**lead joint**	Bleidichtung *f*	joint *m* à bague de plomb, joint (garniture *f*) au plomb	свинцовое уплотнение
L 37	**lead lined**	verbleit	plombé *m*	освинцованный
L 38	**lead-melting furnace**	Bleischmelzofen *m*	fourneau *m* à charbon pour la fusion du plomb	свинцоплавильная печь
L 39	**lead oxide,** plumbic oxide	Bleioxid *n*	oxyde *m* de plomb	окись свинца
L 40	**lead pipe**	Bleirohr *n*	tuyau (tube) *m* de plomb	свинцовая труба
L 41	**lead pipe soldering**	Bleirohrlötung *f*	soudage *m* des tubes en plomb	паяние свинцовых труб
L 42	**lead poisoning**	Bleivergiftung *f*	empoisonnement *m* par le plomb, intoxication *f* saturnine, saturnisme *m*	свинцовое отравление
L 43	**lead pourers mould**	Bleilöffel *m*	cuillère *f* à plomb	свинцовая ложка
L 44	**lead soldering**	Bleilötung *f*	soudage *m* en plomb	паяние свинцом
L 45	**lead sulphide,** galena, blue lead	Bleiglanz *m*	sulfure *m* de plomb, galène *f*	свинцовый блеск, галенит
L 46	**lead trap**	Bleigeruchverschluß *m*	siphon *m* en plomb	свинцовый гидравлический затвор
L 47	**lead wool**	Bleiwolle *f*	filasse (laine) *f* de plomb	свинцовая шерсть

L 48	**leaf metal**	Blattmetall *n*, Metallfolie *f*	métal *m* en feuille	металлическая фольга
L 49	**leak,** leakage point	Leck *n*, undichte Stelle *f*	fuite *f*	утечка
L 50	**leakage,** escape	Undichtheit *f*	fuite *f*	неплотность
	leakage	*s. a.* leaking		
L 51	**leakage point,** leak	Leck *n*, undichte Stelle *f*	fuite *f*	утечка
L 52	**leakage water,** seepage water	Leckwasser *n*	eau *f* de fuite	утечка воды
L 53	**leaking,** leakage, perviousness	Lecken *n*, Undichtigkeit *f*	coulage *m*, manque *m* d'étanchéité	утечка; негерметичность
L 54	**leather diaphragm,** diaphragm of leather, membrane of leather	Ledermembran *f*	membrane *f* en cuir, diaphragme *m* en cuir	кожаная мембрана
L 55	**leather washer**	Lederdichtung *f*	joint *m* en cuir	кожаная прокладка
L 56	**lens compensator**	Linsenausgleicher *m* <Kompensator>	compensateur *m* lentille	линзовый компенсатор
L 57	**level**	nivellieren	niveler, profiler	нивелировать
L 58	**level**	Niveau *n*	niveau *m*	уровень
L 59	**level controller**	Niveauregler *m*	régulateur *m* de niveau	регулятор уровня
L 60	**level line,** contour line	Niveaulinie *f*	courbe *f* de niveau	линия уровня
L 61	**levelling staff**	Nivellierlatte *f*	mire *f* de nivellement	нивелирная рейка
L 62	**level measurement**	Niveaumessung *f*	mesure *f* du niveau	измерение уровня
L 63	**level of the hydraulic pressure**	hydraulischer Druckspiegel *m*	niveau *m* piézométrique	уровень гидростатического давления
L 64	**lever**	Hebel *m*	levier *m*	рычаг
L 65	**lever arm**	Hebelarm *m*	bras *m* de levier	плечо рычага
L 66	**lever load**	Hebelbelastung *f*	contrepoids *m* de soupape de sûreté	нагрузка на рычаг
L 67	**levigate**	ausschlämmen	débourber, dégorger	отделять шлам
L 68	**lid,** cover, cap	Deckel *m*	couvercle *m*, chapeau *m*, dôme *m*	крышка
L 69	**Liebig condenser**	Liebig-Kühler *m*	réfrigérant *m* Liebig	охладитель Либига
L 70	**lifetime,** service life, longevity	Lebensdauer *f*	durée *f* de la vie, longévité *f*	срок службы
L 71	**lift**	heben, fördern	lever	поднимать
L 72	**lift,** lifting height	Hubhöhe *f*	hauteur *f* de course, hauteur de levée	высота подъема
L 73	**lift,** stroke	Hub *m*	coup *m*, course *f*, levée *f*	ход; ход поршня; подъем
L 74	**lift elevation**	Auftriebhöhe *f*	surplus *m* de portance, excès *m* de portance	величина подъемной силы
L 75	**lift-heating**	Auftriebsheizung *f*	chauffage *m* à circulation à thermosiphon	гравитационное отопление
L 76	**lifting cylinder,** lifting piston	Hubkolben *m*	piston *m* élévateur (élévatoire, de levée)	подъемный поршень
L 77	**lifting height,** lift	Hubhöhe *f*	hauteur *f* de course, hauteur de levée	высота подъема
L 78	**lifting magnet**	Hubmagnet *m*	électro-aimant *m* porteur, électro-aimant de levage	подъемный магнит
L 79	**lifting piston,** lifting cylinder	Hubkolben *m*	piston *m* élévateur (élévatoire, de levée)	подъемный поршень
L 80	**lifting piston counter**	Hubkolbenzähler *m*	compteur *m* à piston élévateur	счетчик подъемного поршня
L 81	**lift of valve,** valve lift	Ventilhub *m*	levée *f* de la soupape, soulèvement *m* de la soupape	ход клапана
L 82	**lift ventilation**	Auftriebslüftung *f*	ventilation *f* de force portante	вентиляция с естественной циркуляцией воздуха
L 83	**light**	anzünden, zünden	allumer	зажигать
L 84	**lightning arrester, lightning conductor, lightning rod**	Blitzableiter *m*, Blitzschutz *m*	parafoudre *m*, paratonnerre *m*, éclateur *m*	громоотвод
L 85	**light oil**	Leichtöl *n*	huile *f* légère	легкая фракция мазута
L 86	**lignite,** brown coal	Braunkohle *f*	lignite *m*	бурый уголь
L 87	**lignite briquette,** brown coal briquette	Braunkohlenbrikett *n*	briquette *f* de lignite, lignite *m* aggloméré	брикет бурового угля
L 88	**lime**	Kalk *m*	chaux *f*	известь
L 89	**lime absorbing capacity**	Kalkbindungsvermögen *n*	pouvoir *m* absorbant de la chaux	способность соединяться с известью
L 90	**lime process**	Kalkverfahren *n*	procédé *m* à la chaux	способ умягчения воды при помощи известкового молока
L 91	**lime soda process, lime soda softening method**	Kalksodaverfahren *n*	procédé *m* à la chaux et au carbonate de soude	содоизвестковое умягчение
L 92	**limestone,** calcareous stone	Kalkstein *m*	calcaire *m*, carbonate *m* de chaux	известняк
L 93	**lime water**	Kalkwasser *n*	eau *f* de chaux	известковая вода
L 94	**limit,** limit value, limiting value	Grenzwert *m*, Grenzzahl *f*	limite *f*, valeur *f* limite	предельное значение
L 95	**limit capacity**	Grenzleistung *f*	capacité *f* limite, puissance *f* limitée	предельная мощность
L 96	**limit condition**	Grenzzustand *m*	situation *f* limite	предельное состояние
L 97	**limiter**	Begrenzungsregler *m*	élément *m* de transfert avec limitation, limiteur *m*, mécanisme *m* régulateur de limitation	ограничительный регулятор
L 98	**limiting speed**	Grenzgeschwindigkeit *f*	vitesse *f* limite	предельная скорость

L 99	**limiting value,** limit value, limit	Grenzwert *m*, Grenzzahl *f*	limite *f*, valeur *f* limite	предельное значение
L 100	**limit load,** limit stress	Grenzbelastung *f*	charge *f* limite	предельная нагрузка
L 101	**limit of error**	Fehlergrenze *f*	limite *f* d'erreur	предел погрешностей
L 102	**limit regulator**	Grenzwertregler *m*	mécanisme *m* régulateur limité	регулятор до предельного значения
L 103	**limit stress,** limit load	Grenzbelastung *f*	charge *f* limite	предельная нагрузка
L 104	**limit temperature**	Grenztemperatur *f*	température *f* limite	предельная температура
L 105	**limit value,** limiting value, limit	Grenzwert *m*, Grenzzahl *f*	limite *f*, valeur *f* limite	предельное значение
L 106	**limpid,** transparent	durchsichtig, transparent	transparent, limpide	прозрачный
L 107	**limpidity,** transparency	Durchsichtigkeit *f*	transparence *f*, limpidité *f*	прозрачность
L 108	**line**	auskleiden, verkleiden	revêtir, garnir <un palier>, chemiser <un cylindre>	облицовывать, футеровать
L 109	**linear oscillation, linear vibration**	lineare Schwingung *f*	oscillation *f* linéaire	линейное колебание
L 110	**line of influence**	Wirkungslinie *f*	ligne *f* d'action, ligne d'influence	линия действия
L 111	**line pipe,** conduit pipe, main pipe	Leitungsrohr *n*	conduit *m*, tuyau *m* de conducteur, tuyau de conduite	трубопровод
L 112	**lining,** coating, coat	Belag *m*, Überzug *m*, Schicht *f*	enduit *m*, pellicule *f*, couche *f*	обшивка; осадок; слой
L 113	**lining of wells,** casing of wells, installation of well pipes	Verrohren *n* der Brunnen, Verrohrung *f* der Brunnen, Einsetzen *n* von Brunnenrohren	tubage *m* de puits	опускание обсадной трубы
L 114	**lining pipe**	Futterrohr *n*, Mantelrohr *n*	tuyau *m* de coffrage, tube *m* de retenue	обсадная труба
L 115	**link coupling,** joint coupling	Gelenkkupplung *f*	accouplement *m* articulé	шарнирное соединение
L 116	**link radiator**	Gliederheizkörper *m*	corps *m* de chauffe sectionné	секционный радиатор
L 117	**liquefaction**	Verflüssigung *f*	liquéfaction *f*	сжижение
L 118	**liquefied petroleum gas**	Flüssiggas *n*	gaz *m* de pétrole liquéfié, gaz liquéfiable (liquide)	сжиженный газ
L 119	**liquefied petroleum gas installation**	Flüssiggasanlage *f*	installation *f* de gaz liquide	установка для сжиженного газа
L 120	**liquid,** fluid, fluidity	Flüssigkeit *f*	fluide *m*, liquide *m*	жидкость
L 121	**liquid,** fluid	flüssig	liquide, fluide	жидкий
L 122	**liquid chlorine**	flüssiges Chlor *n*	chlore *m* liquide	жидкий хлор
L 123	**liquid cooling**	Flüssigkeitskühlung *f*	refroidissement *m* par liquide	жидкостное охлаждение
L 124	**liquid fuel,** fluided fuel	flüssiger Brennstoff *m*	combustible *m* liquide	жидкое топливо
L 125	**liquid heat**	Flüssigkeitswärme *f*	chaleur *f* du liquide	теплота жидкости
L 126	**liquid level**	Flüssigkeitsstand *m*	niveau *m* du liquide	уровень жидкости
L 127	**liquid level indicator**	Flüssigkeitsstandsanzeiger *m*	indicateur *m* de niveau du liquide	уровнемер
L 128	**liquid manometer**	Flüssigkeitsmanometer *n*	manomètre *m* à liquide	жидкостный манометр
L 129	**liquid phase**	Flüssigkeitsphase *f*	phase *f* liquide	жидкая фаза
L 130	**liquid precipitation**	Flüssigkeitsniederschlag *m*	précipitation *f* à liquide, précipité *m* atmosphérique	осадок жидкости, конденсация
L 131	**liquid regulation**	Flüssigkeitsregelung *f*	réglage *m* du liquide	гидравлическое регулирование
L 132	**liquid-regulator of temperature**	Flüssigkeitstemperaturregler *m*	régulateur *m* de température à liquide	жидкостный регулятор температуры
L 133	**liquid state of aggregation,** fluid state of aggregation	flüssiger Aggregatzustand *m*	état *m* liquide d'agrégation	жидкое агрегатное состояние
L 134	**liquid temperature**	Flüssigkeitstemperatur *f*	température *f* du liquide	температура жидкости
L 135	**live coal,** glowing fire	Glut *f*	braise *f* chaude	жар
L 136	**live steam heater**	Frischdampfheizung *f*	chauffage *m* à la vapeur vive	отопление свежим паром
L 137	**load**	belasten	charger	нагружать
L 138	**load,** loading	Belastung *f*	charge *f*	нагрузка
L 139	**load conditions**	Belastungsbedingungen *fpl*	conditions *fpl* de charge	условия нагрузки
L 140	**loaded safety valve**	massebelastetes Sicherheitsventil *n*	soupape *f* de sûreté avec contrepoids	грузовой предохранительный клапан
L 141	**load factor**	Belastungsfaktor *m*	facteur *m* de charge	коэффициент нагрузки
L 142	**load fluctuation**	Belastungsschwankung *f*	fluctuation *f* de charge, variation *f* de charge	колебание нагрузки
L 143	**loading,** load	Belastung *f*	charge *f*	нагрузка
L 144	**load limit**	Belastungsgrenze *f*	limite *f* de charge, charge *f* limite	предел нагрузки
L 145	**load on ground**	Bodendruck *m*	pression *f* au fond	давление на грунт
L 146	**load per surface**	Flächenbelastung *f*	charge *f* par unité de surface	нагрузка на единицу поверхности
L 147	**load reduction,** discharge	Entlastung *f*	décharge *f*	разгрузка
L 148	**local element**	Lokalelement *n*	pile *f* locale	локальный элемент
L 149	**locality,** place, spot	Ort *m*, Örtlichkeit *f*	localité *f*, lieux *mpl*	место
L 150	**location,** site	Standort *m*	emplacement *m*, localité *f*	место расположения
L 151	**lock,** seal, close	verschließen, absperren	fermer	закрывать, запирать
L 152	**lock,** seal, closure	Verschluß *m*	fermeture *f*	затвор, запор
L 153	**long-distance conduit**	Fernleitung *f*	ligne *f* à grande distance	дальний трубопровод
L 154	**long-distance gas,** long-range gas	Ferngas *n*	gaz *m* distribué à grande distance	газ дальнего газоснабжения

L 155	**long-distance gas supply**	Gasfernversorgung *f*	distribution *f* de gaz à grande distance	дальнее газоснабжение
L 156	**long-distance heating conduit**	Fernheizleitung *f*	ligne *f* de chauffage à distance	теплопровод
L 157	**longevity,** lifetime, service life	Lebensdauer *f*	durée *f* de la vie, longévité *f*	срок службы
L 158	**longitudinal crack**	Längsriß *m*	crique *f* longitudinale	продольный разрез
L 159	**long-range gas,** long-distance gas	Ferngas *n*	gaz *m* distribué à grande distance	газ дальнего газоснабжения
L 160	**long thread**	Langgewinde *n*	filet *m* long	длинная резьба
L 161	**long time pumping test**	Dauerpumpversuch *m*	essai *m* de pompage à longue durée, essai de pompage permanent	испытание продолжительным откачиванием насосом
L 162	**loose flange,** slip-on flange	loser Flansch *m*	bride *f* folle	свободный фланец
L 163	**loss**	Verlust *m*	perte *f*, déperdition *f*	потеря
L 164	**loss of cold**	Kälteverlust *m*	perte *f* frigorifique	потеря холода
L 165	**loss of fall,** loss of pressure, loss of head	Druckverlust *m*, Druckhöhenverlust *m*, Gefälleverlust *m*	perte *f* de pression	потеря давления, потеря напора
L 166	**loss of fuel**	Brennstoffverlust *m*	perte *f* de combustible	потери топлива
L 167	**loss of gas**	Gasverlust *m*	perte *f* de gaz	утечка газа
L 168	**loss of head,** loss of pressure, loss of fall	Druckverlust *m*, Druckhöhenverlust *m*, Gefälleverlust *m*	perte *f* de pression	потеря давления, потеря напора
L 169	**loss of head indicator**	Druckverlustanzeiger *m*	indicateur *m* de perte de pression	указатель потери напора
L 170	**loss of heat**	Wärmeverlust *m*	perte *f* de chaleur	потеря тепла
L 171	**loss of pressure,** loss of head, loss of fall	Druckverlust *m*, Druckhöhenverlust *m*, Gefälleverlust *m*	perte *f* de pression	потеря давления, потеря напора
L 172	**loss of water,** water loss	Wasserverlust *m*	perte *f* d'eau	потеря воды
L 173	**loss on ignition**	Glühverlust *m*	perte *f* au rouge, perte au feu	потеря при прокаливании
L 174	**loudness**	Lautstärke *f*	puissance *f* sonore	громкость
L 175	**lowering of the ground-water level**	Grundwasserabsenkung *f*	abaissement *m* de l'eau souterraine	понижение уровня грунтовых вод
L 176	**low-intake pump, low-lift pump,** feed pump	Vorhebepumpe *f*, Zubringerpumpe *f*, Speisepumpe *f*	pompe *f* nourricière, pompe alimentaire, pompe d'alimentation	бустерный насос; насос подкачки, питательный насос
L 177	**low-lift pumping station**	Vorpumpwerk *n*	station *f* de pompage primaire	подкачивающая насосная станция
L 178	**low pressure**	Niederdruck *m*	basse pression *f*	низкое давление
L 179	**low-pressure area**	Tiefdruckgebiet *n*	zone *f* de basse pression, aire *f* de dépression	область пониженного давления
L 180	**low-pressure burner**	Injektorbrenner *m*	brûleur *m* d'évaporation	инжекторная горелка
L 181	**low-pressure burner**	Niederdruckbrenner *m*	brûleur *m* à basse pression	горелка низкого давления
L 182	**low-pressure district,** low-pressure zone	Niederdruckzone *f*	aire *f* à basse pression	зона низкого давления
L 183	**low-pressure gas holder**	Niederdruckgasbehälter *m*	réservoir *m* à gaz à basse pression	газгольдер низкого давления
L 184	**low-pressure gas plant**	Niederdruckgasanlage *f*	installation *f* à gaz à basse pression	система газоснабжения низкого давления
L 185	**low-pressure gauge**	Niederdruckmanometer *n*	manomètre *m* à basse pression	манометр низкого давления
L 186	**low-pressure induction unit**	Niederdruckinduktionsgerät *n*	instrument *m* de mesure à induction basse	индукционный прибор низкого давления
L 187	**low-pressure regulator**	Niederdruckregler *m*	mécanisme régulateur *m* à basse pression	регулятор низкого давления
L 188	**low-pressure side**	Niederdruckseite *f*, Saugseite *f*	côté *m* à basse pression	сторона низкого давления
L 189	**low-pressure steam heating**	Niederdruckdampfheizung *f*	chauffage *m* par la vapeur à basse pression	паровое отопление низкого давления
L 190	**low-pressure steam turbine**	Niederdruckdampfturbine *f*	turbine *f* à vapeur à basse pression	паровая турбина низкого давления
L 191	**low-pressure zone,** low-pressure district	Niederdruckzone *f*	aire *f* à basse pression	зона низкого давления
L 192	**low-stage compressor**	Niederdruckverdichter *m*	compresseur *m* basse pression	компрессор низкого давления
L 193	**low-temperature carbonization gas**	Braunkohlenschwelgas *n*	gaz *m* de lignite	газ из сухой перегонки бурого угля
L 194	**low-temperature insulation,** cold insulator	Kälteschutz *m*	isolation *f* à froid	холодозащита
L 195	**luminous flame**	Leuchtflamme *f*	flamme *f* lumineuse	светящийся факел
L 196	**luminous intensity,** intensity of illumination, candle power	Beleuchtungsstärke *f*	intensité *f* lumineuse	освещенность
L 197	**lump coal,** large coal	Stückkohle *f*	gros charbon *m*	кусковой уголь
L 198	**lump coal,** raw coal, clod coal	Grobkohle *f*	gros *m*, houille *f* grosse	крупнокусковой уголь
L 199	**lump of fecal matter**	Kotballen *m*	étron *m*	комья грязи
L 200	**lye of Javelle,** potassium hypochlorite solution	Javellsche Lauge *f*, Kaliumhypochloritlauge *f*	eau *f* de Javelle, solution *f* de hypochlorite de potassium	жавелевая вода, гипохлорит калия
L 201	**lyra compensator**	Lyrabogen *m* <Kompensator>	compensateur *m* méthode « Lyra »	лирный компенсатор

M

M 1	**machinability**	Bearbeitbarkeit *f*	aptitude *f* à être usiné, facilité *f* d'usinage	обрабатываемость
M 2	**machine,** tool	bearbeiten	usiner, façonner	обработать
M 3	**macroscopical analysis of water, macroscopic water examination**	makroskopische Wasseruntersuchung *f*	analyse *f* macroscopique de l'eau, examen *m* macroscopique de l'eau	макроскопическое исследование воды
M 4	**magnesite brick**	Magnesitstein *m* <Isoliermaterial für HD-Kessel, außen>	brique *f* spéciale de magnésie	магнезиальный кирпич
M 5	**magnetite filter,** Laughlin filter	Magnetitfilter *n*, Laughlinfilter *n*	filtre *m* à magnétite, filtre Laughlin	магнетитный фильтр
M 6	**magnet valve**	Magnetventil *n*	soupape *f* à aimant	электромагнитный клапан
M 7	**Magno compound, Magno mass**	Magnomasse *f*	Magno *m*	магномасса
M 8	**main burner**	Hauptbrenner *m*	brûleur *m* principal	основная горелка
M 9	**main cock,** main tap	Haupthahn *m*	robinet *m* général	главный кран
M 10	**main collector,** trunk sewer, main sewer	Hauptsammler *m*, Stammkanal *m*, Stammsiel *n*	grand collecteur *m*, collecteur principal	магистраль; главный коллектор
M 11	**main-condensate conduit**	Hauptkondensatleitung *f*	ligne (conduite) *f* principale de condensat	главный конденсатопровод
M 12	**main conduct, main conduit,** main pipeline, main line, trunk main	Hauptleitung *f*, Stammleitung *f*	conduite *f* maîtresse, conduite principale	магистральный трубопровод
M 13	**main district of supply**	Hauptversorgungsgebiet *n*	agglomération *f* à desservir	главный район снабжения
M 14	**main drain,** master drain	Hauptabflußleitung *f*	canal (conduit) *m* de décharge principal	магистральный канализационный трубопровод
M 15	**main-drainage pipe**	Hauptentwässerungsrohr *n*	tuyau *m* de drainage principal	главный дренажный коллектор
M 16	**main duct,** trunk duct	Hauptkanal *m*	conduit (canal) *m* principal	главный канал
M 17	**main-feeder**	Hauptspeiseleitung *f*	ligne (conduite) *f* principale d'alimentation	магистральный питающий трубопровод
M 18	**main gas-tap,** gas main cock	Gashaupthahn *m*	robinet *m* principal de gaz	главный газовый кран
M 19	**main line,** main conduct, main pipeline, main conduit, trunk main	Hauptleitung *f*, Stammleitung *f*	conduite *f* maîtresse, conduite principale	магистральный трубопровод
M 20	**main pipe**	Hauptrohr *n*	tuyau *m* principal	магистральная труба
M 21	**main pipe,** conduit pipe, line pipe	Leitungsrohr *n*	conduit *m*, tuyau *m* de conducteur (conduite)	трубопровод
M 22	**main pipeline,** main conduct, main line, main conduit, trunk main	Hauptleitung *f*, Stammleitung *f*	conduite *f* maîtresse, conduite principale	магистральный трубопровод
M 23	**main reservoir**	Hauptbehälter *m*	réservoir *m* principal	основной бак
M 24	**main sewer,** main collector, trunk sewer	Hauptsammler *m*, Stammkanal *m*, Stammsiel *n*	grand collecteur *m*, collecteur principal	магистраль; главный коллектор
M 25	**main stop apparatus**	Hauptabsperrvorrichtung *f*	appareil *m* principal d'arrêt	главные запорные устройства
M 26	**main stop slide**	Hauptabsperrschieber *m*	vanne *f* principale d'arrêt	главная запорная задвижка
M 27	**main stop valve**	Hauptabsperrventil *n*	soupape *f* d'arrêt principale	главный запорный вентиль
M 28	**main tap,** main cock	Haupthahn *m*	robinet *m* général	главный кран
M 29	**main valve**	Hauptventil *n*	soupape *f* principale	главная задвижка
M 30	**make-up air,** admixed air	Zusatzluft *f*	air *m* additionnel (supplémentaire, d'appoint)	добавочный воздух
M 31	**make-up water**	Zusatzwasser *n* <Kesselspeisung>	eau *f* d'appoint, eau de compensation	подпиточная вода, добавочная вода
M 32	**making-up piece, making-up pipe,** extension pipe	Verlängerungsrohr *n*, Aufsatzrohr *n*	tube *m* de rallonge	патрубок, удлинительная труба
M 33	**malleable iron clip,** wrought iron clip, wrought iron tapping sleeve	schmiedeeiserne Anbohrschelle *f*	collier *m* de prise en fer forgé, collier de prise en fonte malléable	хомут из ковкой стали
M 34	**malleable iron pipe,** wrought iron pipe	schmiedeeisernes Rohr *n*	tuyau *m* en fer forgé, tuyau en fonte malléable	труба из ковкой стали
M 35	**mammoth pump**	Mammutpumpe *f*	pompe *f* Mammouth	маммут-насос
M 36	**manganese removal,** demanganization	Entmanganung *f*	démanganisation *f*, élimination *f* du manganèse	освобождение от марганца, удаление марганца
M 37	**manhole**	Mannloch *n*, Einsteigloch *n*	trou *m* d'homme	лаз; люк

M 38	**manhole cover**	Schachtabdeckung *f*, Schachtdeckel *m*	couvercle *m* de regard, tampon *m* de regard, plaque *f* de couverture de puits	крышка колодца
M 39	**manhole [opening]**	Einsteigöffnung *f*, Einsteigschacht *m*	ouverture *f* pour descendre, regard *m* de descente (service, visite)	люк, лаз, смотровой колодец
M 40	**manhole step,** climbing iron, stirrup	Steigeisen *n*	étrier *m*	скобы для влезания в смотровой колодец
M 41	**manometer,** pressure gauge	Manometer *n*, Druckmesser *m*	manomètre *m*, indicateur *m* de pression	манометр, индикатор давления
M 42	**manometer tap**	Manometerhahn *m*	robinet *m* du manomètre	кран манометра
M 43	**manometric head**	manometrische Druckhöhe *f*	hauteur *f* de refoulement manométrique	манометрическая высота давления
M 44	**manometric suction head, manometric suction lift**	manometrische Saughöhe *f*	hauteur *f* manométrique d'aspiration	манометрическая высота всасывания
M 45	**manometric total lift**	manometrische Gesamtförderhöhe *f*	hauteur *f* manométrique d'élévation totale	суммарная манометрическая высота подъема
M 46	**manual adjustment**	Handeinstellung *f*	réglage *m* manuel	ручная регулировка
M 47	**manual charging**	Handbeschickung *f*	alimentation *f* manuelle	ручная загрузка
M 48	**manual operation**	Handbedienung *f*	commande *f* manuelle, commande à la main	ручное управление
M 49	**manual removing of ashes**	Handentaschung *f*	évacuation *f* des cendres à main	ручное золоудаление
M 50	**manual vane pump**	Handflügelpumpe *f*	pompe *f* rotative à ailettes, pompe rotative à main	ручной крыльчатый насос
M 51	**manual welding**	Handschweißung *f*	soudage *m* à la main	ручная сварка
M 52	**manufactural wastes,** industrial wastes, trade wastes, trade wastes water	gewerbliches Abwasser *n*, industrielles Abwasser *n*, Industrieabwasser *n*, Fabrikabwasser *n*	eaux *fpl* résiduaires industrielles	промышленные сточные воды
M 53	**marble filtering**	Marmorfilterung *f*	filtration *f* sur marbre	фильтрование с мраморной крошкой
M 54	**marsh gas,** methane	Methan *n*, Sumpfgas *n*, Grubengas *n*	méthane *m*, gaz *m* des marais	метан; болотный газ
M 55	**master drain,** main drain	Hauptabflußleitung *f*	canal (conduit) *m* de décharge principal	магистральный канализационный трубопровод
M 56	**mastic for metal**	Metallkitt *m*	ciment *m* pour métaux	замазка для металла
M 57	**material level in bin**	Bunkerstand *m* <Füllung>	capacité *f* de soute	уровень наполнения бункера
M 58	**material transport**	Materialtransport *m*	transport *m* des matériaux	транспорт материалов
M 59	**mating flange**	Gegenflansch *m*	contrebride *f*	контрфланец
M 60	**maximum consumption**	Höchstverbrauch *m*	consommation *f* maximale	максимальный расход
M 61	**maximum demand**	Höchstbedarf *m*	demande *f* maximale	пиковый расход
M 62	**maximum load**	Höchstlast *f*	charge *f* maximale	максимальная нагрузка
M 63	**maximum load,** peak load	Spitzenbelastung *f*	charge *f* de pointe	пиковая нагрузка
M 64	**maximum on demand**	Bedarfsspitze *f*	maximum *m* sur demande	пиковая потребность
M 65	**maximum output**	Höchstleistung *f*	débit-record *m*, débit *m* maximal	максимальная производительность
M 66	**maximum pressure,** superpressure	Höchstdruck *m*	très haute pression *f*, pression maximale	максимальное давление
M 67	**maximum speed,** maximum velocity	größte Geschwindigkeit *f*, Höchstgeschwindigkeit *f*	vitesse *f* maximale	максимальная скорость
M 68	**maximum temperature**	Höchsttemperatur *f*	température *f* maximale	максимальная температура
M 69	**maximum value,** peak value	Höchstwert *m*	maximum *m*, valeur *f* maximale	максимальная величина
M 70	**maximum velocity,** maximum speed	größte Geschwindigkeit *f*, Höchstgeschwindigkeit *f*	vitesse *f* maximale	максимальная скорость
M 71	**mean depth of precipitation**	mittlere Niederschlagshöhe *f*	hauteur *f* moyenne de précipitation	средняя величина атмосферных осадков
M 72	**mean height of rainfall,** average height of rainfall	mittlere Regenhöhe *f*, Regenmittel *n*	hauteur *f* moyenne de pluie, pluviométrie *f* moyenne	средняя величина дождевых осадков
M 73	**mean precipitation, mean quantity of precipitation,** average precipitation	mittlere Niederschlagsmenge *f*	quantité *f* moyenne des précipitations	среднее количество атмосферных осадков
M 74	**mean sea level**	Normalnull *n*	niveau *m* de la mer	уровень моря
M 75	**mean velocity,** average velocity, middle velocity	mittlere Geschwindigkeit *f*	vitesse *f* moyenne	средняя скорость
M 76	**measured quantity**	Meßwert *m*	valeur *f* mesurée	измеряемая величина
M 77	**measurement of air quantity**	Luftmengenmessung *f*	mesure *f* de la quantité d'air	измерение расхода воздуха
M 78	**measurement of efficiency**	Leistungsmessung *f* <Kessel>	mesurage *m* de puissance	измерение производительности

M 79	**measurement of quantity**	Mengenmessung *f*	mesureur *m* de quantités	измерение расхода
M 80	**measurement of slope**	Gefällemessung *f*	gradométrie *f*, déclinométrie *f*	измерение уклона
M 81	**measuring appliance**	Meßeinrichtung *f*	installation *f* de mesure	измерительное оборудование
M 82	**measuring cylinder**	Meßzylinder *m*	tube *m* cylindrique gradué	измерительный цилиндр
M 83	**measuring fault**	Meßfehler *m*	erreur *f* de mesure	ошибка (погрешность) измерения
M 84	**measuring flange**	Meßflansch *m*	disque *m* de mesure	измерительный фланец
M 85	**measuring flask**	Meßkolben *m*	ballon *m* de mesure	измерительная колба
M 86	**measuring liquid**	Meßflüssigkeit *f*	liquide *m* de mesure	измерительная жидкость
M 87	**measuring nozzle**	Meßdüse *f*	tuyère *f* de mesure	измерительное сопло
M 88	**measuring quantity**	Meßgröße *f*	grandeur *f* mesurée	измеряемая величина
M 89	**measuring range**	Meßbereich *m*	champ *m* de mesure	область измерения
M 90	**measuring result**	Meßergebnis *n*	résultat *m* d'une mesure	результат измерения
M 91	**measuring system**	Meßverfahren *n*	méthode *f* de mesurage	способ измерения
M 92	**measuring tube**	Meßrohr *n*	tuyau *m* de mesure	измерительная труба
M 93	**mechanical appliance, mechanical contrivance, mechanical device,** mechanism	Vorrichtung *f*	dispositif *m*, mécanisme *m*	механизм; устройство; приспособление
M 94	**mechanical discharge, mechanical drainage,** mechanical emptying	mechanische Entleerung *f*	vidange *f* mécanique	механическое опорожнение
M 95	**mechanical efficiency**	mechanischer Wirkungsgrad *m*	rendement *m* mécanique	механический коэффициент полезного действия
	mechanical emptying	*s.* mechanical discharge		
M 96	**mechanical equivalent of heat**	mechanisches Wärmeäquivalent *n*	équivalent *m* mécanique de la chaleur	механический эквивалент единицы тепла
M 97	**mechanical gas seller**	Gasautomat *m*	distributeur *m* automatique du gaz	газовый автомат
M 98	**mechanism,** mechanical device, mechanical appliance, mechanical contrivance	Vorrichtung *f*	dispositif *m*, mécanisme *m*	механизм; устройство; приспособление
M 99	**medical wash stand**	Ärztewaschtisch *m*	lavabo *m* médical	умывальник для врачей
M 100	**medium pressure**	Mitteldruck *m*	pression *f* moyenne	среднее давление
M 101	**megacalorie**	Megakalorie *f*	mégacalorie *f*	мегакалория
M 102	**melt,** thaw [up]	tauen, auftauen, schmelzen	dégeler, fondre, décongeler, dégivrer	оттаять, оттаивать
M 103	**melting point**	Schmelzpunkt *m*	point *m* de fusion	точка плавления
M 104	**membrane,** diaphragm	Membran[e] *f*, Blende *f*	membrane *f*, diaphragme *m*	мембрана; диафрагма
M 105	**membrane of leather,** leather diaphragm, diaphragm of leather	Ledermembran *f*	membrane *f* en cuir, diaphragme *m* en cuir	кожаная мембрана
M 106	**membrane pump,** diaphragm pump	Membranpumpe *f*, Diaphragmapumpe *f*, Balgpumpe *f*	pompe *f* à diaphragme, pompe à membrane	диафрагменный насос
M 107	**meshed net**	vermaschtes Netz *n*	réseau *m* maillé	закольцованная сеть
M 108	**mesh screen, mesh sieve**	Maschensieb *n*	tamis *m* à mailles	сито из сетки
M 109	**metal filter**	Metallfilter *n* <Luftfilter>	filtre *m* en métal	металлический фильтр
M 110	**metal hose**	Metallschlauch *m*	tuyau *m* métallique flexible	металлический шланг
M 111	**metallic corrosion,** corrosion of metal	Metallangriff *m*, Metallkorrosion *f*	corrosion *f* des métaux	коррозия металла
M 112	**metallic dowel**	Metalldübel *m*	goujon *m* en métal	металлическая шпонка
M 113	**metallic tissue**	Metallgewebe *n*	toile *f* métallique	металлическая ткань
M 114	**metal sheet**	Blech *n*	feuille *f* de métal	жесть, листовой металл
M 115	**metal tube compensator**	Rohrausgleicher *m* <Kompensator>	compensateur *m* en tuyau métallique flexible	компенсатор из металлического шланга
M 116	**meteorologic base**	meteorologische Grundlage *f*	principe *m* météorologique	метеорологическая основа
M 117	**meter,** counter	Zähler *m*	compteur *m*	счетчик
M 118	**metering,** gauging	Messung *f*	mesurage *m*, mensure *f*	измерение
M 119	**meter testing bench, meter testing machine**	Zählerprüfstand *m*	banc *m* pour la vérification des compteurs	испытательная установка для счетчиков
M 120	**methane,** marsh gas	Methan *n*, Sumpfgas *n*, Grubengas *n*	méthane *m*, gaz *m* des marais	метан; болотный газ
M 121	**methane collection**	Methangewinnung *f*	récupération *f* du méthane	добыча метана
M 122	**method of test**	Prüfmethode *f*	méthode *f* d'essai	метод испытания
M 123	**method of working,** operating method	Betriebsverhalten *n*	condition *f* de service	рабочая характеристика
M 124	**methylene blue test**	Methylenblauprobe *f*	essai *m* au bleu de méthylène	проба с помощью метиловой синьки
M 125	**methyl orange alkalinity**	Methylorange-Alkalität *f*	alcalinité *f* au méthylorange	метилоранжевая щелочность

M 126	**metric screw-thread**	metrisches Gewinde *n*	filet *m* à pas métrique	метрическая резьба
M 127	**microbe, microorganism,** microscopic organism	Mikroorganismus *m*, Mikrobe *f*, Kleinlebewesen *n*	microorganisme *m*, microbe *m*	микроорганизм, микроб
M 128	**microscopical analysis of water,** microscopic water examination	mikroskopische Wasseruntersuchung *f*	analyse *f* microscopique de l'eau, examen *m* microscopique de l'eau	микроскопическое исследование воды
M 129	**microscopic organism,** microorganism, microbe	Mikroorganismus *m*, Mikrobe *f*, Kleinlebewesen *n*	microorganisme *m*, microbe *m*	микроорганизм, микроб
M 130	**microscopic water examination,** microscopical analysis of water	mikroskopische Wasseruntersuchung *f*	analyse *f* microscopique de l'eau, examen *m* microscopique de l'eau	микроскопическое исследование воды
M 131	**middle pressure steam heating**	Mitteldruckdampfheizung *f*	chauffage *m* à moyenne pression	паровое отопление среднего давления
M 132	**middle velocity,** mean velocity, average velocity	mittlere Geschwindigkeit *f*	vitesse *f* moyenne	средняя скорость
M 133	**mineral acid**	Mineralsäure *f*	acide *m* minéral	минеральная кислота
M 134	**mineral components,** inorganic matter, mineral substances	mineralische Stoffe *mpl*	matières *fpl* minérales	минеральные вещества
M 135	**mineral filler**	Mineralwolle *f*	laine *f* minérale	минеральная вата
M 136	**mineral oil**	Mineralöl *n*	huile *f* minérale	минеральное масло
M 137	**mineral salt**	Mineralsalz *n*	sel *m* minéral	минеральная соль
M 138	**mineral substances,** inorganic matter, mineral components	mineralische Stoffe *mpl*	matières *fpl* minérales	минеральные вещества
M 139	**mine run coal,** rough coal	Förderkohle *f*	charbon *m* brut	рядовой уголь
M 140	**minimum consumption**	Mindestverbrauch *m*	consommation (dépense) *f* minimale	минимальный расход
M 141	**minimum of aeration**	Mindestluftbedarf *m*	quantité *f* d'air absorbé minimal	минимальная потребность воздуха
M 142	**minimum speed, minimum velocity**	Mindestgeschwindigkeit *f*	vitesse *f* minimale	наименьшая скорость
M 143	**minium,** red lead	Bleimennige *f*	minium *m* [de plomb]	свинцовый сурик
M 144	**mitre valve,** conical valve	Kegelventil *n*	soupape *f* conique	клапан с коническим седлом
M 145	**mixed water**	Mischwasser *n*	eau *f* mixte	смешанная вода
M 146	**mixer conduit**	Mischleitung *f*	tuyau *m* de mélange	смесительный трубопровод
M 147	**mixer-preheater**	Mischvorwärmer *m*	réchauffeur *m* à mélange	смесительный подогреватель
M 148	**mixer tube**	Mischrohr *n*	tuyau *m* de mélange	смесительная труба
M 149	**mixer valve**	Mischventil *n*	soupape *f* à vannes	смесительный клапан
M 150	**mixing basin**	Mischbecken *n*	bassin *m* d'homogénéisation	бассейн для смешивания
M 151	**mixing box**	Mischkasten *m*	boîte *f* de mélange	смесительный ящик
M 152	**mixing chamber**	Mischkammer *f*	chambre *f* de mélange	смесительная камера
M 153	**mixing condenser,** direct-contact condenser	Mischkondensator *m*	condenseur *m* par mélange	конденсатор смешения
M 154	**mixing conduit**	Mischwasserleitung *f*	égout *m* unitaire	трубопровод смешанной воды
M 155	**mixing device**	Mischvorrichtung *f*	mélangeur *m*	смесительное устройство
M 156	**mixing process**	Mischvorgang *m*	processus *m* de mélange	процесс смешения
M 157	**mixing rate, mixing ratio,** proportion of mixture, proportion of ingredients, ratio of components	Mischungsverhältnis *n*	dosage *m* de mélange, faux *m* de mélange, proportion *f* de mélange, rapport *m* de mélange	состав смеси
M 158	**mixing station**	Mischstation *f*	station *f* de mélange	смесительная станция
M 159	**mixing tank**	Mischbehälter *m*, Mischbottich *m*	bac *m* de mélange, cuve *f* de mélange	смеситель
M 160	**mixing time,** time of mixing	Mischzeit *f*	temps *m* de mélange	время смешения
M 161	**model,** type	Baumuster *n*, Modell *n*	type *m*, modèle *m*	тип, образец, макет
M 162	**model technique**	Modelltechnik *f*	technique *f* des modèles	техника моделирования
M 163	**model test,** small scale test	Modellversuch *m*	essai *m* sur modèle	испытание на модель
M 164	**moist,** damp, humid, wet	feucht	humide, mouillé	влажный
M 165	**moist air**	feuchte Luft *f*	air *m* humide	влажный воздух
M 166	**moist and warm air**	feuchtwarme Luft *f*	air *m* humide et chaud	теплый влажный воздух
M 167	**moisten,** damp	befeuchten, anfeuchten	humecter, mouiller	увлажнять
M 168	**moistening,** humidification	Befeuchtung *f*	humidification *f*, mouillage *m*	увлажнение; орошение
M 169	**moistening agent,** humidification agent	Benetzungsmittel *n*	agent *m* d'humectation	смачивающее средство
M 170	**moistening apparatus,** humidifier	Befeuchtungsanlage *f*, Befeuchter *m*	humidificateur *m*	увлажнительная установка
M 171	**moisture,** humidity	Feuchte *f*, Feuchtigkeit *f*	humidité *f*	влажность; сырость

No.	English	German	French	Russian
M 172	**moisture content**	Feuchtigkeitsgehalt *m*, Wassergehalt *m*	état *m* hygrométrique, teneur *f* en humidité	содержание влажности
M 173	**moisture in the building**	Baufeuchtigkeit *f*	humidité *f* de bâtiment	строительная влажность
M 174	**moisture of the air,** humidity of the air, atmospheric moisture	Luftfeuchtigkeit *f*	humidité *f* de l'air	влажность воздуха
M 175	**molecular heat**	Molekularwärme *f*	chaleur *f* moléculaire	молекулярная теплоемкость
M 176	**Mollier chart**	Mollier-Diagramm *n*	diagramme *f* de Mollier	диаграмма Молье
M 177	**molten lead**	Gußblei *n*	plomb *m* fondu (à fondre, de fonte)	литейный свинец
M 178	**moment of flexion,** transverse moment, bending moment	Biegemoment *n*	moment *m* de flexion, couple *m* fléchissant	изгибающий момент
M 179	**monthly fluctuation**	monatliche Schwankung *f*	fluctuation *f* mensuelle, variation *f* mensuelle	месячное колебание
M 180	**monthly quantity of precipitation**	monatliche Niederschlagsmenge *f*	hauteur *f* mensuelle des précipitations	месячное количество атмосферных осадков
M 181	**motion of the water**	Wasserbewegung *f*	mouvement *m* de l'eau	движение воды
M 182	**motor drive**	Motorantrieb *m*	entraînement *m* par moteur	моторный привод
M 183	**motor operated valve**	Motorventil *n*	soupape *f* à moteur	моторный клапан
M 184	**motor pump**	Motorpumpe *f*	motopompe *f*	моторный насос
M 185	**mount,** fit	einbauen	installer, incorporer	монтировать
M 186	**mounter,** fitter	Monteur *m*	monteur *m*	монтер
M 187	**mounting**	Montage *f*	montage *m*	монтаж
M 188	**mounting burner,** built-in burner	Einbaubrenner *m* <z. B. für Gas>	brûleur *m* encastré	встроенная горелка
M 189	**mouth**	Mündung *f*, Ausmündung *f*	embouchure *f*	устье
M 190	**mouth,** flowing-out hole	Auslauf *m*, Auslaufstelle *f*	écouloir *m*, sortie *f*	истечение, выход
M 191	**mouthpiece of a jet pipe,** orifice of a jet pipe	Strahlrohrmundstück *n*	embouchure *f* d'une lance	мундштук струйной трубки
M 192	**mud,** sludge, silt	Schlamm *m*	boue *f*	ил, шлам, грязь
M 193	**mudguard**	Schmutzfänger *m*	garde-boue *m*	грязевик
M 194	**muffler**	Schalldämpfer *m*	silencieux *m*	глушитель
M 195	**multiple effect evaporator**	Mehrstufenverdampfer *m*	évaporateur *m* à multiple effet	многокорпусный выпарной аппарат
M 196	**multiple stage**	mehrstufig	à plusieurs étages	многоступенчатый
M 197	**multiple-stage centrifugal pump**	mehrstufige Kreiselpumpe *f*	pompe *f* centrifuge multicellulaire	многоступенчатый центробежный насос
M 198	**multi-room stove**	Mehrzimmerofen *m*	poêle *m* central	печь для нескольких комнат
M 199	**multitubular boiler,** fire tube boiler	Heizrohrkessel *m*	chaudière *f* multitubulaire de chauffe, chaudière à tubes de chauffe	котел с дымогарными трубками
M 200	**multiway valve**	Mehrwegeventil *n*	soupape *f* à plusieurs voies	многоходовой клапан
M 201	**municipal water supply [pipeline]**	städtische Wasserleitung *f*	canalisation *f* municipale, canalisation d'eau de ville	городской водопровод
M 202	**musty**	moderig	pourri, moisi	заплесневелый, затхлый
M 203	**mutual**	wechselseitig	mutuel, réciproque	двусторонний

N

No.	English	German	French	Russian
N 1	**nail firing tool**	Bolzenschußgerät *n*	outil *m* à enfoncer les clous par explosion	пистолет для забивки болтов
N 2	**naphthaline determination**	Naphthalinbestimmung *f*	analyse *f* quantitative de la naphtaline, fixation *f* de la naphtaline	определение нафталина
N 3	**narrow,** contract	verengen	rétrécir	сузить
N 4	**natural aeration,** natural ventilation	natürliche Lüftung *f*	ventilation *f* naturelle, aération *f* naturelle	естественная вентиляция
N 5	**natural convection air cooler,** still air cooler	Luftkühler *m* <mit natürlichem Umlauf>	refroidisseur *m* d'air à convection	воздухоохладитель с естественной циркуляцией воздуха
N 6	**natural fall**	natürliches Gefälle *n*	pente *f* naturelle	естественный уклон
N 7	**natural filtration**	natürliche Filterung *f*	filtration *f* naturelle	естественная фильтрация
N 8	**natural gas**	Erdgas *n*	gaz *m* naturel	природный газ
N 9	**natural purification**	natürliche Reinigung *f*	épuration *f* naturelle	естественная очистка
N 10	**natural ventilation,** natural aeration	natürliche Lüftung *f*	ventilation *f* naturelle, aération *f* naturelle	естественная вентиляция
N 11	**nauseating,** obnoxious	übelkeiterregend	nauséabond	тошнотворный
N 12	**needle valve**	Nadelventil *n*	soupape *f* à pointeau	игольчатый клапан (вентиль)
N 13	**net caloric power**	unterer Heizwert *m*	valeur *f* calorifique minimale	низшая теплота сгорания
N 14	**network**	Netz *n*	réseau *m*	сеть, сетка
N 15	**network characteristic**	Netzkennlinie *f* <bei Pumpen>	ligne *f* caractéristique du réseau	сетевая характеристика
N 16	**network configuration**	Netzgestaltung *f*	configuration *f* du réseau	форма сети
N 17	**neutral equilibrium,** indifferent equilibrium	indifferentes Gleichgewicht *n*	équilibre *m* indifférent	безразличное равновесие
N 18	**neutralization**	Neutralisation *f*	neutralisation *f*	нейтрализация

N 19	**neutralize**	neutralisieren	neutraliser	нейтрализовать
N 20	**neutral zone**	neutrale Zone *f*	zone *f* neutre	нейтральная зона
N 21	**nickel**	vernickeln	nickeler	никелировать
N 22	**nipple**	Nippel *m*	nipple *m*	ниппель
N 23	**nitrate**	Nitrat *n*	nitrate *m*	нитрат
N 24	**nitric oxide**	Stickoxid *n*	oxyde *m* azotique	окись азота
N 25	**nitrite**	Nitrit *n*	nitrite *m*	нитрит
N 26	**nitrogen**	Stickstoff *m*	azote *m*	азот
N 27	**nitrogen determination**	Stickstoffbestimmung *f*	dosage *m* de l'azote	определение азота
N 28	**nitrogenous**	stickstoffhaltig	azoté	азотистый
N 29	**noble gas,** rare gas, inert gas	Edelgas *n*	gaz *m* rare, gaz inerte	инертный газ
N 30	**noise**	Geräusch *n*, Lärm *m*	bruit *m*	шум
N 31	**noise abatement**	Lärmbekämpfung *f*	lutte *f* contre le bruit	борьба с шумом
N 32	**noiseless**	geräuschlos	silencieux	бесшумный
N 33	**noise level**	Geräuschniveau *n*, Geräuschpegel *m*	niveau *m* sonore (de perturbations, de bruit)	уровень шума
N 34	**noise measurement**	Geräuschmessung *f*	mesure *f* de bruit	измерение шума
N 35	**noise reduction**	Geräuschminderung *f*	réduction *f* de bruit	уменьшение шума
N 36	**nominal capacity**	Nennleistung *f*	débit *m* nominal	номинальная мощность
N 37	**nominal diameter,** nominal size	Nennweite *f* <eines Rohres>	diamètre *m* nominal	условный диаметр
N 38	**nominal pressure**	Nenndruck *m*	pression *f* nominale	номинальное давление
N 39	**nominal size,** nominal diameter	Nennweite *f* <eines Rohres>	diamètre *m* nominal	условный диаметр
N 40	**nominal value adjustment**	Sollwerteinstellung *f*	ajustement *m* du point de consigne	установка заданной величины
N 41	**nomogram**	Nomogramm *n*	nomogramme *m*	номограмма
N 42	**non-carbonate hardness,** permanent hardness	bleibende Härte *f*, Nichtkarbonathärte *f*	dureté *f* non carbonatée, dureté permanente (après ébullition, des acides minéraux)	постоянная жесткость, минеральная жесткость, некарбонатная жесткость
N 43	**non-corrosivity,** corrosion resistance	Korrosionsbeständigkeit *f*	résistance *f* à la corrosion	устойчивость против коррозии
N 44	**non-ferrous metal**	Nichteisenmetall *n*	métal *m* non-ferreux	нежелезный (цветной) металл
N 45	**non-flammability**	Nichtbrennbarkeit *f*	incombustibilité *f*	невоспламеняемость
N 46	**non-putrescible**	fäulnisunfähig	imputrescible	незагнивающий
N 47	**normal soil pipe**	Normalabflußrohr *n*, NA-Rohr *n*	tube *m* normal d'écoulement	нормальная канализационная труба
N 48	**normal state**	Normalzustand *m*	état *m* normal	нормальное состояние
N 49	**nozzle**	Düse *f*	tuyère *f*	сопло
N 50	**nozzle bore**	Düsenbohrung *f*	alésage *m*	сопловое отверстие
N 51	**nozzle chamber**	Düsenkammer *f*	chambre *f* de tuyère	сопловая коробка
N 52	**nozzle head**	Düsenkopf *m*	tête *f* de gicleur	головка сопла
N 53	**nozzle mixing burner**	Kreuzstrombrenner *m*	brûleur *m* à jets croisés	горелка с перекрестным током компонентов горения
N 54	**number of bacteria,** number of germs	Keimzahl *f*	nombre *m* de germes, nombre de bactéries	число микробов
N 55	**number of chlorine**	Chlorzahl *f*	indice *m* de chlore	хлорное число
N 56	**number of germs,** number of bacteria	Keimzahl *f*	nombre *m* de germes, nombre de bactéries	число микробов
N 57	**number of links**	Gliederzahl *f*	nombre *m* des éléments	число секции
N 58	**number of revolutions**	Tourenzahl *f*, Drehzahl *f*	nombre *m* de tours	число оборотов
N 59	**number of strokes**	Hubzahl *f* <Kolben>	nombre *m* de volées, nombre de courses	число ходов
N 60	**nut coal, nuts**	Nußkohle *f*	gailleteries *fpl*	каменный уголь

O

O 1	**oakum**	Werg *n*	étoupe *f*	пакля
O 2	**obnoxious,** nauseating	übelkeiterregend	nauséabond	тошнотворный
O 3	**observation tube**	Beobachtungsrohr *n*	tuyau *m* d'observation	наблюдательная трубка
O 4	**observation window**	Beobachtungsfenster *n*	fenêtre *f* d'observation	наблюдательное окно
O 5	**obstruction,** clogging, choking	Verstopfung *f*, Verfilzung *f*	engorgement *m*, obstruction *f*, colmatage *m*	засорение
O 6	**occupied zone**	Aufenthaltszone *f*	zone *f* d'occupation	зона пребывания
O 7	**odour,** smell	Geruch *m*	odeur *f*	запах
O 8	**odour control,** odour removal, deodorization, deodorizing, elimination of odour	Geruchsbeseitigung *f*, Desodorierung *f*, Desodorisierung *f*	enlèvement *m* de l'odeur, désodorisation *f*, élimination *f* de l'odeur	удаление запаха
O 9	**odourless,** inodourous	geruchlos	inodore, sans odeur	без запаха
O 10	**odour nuisance,** odour trouble	Geruchsbelästigung *f*	nuisance *f* par l'odeur	дурной запах
O 11	**odour removal,** deodorization, odour control, deodorizing, elimination of odour	Geruchsbeseitigung *f*, Desodorierung *f*, Desodorisierung *f*	enlèvement *m* de l'odeur, désodorisation *f*, élimination *f* de l'odeur	удаление запаха
O 12	**odour trouble,** odour nuisance	Geruchsbelästigung *f*	nuisance *f* par l'odeur	дурной запах
O 13	**oil basin**	Ölkessel *m*	bac *m* à huile	котел с мазутной топкой
O 14	**oil burner**	Ölbrenner *m*	brûleur *m* à huile	мазутная форсунка
O 15	**oil collector,** oil separator	Ölfänger *m*, Ölabscheider *m*	déshuileur *m*, séparateur *m* d'huile	маслоуловитель

No.	English	German	French	Russian
O 16	**oil cooler**	Ölkühler *m*	réfrigérant *m* à huile	масляный холодильник
O 17	**oil furnace**	Ölfeuerung *f*	foyer *m* à l'huile	печь, работающая на жидком топливе
O 18	**oil gas**	Ölgas *n*	gaz *m* d'huile	масляный газ
O 19	**oil pipeline**	Ölleitung *f*	oléoduc *m*, pipeline *f*, conduite *f* d'huile	маслопровод
O 20	**oil pump**	Ölpumpe *f*	pompe *f* à huile	масляный насос
O 21	**oil reservoir**	Ölbehälter *m*	réservoir *m* à huile	топливный бак
O 22	**oil separator,** oil collector	Ölfänger *m*, Ölabscheider *m*	déshuileur *m*, séparateur *f m* d'huile	маслоуловитель
O 23	**oil tank**	Öltank *m*	réservoir *m* à huile	топливный бак
O 24	**oil trap**	Ölgeruchverschluß *m*	siphon *m* d'huile	масляный затвор
O 25	**once-through system of cooling**	Durchlaufsystem *n* der Wasserkühlung	refroidissement *m* de l'eau à passage simple	циркуляционная система водяного охлаждения
O 26	**one-hour rating**	Betriebsstunde *f*	heure *f* de fonctionnement	рабочий час
O 27	**open air pool**	Freibad *n*	piscine *f* à ciel ouvert	открытый плавательный бассейн
O 28	**open burning coal**	Gasflammkohle *f*	charbon *m* flambant, charbon gras à longue flamme	газовый уголь <с выходом летучих 35 до 40%>
O 29	**open collecting pipe**	offener Sammler *m*	collecteur *m* ouvert	открытый коллектор
O 30	**open elevator for sewage**	offene Hebeanlage *f*	usine *f* élévatoire ouverte pour les eaux	открытая установка подъема
O 31	**open filter,** gravity filter	offenes Filter *n*	filtre *m* ouvert, filtre gravitaire	открытый фильтр
O 32	**opening,** orifice	Öffnung *f*, Mündung *f*	orifice *m*, bouche *f*, ouverture *f*	отверстие, устье
	openings	*s.* slots		
O 33	**open joint tile drainage pipe, open joint tile drain pipe**	Drainrohr *n* mit offenen Fugen	tuyau *m* de drainage sans joint	дренажная труба с открытыми швами
O 34	**open warm-water heating**	offene Wasserheizung *f*	chauffage *m* ouvert à l'eau	открытое водяное отопление
O 35	**open well,** draw well	Schöpfbrunnen *m*, Ziehbrunnen *m*	puits *m* à poulie	колодец с ведром
O 36	**operate**	bedienen, handhaben	opérer, actionner	обслуживать
O 37	**operate in parallel,** use in parallel	nebeneinander betreiben	opérer en parallèle	параллельно работать
O 38	**operate in series**	hintereinander betreiben	opérer en série	включить последовательно
O 39	**operating conditions**	Betriebsbedingungen *fpl*	régime *m* de marche, conditions *fpl* de fonctionnement, mode *m* opératoire	рабочие условия
O 40	**operating cycle**	Laufperiode *f*	temps *m* de l'usinage	рабочий период
O 41	**operating data**	Betriebsdaten *npl*	caractéristiques *fpl* de service	эксплуатационные показатели
O 42	**operating gallery,** operating gangway	Bedienungsgang *m*	galerie *f* de service	ход обслуживания
O 43	**operating gangway,** operating gallery	Bedienungsgang *m*	galerie *f* de service	ход обслуживания
O 44	**operating handle,** operating lever, control lever	Bedienungsgriff *m*	levier *m* de manœuvre	ручка управления
O 45	**operating head of a filter,** differential head of a filter, head of a filter	Filterdruck *m*, Filterüberdruck *m*, Arbeitsdruck *m* eines Filters	pression *f* filtrante	фильтрационный напор
O 46	**operating instruction,** working instruction	Bedienungsanweisung *f*	mode *m* d'emploi, instructions *fpl*	инструкция по обслуживанию
O 47	**operating lever,** operating handle, control lever	Bedienungsgriff *m*	levier *m* de manœuvre	ручка управления
O 48	**operating method,** method of working	Betriebsverhalten *n*	condition *f* de service	рабочая характеристика
O 49	**operating parameter**	Betriebsparameter *m*	paramètre *m* de service, paramètre d'opération	рабочий параметр
O 50	**operating platform**	Bedienungsbühne *f*	plate-forme *f*, passerelle *f* de service	площадка обслуживания
O 51	**operating pump**	Betriebspumpe *f*	pompe *f* de service	рабочий насос
O 52	**operating range**	Arbeitsbereich *m*	champ *m* d'action	область работы
O 53	**operating rate of a filter,** filtration rate	Filtergeschwindigkeit *f*	vitesse *f* de filtration	скорость фильтрования
O 54	**operating speed,** service speed	Betriebsdrehzahl *f*	nombre *m* de tours	рабочее число оборотов
O 55	**operating table**	Schalttisch *m*, Schaltpult *n*	pupitre *m* de commande	пульт управления
O 56	**operating temperature**	Betriebstemperatur *f*	température *f* de service	рабочая температура
O 57	**operating time**	Betriebszeit *f*	durée *f* de fonctionnement, campagne *f*	рабочее время
O 58	**operation**	Betrieb *m* <einer Anlage>	exploitation *f*, service *m*	производство, режим
O 59	**operation control**	Betriebsüberwachung *f*, Betriebskontrolle *f*	contrôle *m* de service, contrôle de régime, contrôle de travail	надзор за работой
O 60	**operation load**	Betriebsbelastung *f*	charge *f* de travail	эксплуатационная нагрузка

O 61	**organic matter, organic substance**	organischer Stoff *m*	matière *f* organique	органическое вещество
O 62	**orifice,** opening	Öffnung *f*, Mündung *f*	orifice *m*, bouche *f*, ouverture *f*	отверстие, устье
O 63	**orifice**	Blende *f* <Meßblende>	obturateur *m*	диафрагма
O 64	**orifice of a jet pipe,** mouthpiece of a jet pipe	Strahlrohrmundstück *n*	embouchure *f* d'une lance	мундштук струйной трубки
O 65	**originate in,** rise, spring [from]	entspringen, hervorquellen	jaillir, soudre, prendre sa source	вытекать
O 66	**Orsat-type flue-gas analyser**	Orsatapparat *m*	analyseur *m* de fumées type Orsat	прибор Орса
O 67	**oscillation,** fluctuation, variation	Schwankung *f*	oscillation *f*, fluctuation *f*, variation *f*	колебание
O 68	**osmotic pressure**	osmotischer Druck *m*	pression *f* osmotique	осмотическое давление
O 69	**Ostwald's combustion triangle**	Ostwald-Verbrennungs-dreieck *n*	triangle *m* à la combustion système Ostwald	диаграмма горения Оствальда
O 70	**Ott's coefficient**	Ott-Zahl *f*	coefficient *m* « Ott »	число Отта
O 71	**out-door plant**	Freianlage *f*	station *f* en plein air, station ouverte	открытая установка
O 72	**outer shell** <of a refrigerator>	Außenverkleidung *f* <eines Kühlschrankes>	caisse *f* <de réfrigérateur>	наружная отделка
O 73	**outgoing air**	Abluft *f*	air *m* sortant, air d'évacuation, air d'échappement	отводимый воздух
O 74	**outgoing air grate**	Abluftgitter *n*	grille *f* d'évacuation d'air	решетка на отводе воздуха
O 75	**outlet,** drain	Ablauf *m*, Abfluß *m*	décharge *f*, écoulement *m*	сток воды, слив
O 76	**outlet cock**	Auslaufhahn *m* <für Kochkessel>	robinet *m* d'écoulement	выпускной кран
O 77	**outlet control system**	Ablaufregler *m*	mécanisme *m* régulateur de décharge	регулятор слива
O 78	**outlet installation**	Ablaßeinrichtung *f* <Kesselentleerung>	installation *f* d'écoulement, installation d'évacuation	спуск, слив
O 79	**outlet opening**	Ausflußöffnung *f*	orifice *m* d'écoulement, ouverture *f* de coulée	выпускное отверстие
O 80	**outlet pipe**	Auslaßrohr *n*	tuyau *m* de décharge	выпускная труба
O 81	**outlet sleeve of the bidet,** bidet outlet sleeve	Bidetablaufgarnitur *f*	garniture *f* de décharge du bidet	отводная арматура для биде
O 82	**outlet socket**	Ablauftrichter *m*	entonnoir *m* de décharge	воронка слива
O 83	**outlet temperature**	Austrittstemperatur *f*	température *f* de sortie	температура на выходе
O 84	**outlet value**	Ablaufwert *m*	coefficient *m* d'écoulement	коэффициент стока
O 85	**outlet valve,** escape valve	Ablaufventil *n*	soupape *f* de décharge	спускной клапан
O 86	**outlet vent,** vent pipe, exhaust pipe	Dunstrohr *n*, Entlüftungsrohr *n*	tuyau *m* d'évent, tuyau d'aération, tube *m* aérateur, tuyau d'échappement	вытяжная вентиляционная труба
O 87	**output control system**	Leistungsregler *m*	régulateur *m* du rendement	регулятор производительности
O 88	**output value**	Ausgangswert *m*, Stellwert *m*	valeur *f* de sortie	исходная величина
O 89	**outside air**	Außenluft *f*	air *m* extérieur	наружный воздух
O 90	**outside air intake**	Frischluftöffnung *f*, Außenluftöffnung *f*	prise *f* d'air neuf	отверстие приточного воздуха
O 91	**outside diameter**	Außendurchmesser *m*	diamètre *m* extérieur	наружный диаметр
O 92	**outside jacket**	Außenmantel *m* <für Doppelmantelboiler>	enveloppe *f* extérieure	наружный кожух
O 93	**oval cross-section**	eiförmiger Querschnitt *m*, Eiquerschnitt *m*, Eiprofil *n*, ovaler Querschnitt *m*	section *f* ovale, section ovoïde	яйцевидное сечение, овальное сечение
O 94	**overall breadth**	Bautiefe *f*	profondeur *f* de l'installation	строительная глубина
O 95	**overall coefficient of heat transfer**	Wärmedurchgangszahl *f*	coefficient *m* global de transmission de chaleur	коэффициент теплопередачи
O 96	**overall height**	Bauhöhe *f*	hauteur *f* de l'installation, encombrement *m* en hauteur	строительная высота
O 97	**overall length**	Baulänge *f*	longueur *f* de construction	строительная длина
O 98	**over-dose**	überdosieren	doser en excès	передозировать
O 99	**overfall,** spillway, overflow	Überfall *m*, Überlauf *m*	déversoir *m*	перелив, перепад
O 100	**overflow**	überlaufen, überströmen	déborder	переливать, перетекать
O 101	**overflow,** spillway, overfall	Überfall *m*, Überlauf *m*	déversoir *m*	перелив, перепад
O 102	**overflow conduit**	Überlaufleitung *f*	conduite *f* de trop-plein	сливной трубопровод
O 103	**overflow edge**	Überfallkante *f*, Überlaufkante *f*	creste *f*	переливная грань
O 104	**overflow pipe,** overflow tube	Überlaufrohr *n*	tuyau *m* de trop-plein	сливная труба
O 105	**overflow stand pipe**	Überlaufstandrohr *n*	tuyau *m* de trop-plein	переливная труба для мойки
O 106	**overflow tube,** overflow pipe	Überlaufrohr *n*	tuyau *m* de trop-plein	сливная труба
O 107	**overflow valve**	Überlaufventil *n*	soupape *f* de trop-plein	перепускной клапан
O 108	**overhead line,** aerial line, aerial conductor	Freileitung *f*	ligne *f* aérienne	воздушная проводка

O 109	**overhead vertical distribution**	obere Verteilung *f*	distribution *f* verticale supérieure	верхняя разводка
O 110	**overheat** <of a bearing>	heißlaufen <von Lagern>	s'échauffer <d'une bielle>	перегреваться <подшипника>
O 111	**overheating**	Überhitzung *f*	surchauffage *f*	перегрев
O 112	**overload,** overwork	überlasten, überbelasten	surcharger	перенагружать
O 113	**overload, overloading**	Überlastung *f*, Überbelastung *f*	surcharge *f*	перенагружение
O 114	**overwork,** overload	überlasten, überbelasten	surcharger	перенагружать
O 115	**own consumption, own need**	Eigenbedarf *m*	besoins *mpl* intérieurs	собственный расход
O 116	**own water supply**	Eigenwasserversorgung *f*	alimentation *f* d'eau autonome	самостоятельное водоснабжение
O 117	**own water supply apparatus**	Eigenwasser-versorgungsanlage *f*	construction *f* d'alimentation d'eau autonome	установка самостоятельного водоснабжения
O 118	**oxidation**	Oxydation *f*	oxydation *f*	окисление
O 119	**oxide of carbon** carbonic oxide	Kohlenoxid *n*	oxyde *m* de carbone	окись углерода
O 120	**oxide of copper**	Kupferoxid *n*	oxyde *m* de cuivre	окись меди
O 121	**oxidizability**	Oxydierbarkeit *f*	oxydabilité *f*	окисляемость
O 122	**oxidize**	oxydieren	oxyder, s'oxyder	окислять
O 123	**oxidizement**	Oxydationsvorgang *m*	procédé *m* d'oxydation, oxygénation *f*	окисление
O 124	**oxidizing agent**	Oxydationsmittel *n*	oxydant *m*	окислитель
O 125	**oxidizing filter**	Oxydationsfilter *n*	filtre *m* à l'oxydation	окислительный фильтр
O 126	**oxygen**	Sauerstoff *m*	oxygène *m*	кислород
O 127	**oxygen balance,** oxygen equilibrium	Sauerstoffgleichgewicht *n*, Sauerstoffhaushalt *m*	balance *f* d'oxygène	кислородное равновесие, кислородный режим
O 128	**oxygen combining capacity**	Sauerstoffbindungs-vermögen *n*	capacité *f* de combinaison avec l'oxygène	способность связывания кислорода
O 129	**oxygen consumption**	Sauerstoffverbrauch *m*	consommation *f* d'oxygène	расход кислорода
O 130	**oxygen content**	Sauerstoffgehalt *m*	teneur *f* en oxygène	содержание кислорода
O 131	**oxygen deficiency,** default of oxygen	Sauerstoffmangel *m*, Sauerstoffdefizit *n*	insuffisance *f* d'oxygène	недостаток кислорода
O 132	**oxygen demand**	Sauerstoffbedarf *m*	demande *f* en oxygène	потребность в кислороде
O 133	**oxygen depletion**	Sauerstoffzehrung *f*, Sauerstoffschwund *m*	diminution *f* d'oxygène	потребление кислорода
O 134	**oxygen equilibrium,** oxygen balance	Sauerstoffgleichgewicht *n*, Sauerstoffhaushalt *m*	balance *f* d'oxygène	кислородное равновесие, кислородный режим
O 135	**oxygen removal**	Sauerstoffentzug *m*	désoxygénation *f*, désoxydation *f*	удаление кислорода; деаэрация
O 136	**oxygen saturation**	Sauerstoffsättigung *f*	saturation *f* en oxygène	насыщение кислородом
O 137	**oxygen supply**	Sauerstoffzufuhr *f*	alimentation *f* en oxygène	подача кислорода
O 138	**oxyhydrogen gas,** detonating gas	Knallgas *n*	gaz *m* explosif	гремучий газ
	ozonator	*s.* ozonizer		
O 139	**ozone**	Ozon *n*	ozone *m*	озон
O 140	**ozone content**	Ozongehalt *m*	richesse *f* d'ozone	содержание озона
O 141	**ozonization**	Ozonisierung *f*	ozonisation *f*	озонирование
O 142	**ozonization plant**	Ozonanlage *f*	installation *f* de production d'ozone	установка для озонирования
O 143	**ozonizer,** ozonator	Ozongerät *n*, Ozonisator *m*	ozoniseur *m*, ozonateur *m*	прибор озонирования

P

P 1	**packaged air conditioner,** room air conditioner	Raumklimagerät *n*	conditionneur *m* d'air autonome, appareil *m* de conditionnement d'air autonome	комнатный кондиционер
P 2	**package-type construction**	Blockbau *m*, Blockbauweise *f*	construction *f* en ouvrage unique	сруб, строительство блоками
P 3	**packing**	Packung *f*, Dichtung *f*	garniture *f*, étoupage *m*, bourrage *m*	набивка
P 4	**packing chamber**	Füllkörperkammer *f*	espace *m* des anneaux de contact	камера заливного фильтра
P 5	**packing collar**	Dichtungsbord *m*, Dichtungsrand *m*	obturateur *m* de flammes	уплотнительная кромка
P 6	**packing material,** sealing material	Dichtungsmaterial *n*, Dichtungsmittel *n*	matière *f* pour joindre, bourrage *m*, matériel *m* d'étoupage	набивочный материал
P 7	**packing of graphite**	Graphitpackung *f*	cordon *m* graphité	графитовая набивка
P 8	**packing ring,** joint ring, gasket ring	Dichtungsring *m*	bague *f* de garniture, bague de joint, rondelle *f* de joint	уплотнительное кольцо
P 9	**pail closet**	Eimerklosett *n*	closet *m* rural	клозет с выносным ведром
P 10	**paint**	Anstrich *m*	couche *f* de peinture	окраска
P 11	**palate,** taste	Geschmack *m*	goût *m*, saveur *f*	вкус
P 12	**paraffin**	Paraffin *n*	paraffine *f*	парафин
P 13	**paraffin hydrocarbons**	Paraffinkohlenwasser-stoffe *mpl*	pétrole *m* paraffinique	парафиновые углеводороды
P 14	**parallel operation**	Parallelbetrieb *m*	marche *f* en parallèle	параллельная работа
P 15	**paramagnetic gas**	paramagnetisches Gas *n*	gaz *m* paramagnétique	парамагнитный газ

P 16	**parameter**	Parameter *m*	paramètre *m*	параметр
P 17	**parasitic**	parasitär	parasite	паразитарный
P 18	**partial pressure**	Partialdruck *m*, Teildruck *m*	pression *f* partielle	парциальное давление
P 19	**partial purification**	Teilreinigung *f*	épuration *f* partielle	частичная очистка
P 20	**partial volume**	Partialvolumen *n*, Teilvolumen *n*	volume *m* partiel	парциальный объем
P 21	**partial water meter**	Teilstromwasserzähler *m*, Partialwasserzähler *m*	compteur *m* à eau courant partiel, compteur à eau divisionnaire	парциальный водомер
P 22	**particle**	Partikel *f*, Teilchen *n*	particule *f*	частица
P 23	**particle size**	Teilchengröße *f*	dimension *f* des particules	величина частиц
P 24	**partition wall,** division wall	Trennungswand *f*, Trennwand *f*, Scheidewand *f*	cloison *f*	разделительная стена
P 25	**passage,** flow	Durchfluß *m*	passage *m*	расход, проток
P 26	**passage of outgoing air**	Abluftdurchlaß *m*	passage *m* d'évacuation d'air	отверстие для отвода воздуха
P 27	**passage of water**	Wasserdurchfluß *m*	passage *m* de l'eau	расход воды
P 28	**passage valve,** running valve	Durchlaufventil *n*	valve *f* de passage	проходной клапан
P 29	**pass out,** flow out	ausströmen	s'écouler, s'épancher	истекать
P 30	**patch**	Flickstelle *f*	endroit *m* de raccommodage	заплата
P 31	**pathogen, pathogenic**	krankheitserregend	pathogène	патогенный
P 32	**pathogenic germs, pathogenic organisms,** disease germs, infectious germs	krankheitserregende Keime *mpl*, Krankheitserreger *mpl*, pathogene Keime	agents *mpl* pathogènes, microbes *mpl* pathogènes, germes *mpl* pathogènes	болезнетворные микробы, возбудители болезней
P 33	**pea coal,** small coal slack	Grießkohle *f*	menu *m*, fines *fpl*	угольная мелочь
P 34	**peak amount**	Höchstmenge *f*	quantité *f* maximale	максимальное количество
P 35	**peak load**	Belastungsspitze *f*	pointe *f* de charge, charge *f* maximum, charge maximale	пик нагрузки
P 36	**peak load,** maximum load	Spitzenbelastung *f*	charge *f* de pointe	пиковая нагрузка
P 37	**peak load heating boiler**	Heizspitzenkessel *m*	chaudière *f* de pointe	пиковый теплофикационный котел
P 38	**peak power**	Spitzenleistung *f*	capacité *f* de pointe	пиковая мощность
P 39	**peak value,** maximum value	Höchstwert *m*	maximum *m*, valeur *f* maximale	максимальная величина
P 40	**pedestal urinal**	Beckenurinal *n*	urinoir *m*	писсуар
P 41	**peg,** dowel, dowel pin, plug, treenail	Dübel *m*	goujon *m*, fenou *m*, tampon *m*, cheville *f*	шпонка, дюбель
P 42	**Peltier effect**	Peltiereffekt *m*	effet *m* Peltier	эффект Пельтье
P 43	**penetrate,** pierce	eindringen	pénétrer	проникнуть
P 44	**penstock,** slide valve	Schieber *m*	tiroir *m*, vanne *f* à glissière	задвижка
P 45	**per capita consumption**	Prokopfverbrauch *m*, Verbrauch *m* pro Kopf	consommation *f* par habitant	расход на человека
P 46	**per capita consumption daily,** daily per capita consumption, consumption per capita per day	Tagesverbrauchsmenge *f* je Einwohner, Verbrauchsmenge *f* je Einwohner und Tag	consommation *f* par jour et par habitant	суточный расход на одного жителя, расход на одного жителя и день
P 47	**percentage by weight**	Gewichtsprozent *n*	pour-cent *m* du poids	весовой процент
P 48	**percentage of water**	Wassergehalt *m*	teneur *f* en eau	содержание воды
P 49	**percent by volume**	Volumenprozent *n*	pour-cent *m* en volume	объемный процент
P 50	**perchlorate**	Perchlorat *n*	perchlorate *m*	перхлорат
P 51	**percolating water,** seepage	Sickerwasser *n*	eau *f* de drainage, eau d'infiltration	фильтрационная вода
P 52	**percolation,** seepage, infiltration	Durchsickerung *f*, Infiltration *f*, Einsickerung *f*, Sickerung *f*, Versickerung *f*	suintement *m*, infiltration *f*, percolation *f*	просачивание
P 53	**percolation well,** injection well, inverted well, drainage well, dead well, drain well, diffusion well, inverted drainage well, recharge well, dump well	Schluckbrunnen *m*, Sickerbrunnen *m*, Versenkbrunnen *m*	puits *m* absorbant, puits d'injection	дренажный колодец
P 54	**percussion,** shock, impact	Stoß *m*	choc *m*, coup *m*, percussion *f*	удар
P 55	**percussion boring apparatus**	Stoßbohrapparat *m*	appareil *m* de sondage (forage) par percussion	ударный бурильный станок
P 56	**percussion boring method**	Stoßbohrverfahren *n*	procédé *m* de sondage (forage) par percussion	способ ударного бурения
P 57	**percussion drill, percussion jumper**	Stoßbohrer *n*	foret *m* à percussion	ударный бур
P 58	**perfect combustion**	vollkommene Verbrennung *f*	combustion *f* complète	полное сгорание
P 59	**perforated bottom**	durchlochter Boden *m*	fond *m* perforé	дырчатое дно

No.	English	Deutsch	Français	Русский
P 60	**perforated ceiling,** perforated panel	Lochdecke *f*	panneau *m* perforé, tas-étampe *m*	перфорированный потолок
P 61	**perforated grid, perforated grille**	Lochgitter *n*	plaque *f* perforée	перфорированная решетка
P 62	**perforated panel,** perforated ceiling	Lochdecke *f*	panneau *m* perforé, tas-étampe *m*	перфорированный потолок
P 63	**period of contact,** contact time, time of contact	Berührungszeit *f*, Kontaktzeit *f*	temps *m* de contact	продолжительность контакта, время контакта, время воздействия
P 64	**period of service**	Benutzungsdauer *f*	durée *f* d'utilisation	срок службы
P 65	**permanency,** steady state condition	Beharrungszustand *m*	état *m* permanent, état d'inertie, régime *m* permanent	стационарное состояние
P 66	**permanent hardness,** non-carbonate hardness	bleibende Härte *f*, Nichtkarbonathärte *f*	dureté *f* non carbonatée, dureté permanente (après ébullition, des acides minéraux)	постоянная жесткость, минеральная жесткость, некарбонатная жесткость
P 67	**permanent heater operation**	ständiger Heizbetrieb *m*	marche *f* continue de chauffage	постоянное отапливание
P 68	**permanganate number**	Permanganatzahl *f*	indice *m* de permanganate	перманганатное число
P 69	**permanganate of potash,** potassium permanganate	Kaliumpermanganat *n*	permanganate *m* de potassium	марганцевокислый калий
P 70	**permeability,** perviousness	Durchlässigkeit *f*, Permeabilität *f*	perméabilité *f*	проницаемость
P 71	**permeability to gas,** gas transmissibility	Gasdurchlässigkeit *f*	perméabilité *f* aux gaz, porosité *f* aux gaz	газопроницаемость
P 72	**permeable,** pervious	durchlässig	perméable	проницаемый
P 73	**permeable ground,** pervious ground	durchlässiger Boden *m*	terrain *m* perméable	проницаемый грунт
P 74	**permeable layer, permeable stratum,** pervious stratum	durchlässige Schicht *f*	couche *f* perméable	проницаемый слой
P 75	**permissible deviation**	zulässige Abweichung *f*, zulässige Maßabweichung *f*	déviation *f* admissible	допуск
P 76	**permissible load,** allowable load	zulässige Belastung *f*	charge *f* admissible	допустимая нагрузка
P 77	**permutite**	Permutit *n*	permutite *f*	пермутит
P 78	**permutite filter,** zeolite filter	Permutitfilter *n*	filtre *m* à permutite	пермутитовый фильтр
P 79	**permutite softener,** zeolite softener	Permutitenthärter *m*	adoucisseur *m* à permutite	пермутитовый умягчитель воды
P 80	**pervious,** permeable	durchlässig	perméable	проницаемый
P 81	**pervious ground,** permeable ground	durchlässiger Boden *m*	terrain *m* perméable	проницаемый грунт
P 82	**perviousness,** leakage, leaking	Lecken *n*, Undichtigkeit *f*	coulage *m*, manque *m* d'étanchéité	утечка; негерметичность
P 83	**perviousness,** permeability	Durchlässigkeit *f*, Permeabilität *f*	perméabilité *f*	проницаемость
P 84	**pervious stratum,** permeable stratum, permeable layer	durchlässige Schicht *f*	couche *f* perméable	проницаемый слой
P 85	**petroleum,** rock oil	Erdöl *n*	huile *f* minérale, pétrole *m*, naphte *m*	нефть
P 86	**petrol separator, petrol trap,** gasoline separator <US>, gasoline trap <US>	Benzinabscheider *m*, Leichtflüssigkeitsabscheider *m*	séparateur *m* d'essence	бензиноуловитель
P 87	**phenol,** carbolic acid	Phenol *n*, Karbolsäure *f*	acide *m* carbolique, acide phénique, phénol *m*	фенол
P 88	**phenolic wastes**	phenolhaltige Abwasser *npl*	eaux *fpl* résiduaires phénolées	фенольная сточная вода
P 89	**phenolphthalein**	Phenolphthalein *n*	phénolphtaléine *f*	фенолфталеин
P 90	**pH-indicator**	pH-Anzeigegerät *n*	pH-mètre *m*, appareil *m* pour la recherche du pH	pH-метр, измеритель концентрации водородных ионов
P 91	**phosphate**	Phosphat *n*	phosphate *m*	фосфат
P 92	**phosphate softening**	Phosphatenthärtung *f*	adoucissement *m* par le phosphate	фосфатный способ умягчения воды
P 93	**phosphate treatment**	Phosphatisierung *f*	traitement *m* par phosphation	фосфатизация
P 94	**phreatic water,** ground water, subsoil water, subterranean water, underground water	Grundwasser *n*	eaux *fpl* souterraines	грунтовая вода
P 95	**pH-value**	pH-Wert *m*, Wasserstoffionenexponent *m*	valeur *f* du pH, symbole *m* pH	водородный показатель
P 96	**physical quality of water**	physikalische Wasserbeschaffenheit *f*	qualité *f* physique de l'eau	физическое состояние воды
P 97	**picric acid**	Pikrinsäure *f*	acide *m* picrique	пикриновая кислота
P 98	**pierce,** penetrate	eindringen	pénétrer	проникнуть
P 99	**pillar hydrant,** street-watering standpost, standpost hydrant	Überflurhydrant *m*, Überflurwasserpfosten *m*	bouche *f* à clé sur trottoir	наземный гидрант

P 100	**pillar wash stand**	Säulenwaschtisch *m*	lavabo *m* sur pied	умывальник на столбе
P 101	**pilot light**	Zündflamme *f*	flamme *f* d'allumage	запальное пламя
P 102	**pilot well,** test well	Versuchsbrunnen *m*	puits *m* d'essai	разведочный колодец
P 103	**pipe,** tube	Rohr *n*, Röhre *f*	tube *m*, tuyau *m*	труба
	pipe	*s. a.* conduit		
P 104	**pipe assembler**	Rohrleger *m*	monteur *m* de tuyaux	укладчик трубопровода
P 105	**pipe barrel,** wall of pipe	Rohrwandung *f*	paroi *f* de tuyau	стенка трубы
P 106	**pipe bend,** quarter bend	Krümmer *m*, Rohrkrümmer *m*, Bogenstück *n*	coude *m*, tuyau *m* coudé, courbe *m*	колено; отвод
P 107	**pipe bending**	Rohrbiegen *n*	cintrage *m* des tubes	гибка труб
P 108	**pipe break, pipe breakage,** pipe burst	Rohrbruch *m*	bris *m* d'un tuyau, rupture *f* d'un tuyau, cassure *f* d'un tuyau	разрыв трубы
P 109	**pipe-break valve**	Selbstschlußventil *n*	soupape *f* à fermeture automatique	автоматический клапан
P 110	**pipe bridge**	Rohrbrücke *f*	support *m* de tube	эстакада для труб
P 111	**pipe burst,** pipe breakage, pipe break	Rohrbruch *m*	bris *m* d'un tuyau, rupture *f* d'un tuyau, cassure *f* d'un tuyau	разрыв трубы
P 112	**pipe burst control,** safeguarding against pipe rupture	Rohrbruchsicherung *f*	dipositif *m* de protection contre la rupture d'un tuyau	защита на случай разрыва трубы
P 113	**pipe cleaning**	Rohrreinigung *f*	nettoyage *m* des canalisations	чистка трубы
P 114	**pipe clip**	Rohrschelle *f*	collier *m* pour tuyaux	скоба для крепления труб
P 115	**pipe coil,** coil of pipe	Rohrschlange *f*	batterie *f* de serpentins, serpentin *m*	змеевик
P 116	**pipe connection,** pipe joint	Rohrverbindung *f*	raccordement *m* des tuyaux, raccord *m* des tuyaux, joint *m* des tuyaux	соединение трубопровода
P 117	**pipe culvert**	Rohrdurchlaß *m*	ponceau *m*, dalot *m*	расход через трубу
P 118	**pipe cutter, pipe cutting machine**	Rohrschneider *m*	coupe-tuyaux *m*	труборез
	pipe fitter	s. gas fitter		
P 119	**pipe fitting,** special casting	Formstück *n*, Fitting *n*	tuyau *m* d'ajustage, pièce *f* spéciale, pièce de forme	фасонная часть, фитинг
P 120	**pipe flange**	Rohrflansch *m*	bride *f* de tuyau	фланец
P 121	**pipe friction factor,** coefficient of roughness in pipes	Rohrreibungsbeiwert *m*	coefficient *m* de rugosité des tubes	коэффициент трения трубы
P 122	**pipe gallery,** pipe tunnel	Rohrkanal *m*, Rohrkeller *m*	galerie *f* pour canalisations	канал для прокладки труб
P 123	**pipe insulation**	Rohrisolierung *f*	isolation *f* d'un tuyau, isolement *m* d'un tuyau	изоляция трубопровода
P 124	**pipe joint,** pipe connection	Rohrverbindung *f*	raccordement *m* des tuyaux, raccord *m* des tuyaux, joint *m* des tuyaux	соединение трубопровода
P 125	**pipe laying,** piping	Rohrverlegung *f*, Rohrlegearbeit *f*	montage *m* de tuyauteries, pose *f* de tuyaux	прокладка трубопровода
P 126	**pipeline,** conduit, piping, duct	Rohrleitung *f*	tuyauterie *f*, conduite *f*, canalisation *f*	трубопровод
P 127	**pipeline network**	Rohrnetz *n*	réseau *m* des canalisations	трубопроводная сеть
P 128	**pipeline section,** piping tract	Rohrstrang *m*, Rohrstrecke *f*	tronçon *m*, section *f* de la conduite	трубная петля; звено трубопровода
P 129	**pipe loss**	Leitungsverlust *m*	perte *f* dans la ligne, perte de la tuyauterie	сетевые потери
P 130	**pipe material**	Rohrmaterial *n*	matière *f* d'un tuyau	материал трубы
P 131	**pipe thread**	Rohrgewinde *n*	pas *m* pour tubes	резьба трубы
P 132	**pipe trench,** tube ditch	Rohrgraben *m*	tranchée *f*, fouille *f* pour la pose de conduites	траншея для трубопровода
P 133	**pipette**	Pipette *f*	pipette *f*	пипетка
P 134	**pipe tunnel,** pipe gallery	Rohrkanal *m*, Rohrkeller *m*	galerie *f* pour canalisations	канал для прокладки труб
P 135	**pipe wrapping**	Rohrbandagierung *f*	revêtement *m* d'un tuyau par bandes	бандажирование трубы
P 136	**pipe wrench**	Rohrzange *f*	pinces *fpl* à tuyaux, clé *f* à tubes	трубные клещи
P 137	**piping,** pipe laying	Rohrverlegung *f*, Rohrlegearbeit *f*	montage *m* de tuyauteries, pose *f* de tuyaux	прокладка трубопровода
P 138	**piping,** pipeline, conduit, duct	Rohrleitung *f*	tuyauterie *f*, conduite *f*, canalisation *f*	трубопровод
P 139	**piping tract,** pipeline section	Rohrstrang *m*, Rohrstrecke *f*	tronçon *m*, section *f* de la conduite	трубная петля; звено трубопровода
P 140	**piston compressor,** reciprocating compressor	Kolbenverdichter *m*, Kolbenkompressor *m*	compresseur *m* à piston	поршневой компрессор
P 141	**piston manometer**	Kolbenmanometer *n*	manomètre *m* à piston	поршневой манометр
P 142	**piston of the pump**	Pumpenkolben *m*	piston *m* de pompe	поршень насоса
P 143	**piston pressure reducing valve**	Kolbendruckminderventil *n*	soupape *f* réductrice à piston, détendeur *m* à piston, vanne *f* de détente à piston	поршневой регулятор давления

No.	English	German	French	Russian
P 144	**piston pump**	Kolbenpumpe *f*	pompe *f* à piston	поршневой насос
P 145	**piston rod**	Kolbenstange *f*	tige *f* de piston	шатун; шток поршня
P 146	**piston stroke,** stroke of a piston	Kolbenhub *m*	course *f* du piston, coup *m* de piston	ход поршня
P 147	**piston valve**	Kolbenschieber *m*	tiroir *m* cylindrique, piston *m* distributeur	поршневой золотник
P 148	**piston water meter**	Kolbenwassermesser *m*	hydromètre *m* à piston	поршневой водомер
P 149	**pit,** trench, shaft, manhole	Schacht *m*	puits *m*, regard *m*	шахта
P 150	**pit-cast pipe,** cast upright pipe, vertically cast pipe	Standgußrohr *n*, stehend gegossenes Rohr *n*	tuyau *m* coulé verticalement	вертикально отлитая труба
P 151	**pitch-coal,** bituminous coal	Pechkohle *f*	charbon *m* bitumineux	смолистый уголь
P 152	**pitting**	Lochfraß *m*	piqûre *f*	язвенная коррозия
P 153	**place,** lay	verlegen	poser	прокладывать
P 154	**place,** locality, spot	Ort *m*, Örtlichkeit *f*	localité *f*, lieux *mpl*	место
P 155	**placed in a channel**	kanalverlegt <Fernleitungen>	posé en canal	канальная прокладка
P 156	**plain bearing,** slide bearing, sliding bearing, common bearing	Gleitlager *n* <Rohrverlegung>	palier *m* lisse, palier à glissement, palier-glisseur *m*	скользящая опора
P 157	**plain end steel pipe**	glatt endendes Stahlrohr *n*	tube *m* d'acier à bout uni	гладкий конец стальной трубы
P 158	**plain sedimentation**	einfache mechanische Klärung *f*	décantation *f* simple	простое осветление
P 159	**plane grate**	Planrost *m*, Horizontalrost *m* <Planrost>	grille *f* horizontale, grille plane	горизонтальная колосниковая решетка, горизонтальные колосники
P 160	**plan of gaps, plan of sparing**	Aussparungsplan *m*	plan *m* des évidements	план выемок
P 161	**plant for partial softening**	Teilenthärtungsanlage *f*	installation *f* d'adoucissement partiel	установка частичного умягчения
P 162	**plastic,** synthetic material	Kunststoff *m*, Plast *m*	matière *f* artificielle	пластмасса
P 163	**plastic armature,** synthetic material armature	Kunststoffarmatur *f*	robinetterie *f* en matière synthétique	пластмассовая арматура
P 164	**plastic coated**	kunststoffbeschichtet	revêtu de plastique	покрытый пластмассой
P 165	**plasticity**	Plastizität *f*	plasticité *f*	пластичность
P 166	**plasticity graph**	Bildsamkeitskurve *f*	courbe *f* de la plasticité	кривая пластичности
P 167	**plastic pipe**	Kunststoffrohr *n*, Kunstharzrohr *n*	tuyau *m* en plastique, tuyau de résine synthétique	пластмассовая труба
P 168	**plate distance**	Lamellenabstand *m*	distance *f* des lamelles	расстояние между пластинками
P 169	**plate shears,** sheet cutting shears	Blechschere *f*	cisailles *fpl*, cisoir *m* à levier	ножницы для резки листового железа
P 170	**plate thickness**	Blechdicke *f*	épaisseur *f* de plaque (tôle)	толщина жести
P 171	**pliability,** flexibility	Biegsamkeit *f*	flexibilité *f*	гибкость
P 172	**pliant,** flexible, pliable	biegsam, flexibel	pliable, ployable, flexible	гибкий
P 173	**plot of land,** real estate	Grundstück *n*	bien-fonds *m*, terrain *m* à bâtir	земельный участок
P 174	**plug,** stopper	Stopfen *m*, Stöpsel *m*, Pfropfen *m*	bouchon *m*, obturateur *m*, tampon *m*	пробка
P 175	**plug,** dowel, dowel pin, peg, treenail	Dübel *m*	goujon *m*, fenou *m*, tampon *m*, cheville *f*	шпонка, дюбель
P 176	**plug of a tap**	Küken *n* eines Zapfhahnes	boisseau *m* de robinet, noix *f* de robinet	пробка крана
P 177	**plumbago,** graphite, black lead	Graphit *m*	plombagine *f*, graphite *m*, écume *f* de fonte de fer	графит
P 178	**plumber,** tinsmith, whitesmith, tinman	Klempner *m*, Spengler *m*	ferblantier *m*, tôlier *m*	жестянщик
	plumber	*s. a.* gas fitter		
P 179	**plumbo-solvency**	Bleilösungsvermögen *n*	capacité *f* de dissoudre le plomb	способность растворять свинец
P 180	**plumbo-solvent**	bleilösend	dissolvant le plomb	растворяемый свинец
P 181	**plunger pump,** reciprocating pump	Tauchkolbenpumpe *f*, Plungerpumpe *f*	pompe *f* à plongeur, pompe à piston plongeur	плунжерный насос
P 182	**pneumatic dressing**	Luftaufbereitung *f*	épuration *f* pneumatique	приготовление воздуха
P 183	**pneumatic gas meter,** bellow gas meter, dry gas meter	Balgengaszähler *m*	compteur *m* à gaz à soufflet	сильфонный газомер
P 184	**pointer-thermometer**	Zeigerthermometer *n*	thermomètre *m* à aiguille	стрелочный термометр
P 185	**point of mixing**	Mischpunkt *m*	point *m* de mélange	точка смешения
P 186	**poison gas**	giftiges Gas *n*	gaz *m* toxique	ядовитый газ
P 187	**poisonous,** toxic	giftig	vénéneux, toxique	ядовитый
P 188	**polarize**	polarisieren	polariser	поляризовать
P 189	**polish,** smooth	glätten	lisser, polir, planer	сглаживать, выравнивать
P 190	**pollute,** contaminate	verunreinigen	polluer, contaminer, souiller	загрязнять

P 191	**polluted matter, polluting matter,** dirt, filth	Schmutz m	saleté f, ordure f, souillure f, salissure f, fange f	грязь
P 192	**pollution,** contamination	Verunreinigung f	souillure f, pollution f, contamination f	загрязнение
P 193	**pollution abatement,** pollution control, protection of waters	Gewässerschutz m	protection f des eaux naturelles, protection contre la pollution des eaux	защита водоемов
P 194	**pollutional indicator organisms**	Verschmutzung anzeigende Organismen mpl, Schmutzwasserbewohner mpl	organismes mpl indicateurs de pollution	организмы, определяющие степень загрязнения, организмы в сточных водах
P 195	**pollution control,** pollution abatement, protection of waters	Gewässerschutz m	protection f des eaux naturelles, protection contre la pollution des eaux	защита водоемов
P 196	**polyamide**	Polyamid n	polyamide m	полиамид
P 197	**polyethylene,** polythene	Polyäthylen n	polyéthylène m	полиэтилен
P 198	**polyethylene pipe,** polythene pipe	Polyäthylenrohr n, Pe-Rohr n	tuyau m de polyéthylène	полиэтиленовая труба
P 199	**polymerization**	Polymerisation f	polymérisation f	полимеризация
P 200	**polystyrene, polystyrol**	Polystyrol n	polystyrol m, polystyrène m	полистирол
P 201	**polythene,** polyethylene	Polyäthylen n	polyéthylène m	полиэтилен
P 202	**polythene pipe,** polyethylene pipe	Polyäthylenrohr n, Pe-Rohr n	tuyau m de polyéthylène	полиэтиленовая труба
P 203	**polytropic compression,** polytropic condensation	polytrope Verdichtung f	compression f polytropique	политропное сжатие
P 204	**polytropic condensation,** polytropic compression	polytrope Verdichtung f	compression f polytropique	политропное сжатие
P 205	**pool,** basin	Bassin n	bassin m	бассейн, бак
P 206	**poor gas**	Schwachgas n	gaz m pauvre	низкокалорийный газ
P 207	**population equivalent**	Einwohnergleichwert m	population f équivalente	эквивалентная величина населенности
P 208	**porcelain filter**	Porzellanfilter n	filtre m en porcelaine	фарфоровый фильтр
P 209	**pore pressure, pore water pressure**	Porendruck m, Porenwasserdruck m	pression f interstitielle, pression de l'eau interstitielle	давление в порах, давление воды в порах
P 210	**porosity**	Porosität f	porosité f	пористость
P 211	**porous**	porös	poreux	пористый
P 212	**portable fire extinguisher,** handoperated fire extinguisher	Handfeuerlöscher m	extincteur m d'incendie à main	ручной огнетушитель
P 213	**position water meter**	Mengenzähler m, Volumen[wasser]zähler m	compteur m volumétrique	расходомер
P 214	**post-chlorination**	Nachchlorung f	post-chloration f	последующее хлорирование
P 215	**potash mine wastes**	Kaliabwasser n	eau f résiduaire de mine de potasse	калиевые сточные воды
P 216	**potassium chloride**	Kaliumchlorid n	chlorure m de potassium	хлористый калий
P 217	**potassium hypochlorite solution,** lye of Javelle	Javellesche Lauge f, Kaliumhypochloritlauge f	eau f de Javelle, solution f de chlorure de potassium	жавелевая вода, гипохлорит калия
P 218	**potassium permanganate,** permanganate of potash	Kaliumpermanganat n	permanganate m de potassium	марганцевокислый калий
P 219	**potential**	Potential n	potentiel m	потенциал
P 220	**potentiometer**	Potentiometer n	potentiomètre m	потенциометр
P 221	**power consumption**	Leistungsaufnahme f	puissance f absorbée	расход мощности
P 222	**power requirement**	Leistungsbedarf m	puissance f nécessaire, demande f de puissance	потребность мощности
P 223	**power requirement**	Kraftbedarf m	énergie f nécessaire, force f nécessaire, puissance f requise	расход энергии
P 224	**Prandtl's tube**	Staurohr n, Prandtlsches Staurohr	tube m de Prandtl	напорная трубка Прандтля
P 225	**pre-aeration**	Vorbelüftung f	aération f préliminaire	предварительная аэрация
P 226	**precipitant**	Fällmittel n, Fällungsmittel n, Niederschlagsmittel n	précipitant m	осаждающее средство
P 227	**precipitation**	Fällung f, Fällen n, Ausfällung f, Ausfällen n	précipitation f	осаждение
P 228	**precipitation basin, precipitation tank**	Fällungsbecken n, Fällbecken n	bassin m de précipitation	бассейн для осадков
P 229	**precise regulation,** fine regulation	Feinregulierung f	réglage m précis	прецизионное регулирование
P 230	**prefabricated construction**	Montagebau m	construction f en éléments préfabriqués	сборное строительство
P 231	**prefabricated slab**	Fertigbauteil n	élément m préfabriqué	сборный элемент
P 232	**pre-filtering, pre-filtration**	Vorfilterung f, Vorfiltern n	préfiltration f	предварительное фильтрование
P 233	**pre-formed construction element**	vorgefertigtes Bauelement n	élément m préfabriqué	предварительно изготовленный строительный элемент

No.	English	German	French	Russian
P 234	**preheater**	Vorwärmer *m*	réchauffeur *m*, préchauffeur *m*	подогреватель
P 235	**preheating**	Vorwärmung *f*	préchauffage *m*, réchauffage *m*	подогрев
P 236	**preliminary test**	Vorversuch *m*	essai *m* préliminaire, essai d'orientation	предварительное испытание
P 237	**premises sewage treatment plant,** individual sewage treatment plant	Hauskläranlage *f*, Kleinkläranlage *f*, Einzelkläranlage *f*, Grundstückskläranlage *f*	installation *f* d'épuration d'immeuble, installation domestique	осветительная установка для отдельного дома
P 238	**premixing type burner**	Brenner *m* mit Vormischung	brûleur *m* à prémélange	горелка с внутренним смешением, инжекционная горелка
P 239	**prepayment gas meter**	Münzgaszähler *m*	compteur *m* à gaz à paiement préalable	монеточный газомер
P 240	**pre-purify**	vorreinigen	préépurer, dégrossir	предварительно очистить
P 241	**press button valve,** push button valve	Druckknopfventil *n*	soupape *f* à bouton-poussoir	кнопочный клапан
P 242	**pressure**	Druck *m*	poussée *f*, pression *f*	давление; напор
P 243	**pressure airing**	Drucklüftung *f*	aérage *m* presseur	приточная система вентиляции
P 244	**pressure balance,** pressure compensation	Druckausgleich *m*	compensation *f* de la pression, balance *f* de pression	выравнивание давления
P 245	**pressure below atmospheric,** subpressure	Unterdruck *m*	dépression *f* atmosphérique	разряжение
P 246	**pressure clutch**	Druckkupplung *f*	embrayage *m* de pression	нажимное сцепление
P 247	**pressure compensation,** pressure balance	Druckausgleich *m*	compensation *f* de la pression, balance *f* de pression	выравнивание давления
P 248	**pressure control,** regulation of pressure	Druckregelung *f*	réglage *m* de la pression	регулирование давления
P 249	**pressure control valve,** pressure governor, pressure regulator, pressure regulating valve	Druckregler *m*, Druckregulierungsventil *n*	soupape *f* de régulation, régulateur *m* de pression	регулятор давления, регулирующий вентиль
P 250	**pressure curve,** pressure gradient	Drucklinie *f*	ligne *f* de charge, courbe *f* de pression	кривая давления
P 251	**pressure difference**	Druckunterschied *m*, Druckdifferenz *f*	différence *f* de pression	разность давления
P 252	**pressure distribution**	Druckverteilung *f*	distribution *f* de pression	распределение давления
P 253	**pressure drop,** decrease of pressure, fall of pressure	Druckabfall *m*	diminution (chute, réduction) *f* de pression	падение давления
P 254	**pressure feeler**	Druckwächter *m*	avertisseur *m* de pression	реле давления
P 255	**pressure filter**	Druckfilter *n*	filtre *m* sous pression, filtre-presse *m*	напорный фильтр
P 256	**pressure fluctuation,** fluctuation of pressure	Druckschwankung *f*	fluctuation *f* de pression	колебание давления
P 257	**pressure gas from cylinders,** compressed gas from cylinders	Druckgas *n* in Flaschen	gaz *m* comprimé en bouteille	газ в баллонах под давлением
P 258	**pressure gas soldering equipment**	Druckgaslötbrenner *m*	chalumeau *m* par gaz comprimé	паяльник, работающий на сжатом газе
P 259	**pressure gas vessel**	Druckgasbehälter *m*	cylindre *m* à gaz comprimé	сосуд сжатого газа
P 260	**pressure gauge,** manometer	Druckmesser *m*, Manometer *n*	manomètre *m*, indicateur *m* de pression	манометр, индикатор давления
P 261	**pressure gauging,** pressure measurement	Druckmessung *f*	indication *f* de pression	измерение давления
P 262	**pressure governor,** pressure regulator, pressure regulating valve, pressure control valve	Druckregler *m*, Druckregulierungsventil *n*	soupape *f* de régulation, régulateur *m* de pression	регулятор давления, регулирующий вентиль
P 263	**pressure gradient,** pressure curve	Drucklinie *f*	ligne *f* de charge, courbe *f* de pression	кривая давления
P 264	**pressure head**	Druckhöhe *f*	hauteur *f* de chute (pression)	высота давления, высота напора
P 265	**pressure head of a reservoir,** pressure of a reservoir	Behälterdruck *m*	pression *f* dans le réservoir	давление в резервуаре
P 266	**pressure hose,** water pipe	Druckschlauch *m*	manche *f* foulante	напорный рукав
P 267	**pressure ignition** <of gaslight>	Ferndruckzündung *f*	allumage *m* à distance par pression	дистанционное зажигание
P 268	**pressure joint**	Druckstutzen *m*	culotte *f*, tuyau *m* de refoulement	напорный патрубок
P 269	**pressure line**	Druckleitung *f*	conduite *f* de pression	напорный трубопровод
P 270	**pressure load,** compressive load	Druckbelastung *f*	charge *f* de pression	сжимающая нагрузка
P 271	**pressure measurement,** pressure gauging	Druckmessung *f*	indication *f* de pression	измерение давления
P 272	**pressure of a reservoir,** pressure head of a reservoir	Behälterdruck *m*	pression *f* dans le réservoir	давление в резервуаре

P 273	**pressure pipe,** delivery pipe	Druckrohr *m*	tuyau *m* de pression	напорная труба
P 274	**pressure pump,** force pump	Druckpumpe *f*	pompe *f* foulante, pompe de pression	нагнетательный насос
P 275	**pressure reducing valve,** reducing valve	Druckminderer *m*, Druckminderungsventil *n*, Druckreduzierventil *n*, Reduzierventil *n*	soupape *f* de réduction, réducteur *m* de pression	редукционный клапан, редукционный вентиль, дроссель
P 276	**pressure reducing valve with spring-weight**	Druckminderungsventil *n* mit Federbelastung	soupape *f* réductrice commandée par ressort	редукционный вентиль с пружинной нагрузкой
P 277	**pressure regulating valve, pressure regulator,** pressure governor, pressure control valve	Druckregler *m*, Druckregulierungsventil *n*	soupape *f* de régulation, régulateur *m* de pression	регулятор давления, регулирующий вентиль
P 278	**pressure side**	Druckseite *f*	côté *m* de refoulement	напорная сторона, сторона нагнетания
P 279	**pressure stage**	Druckstufe *f*	degré *m* de pression, étage *m* de pression	ступень давления
P 280	**pressure tank**	Druckbehälter *m*	réservoir *m* à pression	напорный резервуар
P 281	**pressure test**	Druckprobe *f*, Druckprüfung *f*	épreuve *f* de pression	испытание под давлением
P 282	**pressure test of pipes**	Druckprobe (Druckprüfung) *f* von Rohrleitungen	épreuve *f* de pression à tuyaux	гидравлическое испытание трубопровода
P 282a	**pressure test with air**	Druckprüfung *f* mit Druckluft	essai *m* sous pression d'air	испытание сжатым воздухом
P 283	**pressure unit**	Druckeinheit *f*	unité *f* de pression	единица давления
P 284	**pressure vessel**	Druckgefäß *n*	réservoir *m* à pression	сосуд под давлением
P 285	**pressure water**	Druckwasser *n*	eau *f* sous pression	напорная вода
P 286	**pressure wave**	Druckwelle *f*	onde *f* de pression	волна давления
P 287	**pressure zone**	Druckzone *f*	zone *f* de pression	зона давления
P 288	**prestressed concrete pipe**	Spannbetonrohr *n*	tuyau *m* de béton précontraint, tube *m* de béton précontraint	железобетонная труба
P 289	**primary air**	Primärluft *f*	air *m* primaire	первичный воздух
P 290	**primary treatment,** sedimentation, settling	mechanische Abwasserreinigung *f*, mechanische Klärung *f*, mechanische Reinigung *f*	épuration *f* mécanique des eaux d'égout	механическая очистка сточных вод
P 291	**prime coat,** priming coat	Grundanstrich *m*, Grundierungsanstrich *m*	couche *f* de fond, peinture *f* de fond, peinture d'apprêt	грунтовка
P 292	**prime cost,** costs of production	Gestehungskosten *pl*	frais *pl* de fabrication, prix *m* de revient	себестоимость
P 293	**priming,** carry-over	Spucken *n* <eines Kessels>	primage *m*, entraînement *m* de l'eau par la vapeur	выбрасывание, бросок
P 294	**priming coat,** prime coat	Grundanstrich *m*, Grundierungsanstrich *m*	couche *f* de fond, peinture *f* de fond, peinture d'apprêt	грунтовка
P 295	**principle of Avogadro**	Avogadrosches Gesetz *n*	principe *m* d'Avogadro	закон Авогадро
P 296	**process of combustion**	Verbrennungsvorgang *m*	procédé *m* de combustion	процесс сгорания
P 297	**process of putrefaction**	Fäulnisvorgang *m*	pourriture *f*, putridité *f*, putréfaction *f*, carie *f*	процесс брожения
P 298	**process water,** industrial water, service water	Brauchwasser *n*, Betriebswasser *n*, Fabrikationswasser *n*, Nutzwasser *n*	eau *f* d'usage, eau d'usage industriel	непитьевая вода, промышленная вода
P 299	**productiveness**	Ergiebigkeit *f*	rendement *m*, débit *m*	мощность; пропускная способность; дебит; производительность
P 300	**profile,** section	Profil *n*	profil *m*, coupe *f*, section *f*	профиль
P 301	**profile border,** cover strip	Deckleiste *f* <für Waschtische>	moulure *f*, couvre-joint *m*	нащельная рейка
P 302	**project**	entwerfen	projeter	проектировать
P 303	**propagation velocity**	Fortpflanzungsgeschwindigkeit *f*	vitesse *f* de propagation	скорость распространения
P 304	**propane**	Propan *n*	propane *m*	пропан
P 305	**propel,** drive, push, put in motion, drift	treiben	pousser, presser, faire mouvoir, faire aller	приводить в движение, разгонять
P 306	**propeller fan,** helical fan, spiral fan	Axialventilator *m*, Schraubenlüfter *m*	ventilateur *m* hélicoïde (helicoïdal, à hélice, à ailettes)	осевой вентилятор, пропеллерный вентилятор
P 307	**proportional regulator**	Proportionalregler *m*	régulateur *m* proportionnel	пропорциональный регулятор
P 308	**proportioning pump**	Dosierpumpe *f*	pompe *f* doseuse	дозировочный насос
P 309	**proportion of ingredients, proportion of mixture,** mixing rate, mixing ratio, ratio of components	Mischungsverhältnis *n*	dosage *m* de mélange, taux *m* de mélange, proportion *f* de mélange, rapport *m* de mélange	состав смеси
P 310	**protecting tube**	Hülsrohr *n*	bouche *f* à clé, tube *m* de rallonge	гильза
P 311	**protection against poisonous gas,** gas protection	Gasschutz *m*	protection *f* antigaz, protection contre les gaz toxiques	противогазовая защита

No.	English	German	French	Russian
P 312	**protection of waters,** pollution control, pollution abatement	Gewässerschutz *m*	protection *f* des eaux naturelles, protection contre la pollution des eaux	защита водоемов
P 313	**protective coating**	Schutzanstrich *m*	peinture *f* protectrice	защитная окраска
P 314	**protective coating,** protective scale	Schutzbelag *m*, Schutzschicht *f*, Schutzüberzug *m*	couche *f* protectrice, revêtement *m* protecteur	защитный слой
P 315	**protective motor switch**	Motorschutzschalter *m*	coffret *m* de protection, disjoncteur-protecteur *m*	защитный автомат для электродвигателей
P 316	**protective pipe,** protective tube	Schutzrohr *n*	tuyau *m* de protection, tube *m* protecteur	защитная труба
P 317	**protective scale,** protective coating	Schutzbelag *m*, Schutzschicht *f*, Schutzüberzug *m*	couche *f* protectrice, revêtement *m* protecteur	защитный слой
P 318	**protective tube,** protective pipe	Schutzrohr *n*	tuyau *m* de protection, tube *m* protecteur	защитная труба
P 319	**provision,** supply	Versorgung *f*	alimentation *f*, approvisionnement *m*	снабжение
P 320	**psychrometer**	Psychrometer *n*	psychromètre *m*	психрометр
P 321	**public bench for washing**	öffentliche Waschstelle *f*	bassin-lavoir *m*, lavoir *m* communal	общественная умывальная
P 322	**public consumption**	öffentlicher Verbrauch *m*	consommation *f* publique	общественная потребность
P 323	**public convenience,** lavatory	Bedürfnisanstalt *f*	chalet *m* de nécessité, cabinet *m* d'aisance	общественная уборная
P 324	**public health**	öffentliche Gesundheitspflege *f*	hygiène *f* publique, protection *f* de la santé publique	общественное здравоохранение
P 325	**public pump**	öffentlicher Brunnen *m*	puits *m* publique	колодец общего пользования
P 326	**public supply**	Netzanschluß *m*	branchement *m* au réseau	присоединение к сети
P 327	**pulley block**	Flaschenzug *m*	poulie *f* mouflée, moufle *f*, palan *m*	полиспаст, талп
P 328	**pulsation**	Pulsation *f*	pulsation *f*	пульсация
P 329	**pulsometer**	Pulsometer *n*	pulsomètre *m*	пульсометр
P 330	**pump**	pumpen	pomper	качать насосом
P 331	**pump**	Pumpe *f*	pompe *f*	насос
P 332	**pump characteristics, pump diagram**	Pumpenkennlinie *f*	caractéristique *f* de la pompe, diagramme *m* de la pompe	характеристика насоса
P 333	**pump down** <evaporator>	absaugen <Verdampfer>	aspirer, vider <évaporateur>	отсасывать <испаритель>
P 334	**pump house**	Pumpenhaus *n*	bâtiment *m* des pompes	насосная станция
P 335	**pump in a street**	Straßenbrunnen *m*, Laufbrunnen *m*	borne-fontaine *f*	фонтан
P 336	**pumping costs**	Pumpkosten *pl*	coût *m* de pompage	стоимость перекачки
P 337	**pumping equipment**	Pumpeneinrichtung *f*	équipement *m* de pompage	насосное сооружение
P 338	**pumping station,** pump station	Pumpwerk *n*, Pumpstation *f*	station *f* de pompage, station de relèvement	насосная станция
P 339	**pumping well**	Pumpensumpf *m*	puisard *m*	приямок насоса, зумпф
P 340	**pump out**	abpumpen	pomper	откачать насосом
P 341	**pump room,** pump shop	Pumpenraum *m*	salle *f* de pompage, salle des pompes	насосное помещение
P 342	**pump shaft**	Pumpenwelle *f*	arbre *m* de pompe, axe *m* de pompe	вал насоса
	pump shop	*s.* pump room		
P 343	**pump station,** pumping station	Pumpwerk *n*, Pumpstation *f*	station *f* de pompage, station de relèvement	насосная станция
P 344	**pump stroke**	Pumpenhub *m*	course *f* de la pompe	высота подъема насоса
P 345	**pump unit**	Pumpenaggregat *n*	groupe *m* motopompe	насосный агрегат
P 346	**pump water,** well water	Brunnenwasser *n*	eau *f* de puits (fontaine, forage)	колодезная вода
P 347	**pure water,** clear water	reines Wasser *n*, Reinwasser *n*	eau *f* pure, eau propre	очищенная вода
P 348	**purification,** cleaning	Reinigung *f*	épuration *f*, nettoyage *m*, curage *m*	очистка
P 349	**purification plant,** clarification plant	Reinigungsanlage *f*	station *f* d'épuration	очистное сооружение
P 350	**purified water**	gereinigtes Wasser *n*	eau *f* épurée	очищенная вода
P 351	**purify,** clean	reinigen	nettoyer, épurer, curer	чистить
P 352	**purifying capacity**	Reinigungsvermögen *n*	puissance *f* d'épuration	способность очистки
P 353	**push,** drive, put in motion, drift, propel	treiben	pousser, presser, faire mouvoir, faire aller	приводить в движение, разгонять
P 354	**push button valve,** press button valve	Druckknopfventil *n*	soupape *f* à bouton-poussoir	кнопочный клапан
P 355	**put in motion,** drive, push, drift, propel	treiben	pousser, presser, faire mouvoir, faire aller	приводить в движение, разгонять
P 356	**putrefaction**	Fäulnis *f*	putréfaction *f*	гниль
P 357	**putrefaction bacteria**	Fäulnisbakterien *fpl*	bactéries *fpl* putréfiantes	бактерии гниения
P 358	**putrefaction basin**	Ausfaulkammer *f*	bassin *m* de putréfaction	септик, камера перегнивания
P 359	**putrefactive**	fäulniserregend	putréfactif	вызывающий гниение
P 360	**putty**	Kitt *m*	mastic *m*, lut *m*	замазка
P 361	**pycnometer**	Pyknometer *n*	pycnomètre *m*	пикнометр
P 362	**pyrometer**	Pyrometer *n*	pyromètre *m*	пирометр

Q

Q 1	**quality coefficient**	Gütegrad *m*	degré *m* de qualité	степень доброкачественности
Q 2	**quality of fuel gas,** fuel gas quality	Brenngaseigenschaft *f*	qualité *f* du gaz combustible	свойство горючих газов
Q 3	**quality of ground-water**	Grundwasserbeschaffenheit *f*	nature *f* des eaux souterraines	состояние грунтовых вод
Q 4	**quality of the water,** water quality	Wasserbeschaffenheit *f*, Beschaffenheit *f* des Wassers	qualité *f* d'eau	количество воды
Q 5	**quantity limiter**	Mengenbegrenzer *m*	limiteur *m* des quantités	регулятор расхода
Q 6	**quantity of discharge**	Abflußmenge *f*, Ablaufmenge *f*	débit *m* caractéristique moyen	расход
Q 7	**quantity of flow**	Durchflußmenge *f*	débit *m*	расход, дебит
Q 8	**quantity of fuel**	Brennstoffmenge *f*	quantité *f* de combustible	количество топлива
Q 9	**quantity of gas**	Gasmenge *f*	quantité *f* de gaz	количество газа
Q 10	**quantity of heat**	Wärmemenge *f*	quantité *f* de chaleur	количество тепла
Q 11	**quantity of natural evaporation**	Verdunstungsmenge *f*	quantité *f* d'évaporation naturelle	количество испаряемой жидкости
Q 12	**quantity of polluted matter, quantity of polluting matter**	Schmutzstoffmenge *f*	quantité *f* des matières polluantes	количество грязи
Q 13	**quantity of precipitation per day,** daily precipitation	tägliche Niederschlagsmenge *f*	quantité *f* journalière de pluie, quantité de pluie par jour	суточный осадок
Q 14	**quantity of waste gas**	Abgasmenge *f*	quantité *f* de gaz brûlé	расход (количество) отходящих газов
Q 15	**quantity of waste heat**	Abwärmemenge *f*	quantité *f* de chaleur perdue	количество отходящего тепла
Q 16	**quantity of waste water**	Abwasseranfall *m*, Abwassermenge *f*	quantité *f* des eaux résiduaires	расход сточных вод
Q 17	**quantity of water**	Wassermenge *f*	quantité *f* d'eau	количество воды
Q 18	**quarter bend,** pipe bend	Krümmer *m*, Rohrkrümmer *m*, Bogenstück *n*	coude *m*, tuyau coudé *m*, courbé *m*	колено; отвод
Q 19	**quarter bend for drain**	Auslaufkrümmer *m*	tuyau *m* coudé d'écoulement	выпускной отвод
Q 20	**quick action stop valve**	Schnellschlußventil *n*	soupape *f* à fermeture instantanée	быстродействующий клапан
Q 21	**quick closing valve**	Schnellschlußschieber *m*, Schnellschlußventil *n*	vanne *f* à fermeture rapide	быстродействующая задвижка
Q 22	**quick coke**	Flugkoks *m*	coke *m* volant	коксовая мелочь
Q 23	**quicksand,** swimming sand, shifting sand	Schwimmsand *m*, Treibsand *m*, Triebsand *m*, Fließsand *m*	sable *m* mouvant	плывун
Q 24	**quiescent settling,** sedimentation on the fill-and-draw principle	Sedimentation *f* im Ruhebetrieb	sédimentation *f* intermittente	седиментация в состоянии покоя

R

R 1	**race** <US>, flume	Gerinne *n*	caniveau *m*, rigole *f*, cunette *f*, pierrée *f*	лоток
R 2	**radial-fan**	Radialventilator *m*	ventilateur *m* radial	центробежный вентилятор
R 3	**radiant ceiling heating,** radiant panel heating	Deckenstrahlungsheizung *f*	chauffage *m* à rayonnement au plafond	потолочное лучистое отопление
R 4	**radiant energy**	Strahlungsenergie *f*	énergie *f* rayonnante	лучистая энергия
R 5	**radiant factor**	Einstrahlzahl *f*	valeur *f* de radiation incidente	коэффициент облучения
R 6	**radiant heating**	Strahlungsheizung *f*	chauffage *m* par rayonnement	лучистое отопление
R 7	**radiant panel heating,** radiant ceiling heating	Deckenstrahlungsheizung *f*	chauffage *m* à rayonnement au plafond	потолочное лучистое отопление
R 8	**radiation**	Abstrahlung *f*	rayonnement *m*	излучение
R 9	**radiation intensity**	Strahlungsintensität *f*	intensité *f* de rayonnement	интенсивность излучения
R 10	**radiation stove**	Strahlungsofen *m* <Gasheizung>	four *m* à réverbère	лучеиспускательная печь
R 11	**radiator calculation**	Heizkörperberechnung *f*	calcul *m* des corps de chauffe	расчет нагревательного прибора
R 12	**radiator control valve**	Heizkörperregulierventil *n*	soupape *f* régulatrice de corps de chauffe	радиаторная регулировочная задвижка
R 13	**radiator facing**	Heizkörperverkleidung *f*	coffre *m* de radiateur, cache-radiateur *m*	обшивка нагревательного прибора
R 14	**radiator fixture**	Heizkörperbefestigung *f*	fixation *f* de corps de chauffe	закрепление нагревательного прибора
R 15	**radiator nipple**	Radiatornippel *m*	nipple *m* de radiateur	радиаторный ниппель
R 16	**radiator valve**	Heizkörperventil *n*	soupape *f* de corps de chauffe	радиаторная задвижка
R 17	**radius of curvature**	Krümmungshalbmesser *m*	rayon *m* de courbure	радиус кривизны
R 18	**radius of intrados, radius of soffit**	Innenradius *m*	rayon *m* d'intrados	внутренний радиус
R 19	**rain diagram**	Regendiagramm *n*	diagramme *m* des précipitations	диаграмма выпадения дождя

R 20	**rain outlet,** storm-overflow	Regenauslaß *m*, Notauslaß *m*	déversoir *m* d'orage	ливнеспуск, аварийный спуск
R 21	**rain pipe**	Regenfallrohr *n*	tuyau *m* de descente	водосточная труба
R 22	**rain water**	Niederschlagswasser *n*	eau *f* de pluie (condensation)	дождевой осадок
R 23	**rain-water tank,** cistern	Zisterne *f*	citerne *f*	цистерна
R 24	**ramification**	Verästelung *f*, Verzweigung *f*	ramification *f*	разветвление
R 25	**rammed concrete,** tamped concrete	Stampfbeton *m*	béton *m* damé	трамбованный бетон
R 26	**ramming,** tamping, stamping	Stampfen *n*, Einstampfen *n*	damage *m*, pilonnage *m*	трамбование
R 27	**random lattice,** reverberation grating	diffuses Gitter *n*	grillage *m* diffuse	диффузорная решетка
R 28	**range**	Wurfweite *f*	amplitude *f* du jet, portée *f* d'un projectile	дальность забрасывания
R 29	**range**	Bereich *m*	plage *f*, rayon *m*, domaine *m*, champ *m*	область
R 30	**range of adjustment**	Regelbereich *m*, Anzeigebereich *m*, Einstellbereich *m*	plage *f* de réglage, étendue *f* de réglage	область регулирования
R 31	**range of application**	Anwendungsbereich *m*	champ *m* d'application	область применения
R 32	**rapid filter**	Schnellfilter *n*	filtre *m* rapide	быстродействующий (скорый) фильтр
R 33	**rapid sand filter**	Schnellsandfilter *n*	filtre *m* rapide à sable	быстродействующий песчаный фильтр
R 34	**rapid sand filtration**	Schnellsandfilterung *f*, Schnellsandfiltration *f*	filtration *f* rapide sur sable	быстродействующая песчаная фильтрация
R 35	**rarefaction of the air**	Luftverdünnung *f*	raréfaction *f* d'air	разрежение воздуха
R 36	**rare gas,** noble gas, inert gas	Edelgas *n*	gaz *m* rare, gaz inerte	инертный газ
R 37	**Raschig rings**	Raschigringe *mpl*	anneaux *mpl* Raschig	кольца Рашига
R 38	**rate of flame propagation**	Zündgeschwindigkeit *f*	vitesse *f* de propagation d'une flamme	скорость воспламенения
R 39	**rate of flow**	Durchflußgeschwindigkeit *f*	vitesse *f* de passage	скорость протекания
R 40	**rate of outside air**	Außenluftrate *f*	débit *m* d'air extérieur, dose *f* d'air extérieur	норма наружного воздуха
R 41	**ratio of air**	Luftverhältnis *n*	relation *f* d'air	соотношение потоков воздуха
R 42	**ratio of aperture**	Öffnungsverhältnis *n* <bei Drosselgeräten>	relation *f* d'ouverture	степень закрытия
R 43	**ratio of components,** proportion of mixture, mixing rate, mixing ratio, proportion of ingredients	Mischungsverhältnis *n*	dosage *m* de mélange, taux *m* de mélange, proportion *f* de mélange, rapport *m* de mélange	состав смеси
R 44	**ratio of compression**	Kompressionsverhältnis *n*	taux *m* de compression	степень сжатия
R 45	**raw coal,** lump coal, clod coal	Grobkohle *f*	gros *m*, houille *f* grosse	крупнокусковой уголь
R 46	**raw material,** basic material, base material	Grundstoff *m*	matière *f* première	основной материал
R 47	**raw water,** untreated water	Rohwasser *n*	eau *f* brute	сырая вода
R 48	**ray,** jet	Strahl *m*	rayon *m*, jet *m*	струя; луч
R 49	**react**	reagieren	réagir	реагировать
R 50	**reaction turbine**	Überdruckturbine *f*, Reaktionsturbine *f*, Rückdruckturbine *f*	turbine *f* à réaction	реактивная турбина
R 51	**reactivity**	Reaktionsfähigkeit *f*	réactivité *f*	реакционная способность
R 52	**reading**	Ablesung *f*	lecture *f*	отсчет
R 53	**real estate,** plot of land	Grundstück *n*	bien-fonds *m*, terrain *m* à bâtir	земельный участок
R 54	**real temperature,** effective temperature	effektive Temperatur *f*	température *f* efficace	действительная температура
R 55	**receiver,** tank, reservoir, container, receptacle	Behälter *m*, Reservoir *n*, Sammler *m*	réservoir *m*, récipient *m*	резервуар, сосуд, коллектор
R 56	**receiving tank,** storage basin	Sammelbecken *n*, Sammelbehälter *m*	réservoir *m* de stockage	сборный бак
R 57	**receiving well,** collecting well, cistern	Sammelbrunnen *m*	puits *m* collecteur	сборный колодец
R 58	**receptacle,** tank, reservoir, container, receiver	Behälter *m*, Reservoir *n*, Sammler *m*	réservoir *m*, récipient *m*	резервуар, сосуд, коллектор
R 59	**recessed radiator**	versenkt eingebauter Heizkörper *m*	radiateur *m* encastré	скрытая установка радиатора
R 60	**recharge well,** injection well, inverted well, drainage well, dead well, drain well, diffusion well, inverted drainage well, percolation well, dump well	Schluckbrunnen *m*, Sickerbrunnen *m*, Versenkbrunnen *m*	puits *m* absorbant, puits d'injection	дренажный колодец
R 61	**reciprocating compressor,** piston compressor	Kolbenverdichter *m*, Kolbenkompressor *m*	compresseur *m* à piston	поршневой компрессор

R 62	**reciprocating pump,** plunger pump	Tauchkolbenpumpe *f*, Plungerpumpe *f*	pompe *f* à plongeur, pompe à piston plongeur	плунжерный насос
R 63	**recirculate**	rückpumpen	recirculer	перекачивать обратно
R 64	**recirculated water,** return water	Rücklaufwasser *n*	eaux *fpl* de retour	вода обратного трубопровода
R 65	**reclamation,** recovery	Wiedergewinnung *f*, Rückgewinnung *f*	récupération *f*	восстановление, регенерация
R 66	**recording mechanism,** counting mechanism	Zählwerk *n*	mécanisme *m* de compteur	счетное устройство
R 67	**recovery,** reclamation	Wiedergewinnung *f*, Rückgewinnung *f*	récupération *f*	восстановление, регенерация
R 68	**recovery of grease**	Fettrückgewinnung *f*	récupération *f* de graisse	регенерация жира
R 69	**recuperative power,** self-purifying capacity, autopurification power	Selbstreinigungskraft *f*	pouvoir *m* auto-épurateur	способность к самоочищению
R 70	**red lead,** minimum	Bleimennige *f*	minimum *m* [de plomb]	свинцовый сурик
R 71	**reducer**	Reduzierstück *n*	tuyau *m* de réduction, réducteur *m*	редукционная часть
R 72	**reducer,** taper	Übergangsstück *n*	raccord *m* conique, cône *m*	переход
R 73	**reducing agent**	Reduktionsmittel *n*	agent *m* réducteur	восстановитель
R 74	**reducing nipple**	Reduziernippel *m*	nipple *m* de réduction, manchon *m* réducteur	редукционный ниппель
R 75	**reducing valve,** pressure reducing valve	Druckminderer *m*, Druckminderungsventil *n*, Druckreduzierventil *n*, Reduzierventil *n*	soupape *f* de réduction, réducteur *m* de pression	редукционный клапан, редукционный вентиль, дроссель
R 76	**reduction zone**	Reduktionszone *f*	zone *f* de réduction	восстановительная зона
R 77	**reference point**	Bezugspunkt *m*	point *m* de référence	исходная точка
R 78	**reflux valve,** check valve, backflow preventer	Rückschlagklappe *f*, Rückschlagventil *n*	soupape *f* de retenue, clapet *m* retenue	обратная заслонка, обратный клапан
R 79	**refreshment of air,** renewing of air, renewal of air	Lufterneuerung *f*, Frischluftzuführung *f*	renouvellement *m* d'air	обновление воздуха
R 80	**refrigerant**	Kältemittel *n*	fluide *m* frigorigène	холодильный агент, хладагент
R 81	**refrigerate,** cool	kühlen, abkühlen	réfrigérer, refroidir	охлаждать
R 82	**refrigerated display cabinet**	Kühlvitrine *f*	vitrine *f* réfrigérée (frigorifique)	охлаждаемая витрина
R 83	**refrigerated transport**	Kühltransport *m*	transport *m* frigorifique	холодильный транспорт
R 84	**refrigerating coil,** cooling coil	Kühlschlange *f*	serpentin *m* de réfrigération (refroidissement)	охлаждающий змеевик
R 85	**refrigerating engineering**	Kältetechnik *f*	technique *f* frigorifique	холодильная техника
R 86	**refrigerating machine**	Kältemaschine *f*	machine *f* frigorifique	холодильная машина
R 87	**refrigerating medium,** cooling medium	Kälteträger *m*	agent *m* de refroidissement, médium *m* réfrigérant	хладоноситель
R 88	**refrigerating pipe,** cooling pipe	Kühlrohr *n*	tuyau *m* de refroidissement	охлаждающая трубка
R 89	**refrigerating plant,** cooling plant	Kühlanlage *f*	installation *f* de réfrigération	холодильная установка
R 90	**refrigeration,** cooling	Abkühlung *f*	refroidissement *m*	охлаждение
R 91	**refrigeration compressor**	Kälteverdichter *m*	compresseur *m* frigorifique	холодильный компрессор
R 92	**refrigeration demand**	Kältebedarf *m*	demande *f* de froid, besoin *m* de froid	расход холода, потребность в холоде, тепловая нагрузка
R 93	**refrigerator**	Kühlschrank *m*	réfrigérateur *m*	холодильник
R 94	**refrigerator deodorizer**	Kühlschrankluftreiniger *m*	dispositif *m* de désodorisation pour réfrigérateur ménager	воздухоочиститель холодильного шкафа
R 95	**refuse container,** garbage container, dustbin, domestic dustbin	Müllkasten *m*, Mülltonne *f*	poubelle *f*	мусорный бак
R 96	**refuse disposal,** garbage disposal	Müllbeseitigung *f*	action *f* d'écarter des immondices	удаление мусора
R 97	**refuse incineration,** garbage incineration	Müllverbrennung *f*	crémation *f* des immondices	сжигание мусора
R 98	**refuse removal,** garbage transport	Müllabfuhr *f*	enlèvement *m* des ordure ménagères	удаление мусора
R 99	**regenerating air heater,** Cowper's hot-blast stove	Cowper-Apparat *m*	réchauffeur *m* d'air	каупер
R 100	**regeneration**	Regeneration *f*	régénération *f*	регенерация
R 101	**regimen,** water resources policy	Wasserhaushalt *m*	régime *m* des eaux	водяное хозяйство
R 102	**register**	anzeigen, registrieren	enregistrer	показывать
R 103	**regulate,** control	regeln	régler	регулировать
R 104	**regulating cock**	Regulierhahn *m* <für Radiatoren>	robinet *m* de réglage	регулировочный кран
R 105	**regulation,** control	Regelung *f*, Regulierung *f*	réglage *m*, régulation *f*	регулирование

R 106	**regulation of intensity**	Intensitätsregelung *f*	régulation *f* de l'intensité	качественное регулирование
R 107	**regulation of pressure,** pressure control	Druckregelung *f*	réglage *m* de la pression	регулирование давления
R 108	**regulation of quantity**	Mengenregelung *f*	réglage *m* de la quantité	регулирование расхода
R 109	**regulation of the quantity of gas**	Gasmengenregelung *f*	réglage *m* du débit du gaz	регулирование расхода газа
R 110	**regulator,** controller	Regler *m*	régulateur *m*, appareil *m* de commande, appareil de contrôle	регулятор
R 111	**regulator of house pressure**	Hausdruckregler *m*	régulateur *m* de pression domestique	домовой регулятор давления
R 112	**regulator of temperature**	Temperaturregler *m*	régulateur *m* de température	регулятор температуры; термостат
R 113	**rehabilitation,** sanitation	Sanierung *f*	assainissement *m*	санирование оздоровление
R 114	**reinforced concrete**	armierter Beton *m*, Eisenbeton *m*, Stahlbeton *m*	béton *m* armé	железобетон
R 115	**reinforced concrete pipe**	armiertes Betonrohr *n*, Schleuderbetonrohr *n*	tube *m* en béton armé	армированная бетонная труба
R 116	**reinforced socket**	verstärkte Muffe *f*	emboîtement *m* renforcé	усиленная муфта
R 117	**relative humidity**	relative Feuchtigkeit *f*	humidité *f* relative	относительная влажность
R 118	**relative humidity of the air**	relative Luftfeuchtigkeit *f*	degré *m* hygrométrique, humidité *f* relative de l'air	относительная влажность воздуха
R 119	**remote control**	Fernsteuerung *f*, Fernschaltung *f*, Fernbedienung *f*	commande *f* à distance, télécommande *f*	дистанционное управление
R 120	**remote control, remote drive**	Fernantrieb *m*	commande *f* à distance, entraînement *m* à distance	дистанционный привод
R 121	**remote indicating adjuster**	Zeigerfernsteller *m*	régulateur *m* avec indicateur de position à distance	показатель дистанционного управления
R 122	**remote instrument reading**	Fernablesung *f*	lecture *f* à distance	дистанционный отсчет
R 123	**removable,** demountable, detachable	abnehmbar, zerlegbar	démontable, détachable	съемный, взаимозаменимый, разборный
R 124	**removal apparatus,** small capacity iron	Kleinenteisener *m*	petit appareil *m* de déferrisation	малая установка для удаления железа
R 125	**removal of taste,** taste removal, elimination of taste	Geschmacksbeseitigung *f*	élimination *f* de la saveur, élimination du goût	удаление привкусов
R 126	**remove iron,** deferrize	enteisenen	déferriser	обезжелезить
R 127	**remove rust,** free from rust	entrosten	dérouiller	удалять ржавчину
R 128	**remove sludge,** de-sludge	entschlammen	débourber, enlever les boues, évacuer les boues	удалять ил
R 129	**renewal**	Erneuerung *f*	renouvellement *m*	обновление
R 130	**renewal of air, renewing of air,** refreshment of air	Lufterneuerung *f*, Frischluftzuführung *f*	renouvellement *m* d'air	обновление воздуха
R 131	**repair**	ausbessern, reparieren	réparer	чинить, исправлять, ремонтировать
R 132	**repair**	Ausbesserung *f*, Reparatur *f*	réparation *f*, remise *f* en état	ремонт, исправление, починка
R 133	**repair part,** spare [part], replacement part	Ersatzteil *n*	pièce *f* de rechange, rechange *m*	запасная часть
R 134	**replacement,** substitution	Ersatz *m*	substitution *f*, rechange *m*, remplacement *m*	замена
R 135	**replacement part,** spare [part], repair part	Ersatzteil *n*	pièce *f* de rechange, rechange *m*	запасная часть
R 136	**required quantity of air**	erforderliche Luftmenge *f*	quantité *f* d'air nécessaire	потребный расход воздуха
R 137	**requirement for energy**	Energiebedarf *m*	demande *f* d'énergie	потребление энергии
R 138	**requirements,** demand	Bedarf *m*	demande *f*, besoins *mpl*	потребность, расход
R 139	**research,** investigation	Forschung *f*, Erforschung *f*	investigation *f*, recherche *f*	исследование
R 140	**reservoir,** tank, container, receiver, receptacle	Behälter *m*, Reservoir *n*, Sammler *m*	réservoir *m*, récipient *m*	резервуар, сосуд, коллектор
R 141	**reservoir of water**	Wasserbehälter *m*	réservoir *m* d'eau	водяной резервуар, водяной бак
R 142	**residential area**	Wohngebiet *n*, Wohngegend *f*	quartier *m* résidentiel	жилой район
R 143	**residential density,** housing density	Wohndichte *f*	densité *f* d'habitation	плотность населенности
R 144	**residual chlorine,** chlorine excess	Chlorüberschuß *m*, Restchlor *n*	excédent *m* de chlore, résidu *m* de chlore, chlore *m* résiduel	избыток хлора, остаток хлора

R 145	**residual hardness**	Resthärte *f*	dureté *f* résiduelle	остаточная жесткость
R 146	**residue on ignition,** ignition residue	Glührückstand *m*	résidu *m* calcine (de calcination, fixe après calcination)	остаток при прокаливании
R 147	**resistance**	Widerstand *m*	résistance *f*	сопротивление
R 148	**resistance coefficient**	Widerstandsbeiwert *m*	coefficient *m* de résistance	коэффициент сопротивления
R 149	**resistance of a conductor**	Leitungswiderstand *m*	résistance *f* d'un conducteur	сопротивление трубопровода
R 150	**resistance of suction**	Saugwiderstand *m*	résistance *f* à l'aspiration	сопротивление всасыванию
R 151	**resistance thermometer**	Widerstandsthermometer *n*	thermomètre *m* à résistance	термометр сопротивления
R 152	**resistance to air flow**	Luftströmungswiderstand *m*	résistance *f* au passage de l'air	сопротивление течения воздуха
R 153	**resistance to flow**	Fließwiderstand *m*	résistance *f* à l'écoulement des liquides	сопротивление течения
R 154	**resistance to heat,** heat-proofness	Hitzebeständigkeit *f*	résistance *f* à la chaleur, résistance à chaude, réfractarité *f*	жаростойкость
R 155	**retaining**	Anstauung *f*, Stau *m*	retenue *f*, refoulement *m*	подпор
R 156	**return bend**	Doppelbogen *m* <180°>	coude *m* à 180°, coude en U	отвод на 180°
R 157	**return shock**	Rückschlag *m*	choc *m* en retour	обратный удар
R 158	**return type of steam trap**	Dampfwasserableiter *m* <Stauer>	séparateur *m* d'eau de condensation	конденсатоотводчик
R 159	**return water,** recirculated water	Rücklaufwasser *n*	eaux *fpl* de retour	вода обратного трубопровода
R 160	**re-use**	Wiederverwendung *f*	réutilisation *f*	повторное применение
R 161	**reverberation grating,** random lattice	diffuses Gitter *n*	grillage *m* diffuse	диффузорная решетка
R 162	**reversal of flow**	Strömungsumkehr *f*, Umkehr *f* der Fließrichtung	renversement *m* de l'écoulement	поворот потока
R 163	**reversible pump turbine**	umkehrbare Pumpenturbine *f*	turbo-pompe *f* réversible	обратимая насосная турбина
R 164	**revolutions per minute,** r.p.m., rotations per minute	Umdrehungen *fpl* pro Minute	tours *mpl* par minute	число оборотов в минуту
R 165	**revolve,** rotate	umlaufen	tourner, circuler	циркулировать
R 166	**revolving distributor, revolving sprinkler,** rotary distributor, rotary sprinkler, rotating distributor	Drehsprenger *m*	arroseuse *f* rotative, distributeur *m* rotatif, pulvérisateur *m* tournant, sprinkler *m* tournant, tourniquet *m* hydraulique	вращающийся ороситель
R 167	**ring distribution system**	Ringnetz *n*	réseau *m* circulaire	кольцевая сеть
R 168	**ring douche**	Ringbrause *f*	douche *f* annulaire	кольцевой душ
R 169	**ring main,** circular main	Ringleitung *f*	aqueduc *m* (conduite *f*) de bouclage	кольцевой трубопровод
R 170	**ring valve,** annular valve	Ringventil *n*	soupape *f* annulaire	кольцевой клапан
R 171	**rinse,** wash, flush, scour	spülen	rincer	промывать
R 172	**rinse, rinsing,** washing flush[ing], scour[ing]	Spülung *f*	rinçage *m*, lavage *m*	намывание, промывка
R 173	**rinsing basin,** kitchen sink	Spülbecken *n*	rinçoir *m*, cuve *f* de rinçage	кухонная раковина
R 174	**rinsing equipment,** flushing device	Spüleinrichtung *f*	appareil *m* de chasse, dispositif *m* de chasse	устройство для намыва
R 175	**rinsing-water pump,** wash-water pump	Spülwasserpumpe *f*	pompe *f* d'eau de lavage	насос промывной воды
R 176	**riparian right,** water law	Wasserrecht *n*	droit *m* des eaux	водяное право
R 177	**rise,** originate in, spring [from]	entspringen, hervorquellen	jaillir, soudre, prendre sa source	вытекать
R 178	**rise**	Steighöhe *f*	hauteur *f* d'ascension	высота подъема
R 179	**rise of pressure,** increase of pressure	Druckanstieg *m*	augmentation *f* de pression	повышение давления
R 180	**rising velocity,** upward flow rate	Steiggeschwindigkeit *f*	vitesse *f* ascensionnelle	скорость подъема
R 181	**riverfall,** waterfall, cascade, chute, cataract	Wasserfall *m*, Kaskade *f*	cascade *f*, chute *f* d'eau, cataracte *f*	водопад
R 182	**riveted pipe**	genietetes Rohr *n*	tuyau *m* rivé, tuyau riveté	заклепанная труба
R 183	**rivet joint**	Nietverbindung *f*	joint *m* rivé	заклепочное соединение
R 184	**rivet seam**	Nietnaht *f*	rivure *f*, bordure *f* rivée	заклепочный шов
R 185	**road system**	Straßennetz *n*	réseau *m* des routes	сеть улиц
R 186	**roasting oven,** baking oven	Bratofen *m*	rôtissoire *f*	духовка
R 187	**rocking concentrator**	Waschrinne *f*	concentrateur *m* à secousses	моечный лоток
R 188	**rock oil,** petroleum	Erdöl *n*	huile *f* minérale, pétrole *m*, naphte *m*	нефть
R 189	**roof drainage**	Dachentwässerung *f*	évacuation *f* des eaux de toiture	отвод дождевых вод с крыши

R 190	**room air conditioner,** packaged air conditioner	Raumklimagerät *n*	conditionneur *m* d'air autonome, appareil *m* de conditionnement d'air autonome	комнатный кондиционер
R 191	**room heating**	Raumheizung *f*	chauffage *m* des locaux	отопление помещения
R 192	**room temperature**	Raumtemperatur *f*	température *f* des locaux	температура помещения
R 193	**room temperature control system**	Raumtemperaturregler *m*	stabilisateur *m* de la température des locaux	комнатный регулятор температуры
R 194	**room unit**	Klimatruhe *f*	bahut *m* climatique	кондиционер
R 195	**rope socket**	Strickmuffe *f*	emboîtement *m* à mater avec rainure à corde	законопаченная муфта
R 196	**rose head,** spray head, shower head	Brausekopf *m*	pomme *f* d'arrosoir	душевая головка
R 197	**rotary blower,** rotary piston blower,	Drehkolbengebläse *n*	soufflerie *f* à piston rotatif	поршневая воздуходувка
R 198	**rotary compressor**	Rotationsverdichter *m*	compresseur *m* rotatif	коловратный компрессор
R 199	**rotary distributor,** revolving distributor, rotary sprinkler, rotating distributor, revolving sprinkler	Drehsprenger *m*	arroseuse *f* rotative, distributeur *m* rotatif, pulvérisateur *m* tournant, sprinkler *m* tournant, tourniquet *m* hydraulique	вращающийся ороситель
R 200	**rotary filter,** rotation filter <US>	Umlauffilter *n*	filtre *m* centrifuge, épurateur *m* centrifuge	циркуляционный фильтр
R 201	**rotary piston blower,** rotary blower	Drehkolbengebläse *n*	soufflerie *f* à piston rotatif	поршневая воздуходувка
R 202	**rotary piston compressor**	Drehkolbenverdichter *m*	compresseur *m* rotatif à palettes	ротационный компрессор
R 203	**rotary piston pump**	Drehkolbenpumpe *f*	pompe *f* à piston rotatif	ротационный поршневой насос
R 204	**rotary sprinkler,** rotary distributor, revolving distributor, rotating distributor, revolving sprinkler	Drehsprenger *m*	arroseuse *f* rotative, distributeur *m* rotatif, pulvérisateur *m* tournant, sprinkler *m* tournant, tourniquet *m* hydraulique	вращающийся ороситель
R 205	**rotary water meter**	Rotationswassermesser *m*	hydromètre *m* rotatif	центробежный водомер
R 206	**rotate,** revolve	umlaufen	tourner, circuler	циркулировать
R 207	**rotate**	drehen, rotieren	tourner	вращаться
R 208	**rotating distributor,** rotary distributor, revolving distributor, rotary sprinkler revolving sprinkler	Drehsprenger *m*	arroseuse *f* rotative, distributeur *m* rotatif, pulvérisateur *m* tournant, sprinkler *m* tournant, tourniquet *m* hydraulique	вращающийся ороситель
R 209	**rotation filter <US>,** rotary filter	Umlauffilter *n*	filtre *m* centrifuge, épurateur *m* centrifuge	циркуляционный фильтр
R 210	**rotation speed,** velocity of rotation	Umdrehungsgeschwindigkeit *f*	vitesse *f* de rotation	скорость вращения
R 211	**rotations per minute,** revolutions per minute, r.p.m.	Umdrehungen *fpl* pro Minute	tours *mpl* par minute	число оборотов в минуту
R 212	**rotting**	Faulen *n*, Fäulnis *f*	putrescence *f*, putréfaction *f*	гниение
R 213	**rough**	rauh	rugueux, rude	шероховатый
R 214	**rough adjustment,** coarse adjustment	Grobeinstellung *f*	réglage *m* approximatif	грубая регулировка
R 215	**rough coal,** mine run coal	Förderkohle *f*	charbon *m* brut	рядовой уголь
R 216	**roughing filter,** coarse filter	Grobfilter *n*	préfiltre *m*	грубый фильтр
R 217	**roughness**	Rauhigkeit *f*	rugosité *f*	шероховатость
R 218	**route,** trace	Linienführung *f*, Trasse *f*	tracé *m*	трасса
R 219	**r.p.m.,** revolutions per minute, rotations per minute	Umdrehungen *fpl* pro Minute	tours *mpl* par minute	число оборотов в минуту
R 220	**rubber bellow**	Gummibalg *m*	soufflet *m* en caoutchouc	резиновый кожух
R 221	**rubber buffer,** rubber bumper, rubber cushion	Gummipuffer *m*	tampon *m* en caoutchouc, amortisseur *m* en caoutchouc	резиновый буфер
R 222	**rubber buffer-plates**	Gummipufferplatten *fpl* <für Konsole>	amortisseurs *mpl* en caoutchouc, tampons *mpl* en caoutchouc	резиновые буферные плиты
R 223	**rubber bumper,** rubber buffer, rubber cushion	Gummipuffer *m*	tampon *m* en caoutchouc, amortisseur *m* en caoutchouc	резиновый буфер
R 224	**rubber collar**	Gummimanschette *f*	manchette *f* en caoutchouc	резиновая манжета
R 225	**rubber cushion,** rubber buffer, rubber bumper	Gummipuffer *m*	tampon *m* en caoutchouc, amortisseur *m* en caoutchouc	резиновый буфер
R 226	**rubber diaphragm**	Gummimembran *f*	diaphragme *m* en caoutchouc	резиновая мембрана
R 227	**rubber gasket,** rubber packing	Gummidichtung *f*	joint *m* de (en) caoutchouc	резиновое уплотнение

R 228	**rubber hose,** rubber tube	Gummischlauch *m*	flexible *m* de caoutchouc, tuyau *m* en caoutchouc	резиновый шланг
R 229	**rubber ledge**	Gummileiste *f* <für Konsole>	bordure *f* en caoutchouc	резиновая прокладка
R 230	**rubber packing,** rubber gasket	Gummidichtung *f*	joint *m* de (en) caoutchouc	резиновое уплотнение
R 231	**rubber ring**	Gummiring *m*	anneau *m* en caoutchouc, rondelle *f* en caoutchouc	резиновое кольцо
R 232	**rubber stopper**	Gummistopfen *m*	bouchon *m* de caoutchouc	резиновая пробка
R 233	**rubber trap**	Gummigeruchverschluß *m*	siphon *m* en caoutchouc	резиновый гидравлический затвор
R 234	**rubber tube,** rubber hose	Gummischlauch *m*	flexible *m* de caoutchouc, tuyau *m* en caoutchouc	резиновый шланг
R 235	**rule of mixing**	Mischregel *f*	règle *f* des mélanges	правило смешения
R 236	**run dry**	versiegen	tarir	иссякать
R 237	**run idle**	leerlaufen	marcher à vide	работать вхолостую
R 238	**running valve,** passage valve	Durchlaufventil *n*	valve *f* de passage	проходной клапан
R 239	**rupture,** breakage, fracture	Bruch *m*	rupture *f*, bris *m*	излом
R 240	**rupture of the pipeline system (network),** damage of distribution system	Rohrnetzschaden *m*	défaut *m* du tuyautage	повреждение трубопроводной сети
R 241	**rural water supply**	ländliche Wasserversorgung *f*	alimentation *f* des communes rurales en eau	сельскохозяйственное водоснабжение
R 242	**rust**	rosten	se rouiller	ржаветь
R 243	**rust**	Rost *m*	rouille *f*	ржавчина
R 244	**rust prevention,** rust protection	Rostschutz *m*, Korrosionsschutz *m*	protection *f* antirouille	антикоррозийная защита, защита от коррозии
R 245	**rust-proof,** antirust	rostbeständig	antirouille	устойчивый к коррозии
R 246	**rust-proofing paint,** anti-rusting paint, anticorrosive paint	Rostschutzfarbe *f*	peinture *f* antirouille	антикоррозийная краска
R 247	**rust protection,** rust prevention	Rostschutz *m*, Korrosionsschutz *m*	protection *f* antirouille	антикоррозийная защита, защита от коррозии

S

S 1	**sack-pipe,** closed-endpipe, dead-ended pipe	Sackrohr *n*, totes Endrohr *n*	tuyau *m* en cul de sac, tuyau à bout mort	тупиковая труба
S 2	**safeguarding against pipe rupture,** pipe burst control	Rohrbruchsicherung *f*	dispositif *m* de protection contre la rupture d'un tuyau	защита на случай разрыва трубы
S 3	**safe load**	zulässige Belastung *f*	charge *f* de sécurité	допускаемая нагрузка
S 4	**safety appliance, safety device**	Schutzvorrichtung *f*	dispositif *m* de protection	защитное приспособление
S 5	**safety device for lost gas pressure**	Gasdruckmangelsicherung *f*	mécanisme *m* protecteur contre le manque de gaz	отсечной клапан
S 6	**safety factor,** factor of safety	Sicherheitsfaktor *m*	facteur de sécurité	коэффициент надежности
S 7	**safety in service**	Betriebssicherheit *f*	sécurité *f* de service, sécurité de fonctionnement, sécurité de marche	эксплуатационная надежность
S 8	**safety valve**	Überdruckventil *n*, Sicherheitsventil *n*	soupape *f* de sûreté	предохранительный клапан, редукционный клапан
S 9	**sag,** bending, flexion, deflection, flexure	Durchbiegung *f*	flexion [transversale] *f*, flèche *f*, fléchissement *m*	прогиб
S 10	**saline water,** salt water	salzhaltiges Wasser *n*, Salzwasser *n*	eau *f* saline	солесодержащая вода
S 11	**salinity,** salt content	Salzgehalt *m*	teneur *f* en sel	солесодержание
S 12	**sally nixon**	Glaubersalz *n*, Natriumsulfat *n*	sel *m* de Glauber, sulfate *m* de sodium	глауберова соль; сульфат натрия
S 13	**salt,** sodium chloride, chloride of sodium	Kochsalz *n*, Chlornatrium *n*, Natriumchlorid *n*	gros sel *m*, sel de cuisine	поваренная соль
S 14	**salt content,** salinity	Salzgehalt *m*	teneur *f* en sel	солесодержание
S 15	**salt solution**	Salzlösung *f*	solution *f* saline	раствор соли
S 16	**salt water,** saline water	salzhaltiges Wasser *n*, Salzwasser *n*	eau *f* saline	солесодержащая вода
S 17	**salvage of sewage**	Abwasserverwertung *f*	utilisation *f* des eaux d'égouts	использование сточных вод
S 18	**sample**	Probe *f*	éprouvette *f*, échantillon *m*	проба, образец
S 19	**sampler**	Probenehmer *m*	agent *m* prélevant des échantillons	отбиратель пробы

No.	English	Deutsch	Français	Русский
S 20	**sampling**	Probenahme *f*	échantillonnage *m*	отбор проб
S 21	**sampling tap**	Probehahn *m*	robinet *m* de prise des échantillons	пробный кран
S 22	**sand filter**	Sandfilter *n*	filtre *m* à sable	песчаный фильтр
S 23	**sand filtering, sand filtration**	Sandfilterung *f*	filtration *f* sur sable	фильтрация через песок
S 24	**sand layer,** layer of sand, stratum of sand	Sandschicht *f*	couche *f* de sable	слой песка
S 25	**sand trap,** grit chamber, grit tank, detritus tank, detritus chamber, detritor, grit basin	Sandfang *m*, Sandfänger *m*	dessableur *m*, séparateur *m* de sable	песколовка
S 26	**sanitary engineer**	Gesundheitsingenieur *m*	ingénieur *m* sanitaire	инженер-сантехник
S 27	**sanitary engineering**	Gesundheitstechnik *f*, Sanitärtechnik *f*	technique *f* sanitaire, génie *m* sanitaire	санитарная техника
S 28	**sanitary installation**	gesundheitstechnische Einrichtung *f*, sanitäre Einrichtung	installation *f* de technique d'hygiène publique	санитарно-техническое оборудование
S 29	**sanitary sewer,** foul water sewer, waste water drain	Schmutzwasserkanal *m*, Schmutzwasserleitung *f*	tuyauterie *f* des eaux boueuses, canal *m* des eaux boueuses	канал сточных вод, трубопровод сточных вод
S 30	**sanitation,** rehabilitation	Sanierung *f*	assainissement *m*	санирование, оздоровление
S 31	**saponification**	Verseifung *f*	saponification *f*	омыление
S 32	**saponification number**	Verseifungszahl *f*	indice *m* de saponification	число омыления
S 33	**sapropel**	Faulschlamm *m*	limon *m* organique, sapropèle *m*	ил, сапропель
S 34	**saturated solution**	gesättigte Lösung *f*	solution *f* saturée, dissolution *f* saturée	насыщенный раствор
S 35	**saturated water vapour**	gesättigter Wasserdampf *m*	vapeur *f* d'eau saturée	насыщенный водяной пар
S 36	**saturation index**	Sättigungsindex *m*	indice *m* de saturation	индекс насыщения
S 37	**saturation point**	Sättigungspunkt *m*	point *m* de saturation	точка насыщения
S 38	**saturation ratio,** degree of saturation	Sättigungsgrad *m*	degré *m* de saturation	степень насыщения
S 39	**saturation value**	Sättigungswert *m*	valeur *f* de saturation	величина насыщения
S 40	**S-bend**	Etagenbogen *m*	raccord *m* courbé double, raccord S	этажный отвод
S 41	**scald**	auskochen <Ölansatz in Gliederkesseln>	pasteuriser	вываривать
S 42	**scale,** boiler scale	Kesselstein *m*, Wasserstein *m*	incrustations *fpl* (dépôts *mpl*, tartre *m*) des chaudières, dépôts calcaires	котельная накипь
S 43	**scale formation**	Kesselsteinbildung *f*, Wassersteinansatz *m*	entartrage *m*, formation *f* d'incrustation	образование накипи в котле
S 44	**scale preventive,** boiler compound, antiscale	Kesselsteinverhütungsmittel *n*	antitartre *m*, tartrifuge *m*	противонакипное средство
S 45	**scale solvent,** disincrustant	Kesselsteinlösungsmittel *n*	désincrustant *m*, désincrustant curatif	растворитель котельной накипи
S 46	**scavenging air**	Spülluft *f*	air *m* de lavage	продувочный воздух
S 47	**scavenging blower**	Spülluftgebläse *n* <Filterbetrieb>	soufflerie *f* d'air de lavage	продувочный насос
S 48	**scavenging conduit**	Spülleitung *f*	tubulure *f* de balayage	трубопровод промывной воды
S 49	**scour,** rinse, wash, flush	spülen	rincer	промывать
S 50	**scour[ing],** rinsing, washing, flush[ing], rinse	Spülung *f*	rinçage *m*, lavage *m*	намывание, промывка
S 51	**scour-toilet**	Ausspülklosett *n*	water-closet *m* d'expulsion	унитаз
S 52	**scrap,** waste	Abfall *m*, Schrott *m*	déchet *m*	лом
S 53	**screen,** sieve	Sieb *n*	tamis *m*, crible *m*	сито, сетка
S 54	**screening chamber, screening plant**	Rechenanlage *f*	installation *f* de dégrillage	решетка
S 55	**screw current meter,** hydrometric propeller	Wassermeßflügel *m*, Wassermeßschraube *f*, hydrometrischer Flügel *m*	moulinet *m* hydraulique, moulinet hydrométrique	вертушка от водопроводного счетчика, гидрометрическая вертушка, крыльчатый водомер
S 56	**screw cutting machine,** threading machine	Gewindeschneidmaschine *f*	machine *f* à fileter	резьбонарезной станок
S 57	**screw-down hydrant**	Ventilhydrant *m*, Ventilstraßenbrunnen *m*	borne-fontaine *f* à piston-clapet	вентиль на гидранте
S 58	**screwed joint,** threaded joint	Schraubverbindung *f*	raccord *m* vissé, raccord à écrous	винтовое соединение
S 59	**screwed nipple**	Schraubnippel *m*	raccord *m* fileté	винтовой ниппель
S 60	**screwed pipe**	Gewinderohr *n*	tube *m* taraudé, tube fileté	труба с резьбой
S 61	**screwed pipe joint**	Rohrverschraubung *f*	raccord *m* des tuyaux vissé	соединение труб на резьбе
S 62	**screwed socket,** screw socket, threaded socket	Schraubmuffe *f*, Gewindemuffe *f*	emboîtement *m* à vis	винтовая муфта

No.	English	German	French	Russian
S 63	**screwed spindle**	Schraubenspindel *f*, Gewindespindel *f*	tige *f* filetée	винтовой шпиндель, шпиндель с винтовой резьбой
S 64	**screw flange coupling,** bolted flanges	Flanschenverschraubung *f*	boulonnage *m* des brides	сболчивание фланцевого стыка
S 65	**screw in**	anziehen, festziehen	serrer à bloc, serrer les vis	натягивать
S 66	**screwing**	Verschraubung *f*	boulonnage *m*	резьбовое соединение
S 67	**screwing,** worming, tapping	Gewindeschneiden *n*	filetage *m*, taraudage *m*	нарезание резьбы
S 68	**screwing attachment,** threading attachment	Gewindeschneidwerkzeuge *npl*	dispositif *m* de filetage	резьбонарезные инструменты
S 69	**screw off**	abschrauben	dévisser, desserrer	отвинчивать
S 70	**screw plug**	Reinigungsstutzen *m*	tubulure *f* de curage	патрубок для очистки
S 71	**screw pump**	Schraubenpumpe *f*	pompe *f* à hélice	винтовой насос
S 72	**screw socket,** screwed socket, threaded socket	Schraubmuffe *f*, Gewindemuffe *f*	emboîtement *m* à vis	винтовая муфта
S 73	**screw stock,** threading die	Gewindeschneidkluppe *f*	porte *m* filières	нарезной клупп
S 74	**screw thread,** thread	Gewinde *n*	filet *m*, filet de vis, filetage *m*	резьба, нарезка
S 75	**screw valve**	Niederschraubventil *n*	soupape *f* à vis	вентиль, клапан
S 76	**scullery wastes**	Küchenabwässer *npl*	eaux *fpl* ménagères	кухонные сточные воды
S 77	**scum**	abschlacken	ôter les scories, décrasser	удалять шлак
S 78	**seal,** lock, close	verschließen, absperren	fermer	закрывать, запирать
S 79	**seal,** lock, closure	Verschluß *m*	fermeture *f*	затвор, запор
S 80	**sealing material,** packing material	Dichtungsmaterial *n*, Dichtungsmittel *n*	matière *f* pour joindre, bourrage *m*, matériel *m* d'étoupage	набивочный материал
S 81	**seal pipe,** water seal, trap	Geruchverschluß *m*, Wasserverschluß *m*, Traps *m*	joint *m* hydraulique, bouchon *m* hydraulique, siphon *m*	гидравлический затвор; сифон
S 82	**seam crack**	Nahtriß *m*	fissure *f* de la borde	трещина
S 83	**seamless steel tube**	nahtloses Stahlrohr *n*	tube *m* en acier sans soudure	бесшовная стальная труба
S 84	**seasonal fluctuation, seasonal variation**	jahreszeitliche Schwankung *f*	variation *f* saisonnière	сезонное колебание
S 85	**secondary air**	Sekundärluft *f*	air *m* secondaire	вторичный воздух
S 86	**secondary clarification,** final clarification, final sedimentation	Nachklärung *f*	décantation *f* secondaire	последующее осветление
S 87	**secondary pipe**	Nebenleitung *f*	conduite *f* secondaire	дополнительный трубопровод
S 88	**secondary treatment,** after-treatment, subsequent treatment	Nachbehandlung *f*	traitement *m* secondaire, traitement postérieur, traitement ultérieur	последующая обработка
S 89	**section**	Teilstrecke *f*	section *f*	участок
S 90	**section,** profile	Profil *n*	profil *m*, coupe *f*, section *f*	профиль
S 91	**sectional area of flow,** flow area	Durchflußquerschnitt *m*	section *f* d'écoulement	проходное сечение
S 92	**sectional boiler**	Gliederkessel *m*	chaudière *f* sectionnée	секционный котел
S 93	**sectional boiler of gray cast iron**	Gliederkessel *m* aus Grauguß	chaudière *f* sectionnée de fonte grise	чугунный секционный котел
S 94	**section of a pipeline**	Leitungsstrecke *f*	tronçon *m* de conduite	участок трубопровода
S 95	**sector,** bow-shaped connexion	Bogenstück *n*	raccord *m* courbé	колено трубопровода
S 96	**sediment,** deposit, bottom deposit	Bodensatz *m*, Bodenschlamm *m*	dépôt *m*, sédiment *m*	осадок, донный ил
S 97	**sedimentation,** settling, primary treatment	mechanische Abwasserreinigung *f*, mechanische Klärung *f*, mechanische Reinigung *f*	épuration *f* mécanique des eaux d'égout	механическая очистка сточных вод
S 98	**sedimentation installation**	Absetzanlage *f*	installation *f* de sédimentation, installation de décantation	отстойник
S 99	**sedimentation on the fill-and-draw principle,** quiescent settling	Sedimentation *f* im Ruhebetrieb	sédimentation *f* intermittente	седиментация в состоянии покоя
S 100	**sedimentation tank,** settling well, clarification tank	Klärbrunnen *m*, Absetzbrunnen *m*	bac *m* de décantation, chambre *f* de clarification	отстойный колодец
S 101	**sediment sink**	Absetzgrube *f*	fosse *f* sédimentaire	отстойник
S 102	**seduct-system**	Abgas-Frischluft-Verbundsystem *n*	compoundage *m* gaz brûlé et air frais	совместная подача и отвод воздуха
S 103	**seed,** inoculate	impfen, animpfen	inoculer, ensemencer	прививать
S 104	**seeding sludge, seed sludge**	Impfschlamm *m*	boue[s] *f*[*pl*] d'ensemencement	ил для сбраживания
S 105	**seepage,** percolation, infiltration	Durchsickerung *f*, Infiltration *f*, Einsickerung *f*, Sickerung *f*, Versickerung *f*	suintement *m*, infiltration *f*, percolation *f*	просачивание
S 106	**seepage pit,** dry well, soakaway, soaking pit	Sickergrube *f*, Sickerschacht *m*	puits *m* d'infiltration	поглощающий колодец

S 107	**seepage water,** leakage water	Leckwasser *n*	eau *f* de fuites	утечка воды
S 108	**self-acting discharge valve**	selbsttätiges Entleerungsventil *n*, automatisches Entleerungsventil	robinet *m* de vidange automatique, vanne *f* de décharge automatique	автоматический спускной клапан
S 109	**self-contained bathing tub**	freistehende Badewanne *f*	baignoire *f* isolée	свободностоящая ванна
S 110	**self-priming centrifugal pump**	selbstsaugende Kreiselpumpe *f*	pompe *f* centrifuge à auto-amorçage	самовсасывающий центробежный насос
S 111	**self-priming pump,** self-starting pump	selbstansaugende Pumpe *f*	pompe *f* à auto-amorçage	самовсасывающий насос
S 112	**self-purification,** autopurification	Selbstreinigung *f*	auto-épuration *f*	самоочищение
S 113	**self-purifying capacity,** recuperative power, auto-purification power	Selbstreinigungskraft *f*	pouvoir *m* auto-épurateur	способность к самоочищению
S 114	**self-starting pump,** self-priming pump	selbstansaugende Pumpe *f*	pompe *f* à auto-amorçage	самовсасывающий насос
	semicoke	*s.* small lignite coke		
S 115	**semi-rotary pump**	Flügelpumpe *f*	pompe *f* rotative à ailettes, pompe rotative à palettes, pompe semi-rotative	крыльчатый насос
S 116	**separate**	abscheiden	séparer, extraire	выделять, отделять
S 117	**separate sewerage system**	Trennentwässerung *f*, Trennkanalisation *f*, Trennsystem *n*	réseau (système) *m* séparatif d'assainissement	раздельная система канализации
S 118	**separation**	Abscheidung *f*	séparation *f*	выделение
S 119	**separator**	Abscheider *m*	séparateur *m*	сепаратор; отстойник
S 120	**septic tank method,** digestion process	Faulverfahren *n*	procédé *m* de digestion	способ гниения
S 121	**sequence of operations,** working process	Arbeitsablauf *m*	succession *f* des opérations, phases *fpl* de travail	рабочий процесс
S 122	**serial connection, series mounting**	Hintereinanderschaltung *f*	montage (couplage) *m* en série, groupement *m* en tension	последовательное включение
S 123	**serviceable,** in working order	betriebsfähig	prêt pour la service en ordre de fonctionnement	готовый к эксплуатации
S 124	**service connection,** service pipe, house connection	Hausanschluß *m*, Hausanschlußleitung *f*, Hauszuleitung *f*	branchement *m* d'abonné, branchement d'immeuble	домовой ввод
S 125	**service door,** charging door	Beschickungstür *f*	clapet *m* d'alimentation, porte *f* de chargement	загрузочное отверстие
S 126	**service life,** life-time, longevity	Lebensdauer *f*	durée *f* de la vie, longévité *f*	срок службы
S 127	**service personnel,** service staff, attendence crew	Bedienungspersonal *n*	hommes *mpl* de service, opérateurs *mpl*, équipe *f* de surveillance, personnel *m* de conduite	обслуживающий персонал
S 128	**service pipe,** service connection, house connection	Hausanschluß *m*, Hausanschlußleitung *f*, Hauszuleitung *f*	branchement *m* d'abonné, branchement d'immeuble	домовой ввод
S 129	**service pressure,** working pressure	Betriebsdruck *m*, Arbeitsdruck *m*	pression *f* de service, pression normale de travail	рабочее давление
S 130	**service speed,** operating speed	Betriebsdrehzahl *f*	nombre *m* de tours	рабочее число оборотов
S 131	**service staff,** attendence crew, service personnel	Bedienungspersonal *n*	hommes *mpl* de service, opérateurs *mpl*, équipe *f* de surveillance, personnel *m* de conduite	обслуживающий персонал
S 132	**service water,** industrial water, process water	Brauchwasser *n*, Betriebswasser *n*, Fabrikationswasser *n*, Nutzwasser *n*	eau *f* d'usage, eau d'usage industriel	непитьевая вода, промышленная вода
S 133	**service-water storage basin**	Gebrauchswasserspeicher *m*	réservoir *m* d'eau de consommation	бак-аккумулятор горячей воды
S 134	**set of machines,** group of machines	Maschinensatz *m*	groupe *m* de machines	машинный агрегат
S 135	**setting point**	Stockpunkt *m* <Öl>	point *m* de congélation	температура затвердевания
S 136	**settle effect**	Absetzwirkung *f* <in Abscheidern>, Reinigungseffekt *m*	effet *m* de décantation	эффект очистки
S 137	**settling,** sedimentation, primary treatment	mechanische Abwasserreinigung *f*, mechanische Klärung *f*, mechanische Reinigung *f*	épuration *f* mécanique des eaux d'égout	механическая очистка сточных вод
S 138	**settling well,** sedimentation tank, clarification tank	Klärbrunnen *m*, Absetzbrunnen *m*	bac *m* de décantation, chambre *f* de clarification	отстойный колодец

No.	English	German	French	Russian
S 139	**sewage**	Abwasser *n*, Schmutzwasser *n*	eaux *fpl* usées, eaux résiduaires	сточная вода
S 140	**sewage disposal,** disposal of waste water	Abwasserbeseitigung *f*, Abwasserableitung *f*	dérivation *f* des eaux d'égouts	удаление сточных вод
S 141	**sewage disposal plant, sewage disposal works,** sewage treatment works, sewage plant, sewage works	Kläranlage *f*, Klärwerk *n*, Abwasserbeseitigungsanlage *f*, Abwasserreinigungsanlage *f*	installation *f* de clarification, station *f* d'épuration des eaux d'égout, usine *f* de purification des eaux d'égout	очистная станция, сооружение для удаления сточных вод
S 142	**sewage gas**	Faulgas *n*	gaz *m* de boue, gaz des digesteurs	болотный газ
S 143	**sewage inflow**	Abwassereinlauf *m*	entrée *f* des eaux d'égouts	впуск сточных вод
S 144	**sewage plant,** sewage treatment works, sewage works, sewage disposal works, sewage disposal plant	Kläranlage *f*, Klärwerk *n*, Abwasserbeseitigungsanlage *f*, Abwasserreinigungsanlage *f*	installation *f* de clarification, station *f* d'épuration des eaux d'égout, usine *f* de purification des eaux d'égout	очистная станция, сооружение для удаления сточных вод
S 145	**sewage pump**	Abwasserpumpe *f*	pompe *f* des eaux d'égouts	насос для откачки сточных вод
S 146	**sewage pumping station**	Abwasserpumpwerk *n*	station *f* de pompes des eaux d'égouts	насосная станция сточных вод
S 147	**sewage purification,** waste water purification	Abwasserreinigung *f*, Abwasserklärung *f*	décantation *f* des eaux résiduaires, épuration *f* des eaux résiduaires	очистка сточных вод
S 148	**sewage system,** duct system	Kanalsystem *n*	réseau *m* des gaines, réseau de canalisation	система каналов
S 149	**sewage treatment works,** sewage works, sewage plant, sewage disposal works, sewage disposal plant	Kläranlage *f*, Klärwerk *n*, Abwasserbeseitigungsanlage *f*, Abwasserreinigungsanlage *f*	installation *f* de clarification, station *f* d'épuration des eaux d'égout, usine *f* de purification des eaux d'égout	очистная станция, сооружение для удаления сточных вод
S 150	**sewage water cement**	Abwasserkitt *m*	ciment *m* résistant aux acides des eaux d'égouts	замазка для канализационных труб
	sewage works	*s.* sewage treatment works		
S 151	**sewer**	Abwassersammler *m*, Sammler *m*	collecteur *m* des eaux-vannes	коллектор сточных вод
S 152	**sewer**	Abzug *m* <Kanal>	canal *m* d'écoulement, rigole *f*, trage *m*	тяга; отвод
S 153	**sewerage,** canalization	Kanalisation *f*, Kanalisierung *f*	assainissement *m*, canalisation *f*, réseau *m* de canalisation	канализация
S 154	**sewerage,** drain pipe line	Abwasserleitung *f*, Entwässerungsleitung *f* <Gebäude, Grundstück>	conduite *f* d'eaux d'écoulement	канализационный трубопровод
S 155	**sewerage plant,** waste-water purification plant	Abwasserreinigungsanlage *f*, Abwasserkläranlage *f*, Kläranlage *f*	installation *f* de décantation des eaux résiduaires	очистное сооружение для сточных вод
S 156	**sewerage system,** drainage system, collecting system, water-carriage system, drain system	Entwässerungsnetz *n*, Entwässerungssystem *n*, Kanalnetz *n*, Kanalisationsanlage *f*, Schmutzwasserkanalisation *f*, Abwassersystem *n*	réseau *m* d'égouts, réseau d'évacuation, système *m* de canalisation d'eau usée, système des eaux d'égouts	канализационная сеть, система канализации
S 157	**sewer bottom**	Sohle *f* eines Abwasserkanals	fond *m* de l'égout, radier *m* de l'égout	дно канала
S 158	**sewer cleaning**	Kanalreinigung *f*	nettoyage *m* des égouts, curage *m* des égouts	чистка канала
S 159	**sewer duct**	Kanalisationsrohr *n*	tuyau *m* de canalisation	канализационная труба
S 160	**sewer flushing**	Kanalspülung *f*	chasse *f* d'égout	промывка канала
S 161	**sewer gas**	Kanalgas *n*	gaz *m* d'égout	канализационный газ
S 162	**sewer gas**	Klärgas *n*	gaz *m* de curage	газ из осадков сточных вод
S 163	**sewer pipe**	Kanalrohr *n*	tuyau *m* d'égout	канализационная труба
S 164	**sewer profile**	Kanalprofil *n*	profil *m* du canal	профиль канала
S 165	**sewer section**	Kanalquerschnitt *m*	profil *m* en travers du canal	поперечное сечение канала
S 166	**shaft,** pit, trench	Schacht *m*	puits *m*, regard *m*	шахта
S 167	**shaft of outgoing air**	Abluftschacht *m*	cheminée *f* d'évacuation d'air	вытяжная вентиляционная шахта
S 168	**shallow well**	Flachbrunnen *m*	puits *m* ordinaire à faible profondeur	неглубокий колодец
S 169	**shape**	Fassonstück *n*	façonnée *f*, pièce *f* profilée	фитинг, часть арматуры
S 170	**shearing resistance, shearing strength**	Scherwiderstand *m*	résistance *f* au cisaillement	срезывающее сопротивление
S 171	**shearing stress**	Scherbeanspruchung *f*, Schubspannung *f*	contrainte *f* au cisaillement	срезывающее напряжение
S 172	**sheet**	Platte *f*	feuille *f*, plaque *f*	пластинка; плита
S 173	**sheet copper**	Kupferblech *n*	tôle *f* de cuivre	листовая медь

S 174	**sheet cutting shears,** plate shears	Blechschere *f*	cisailles *fpl*, cisoir *m* à levier	ножницы для резки листового железа
S 175	**sheet iron cover**	Blechverkleidung *f*	recouvrement (revêtement) *m* en tôle	покрытие листовым металлом
S 176	**sheet iron plate**	Blechtafel *f*	feuille *f* de tôle	пластинка из листовой стали
S 177	**sheet iron tube**	Blechrohr *n*	tuyau *m* en tôle	жестяная труба
S 178	**sheet lead**	Bleiblech *n*, Walzblei *n*	plaque *f* de plomb	листовой свинец, рольный свинец
S 179	**sheet metal tube**	Blechmantel *m* <für isolierte Rohre>	enveloppe *f* en tôle, revêtement *m* en tôle, capot *m* en tôle	металлический кожух
S 180	**shift burner**	Umstellbrenner *m*	bec (brûleur) *m* de gaz de changement	регулируемая горелка
S 181	**shift douche**	Umstellbrause *f*	pomme *f* d'arrosage réversible	регулируемый душ
S 182	**shifting sand,** swimming sand, quicksand	Schwimmsand *m*, Treibsand *m*, Triebsand *m*, Fließsand *m*	sable *m* mouvant	плывун
S 183	**shining coal,** glance coal	Glanzkohle *f*	houille *f* éclatante, houille luisante, houille brillante	блестящий уголь
S 184	**shoe elbow,** base elbow flanged 90°, duckfood bend	Fußkrümmer *m*, N-Stück *n*	coude *m* à pied, coude à patin	переход от горизонтального участка трубопровода к вертикальному
S 185	**shop assembly**	Werkstattmontage *f*	montage *m* en atelier	монтаж в цехе
S 186	**shoulder nipple,** barrel nipple	Doppelnippel *m*	nipple *m* double	двойной ниппель
S 187	**shower**	begießen	verser, arroser	поливать, обливать
S 188	**shower,** douche	Brause *f*, Dusche *f*	pomme *f* d'arrosoir, douche *f*	лейка, душ, разбрызгиватель
S 189	**shower apparatus**	Beregnungsgeräte *npl*	appareil *m* d'arrosage, arroseur *m*, tourniquet *m*	прибор для дождевания
S 190	**shower bath**	Brausebad *n*	douche *f*	душ
S 191	**shower cell**	Brausezelle *f*	cabinet *m* de douches	душевое отделение
S 192	**shower fittings**	Brausegarnitur *f*	garniture *f* pour les douches	душевая гарнитура
S 193	**shower head,** rose head, spray head	Brausekopf *m*	pomme *f* d'arrosoir	душевая головка
S 194	**shower tube**	Brauseschlauch *m*	tuyau *m* flexible d'arrosage	душевой шланг
S 195	**shut-down period**	Abschaltperiode *f*	période *f* d'arrêt	период выключения
S 196	**shut-down time**	Betriebspause *f*	temps *m* d'arrêt	перерыв в работе
S 197	**shut-off valve,** stop valve	Absperrventil *n*	soupape *f* d'arrêt	запорный вентиль
S 198	**shutting clap**	Absperrklappe *f*	clapet *m* d'arrêt	запорная заслонка
S 199	**side contraction**	Seiteneinschnürung *f*	contraction *f* latérale	боковое сужение
S 200	**side of a basin,** wall of a basin	Beckenwand *f*	paroi *f* du bassin	стена бассейна
S 201	**sieve,** screen	Sieb *n*	tamis *m*, crible *m*	сито, сетка
S 202	**sight glass**	Schauglas *n*	verre *m* de regard	смотровое окно
S 203	**sight hole,** inspection hole	Schauöffnung *f*	trou *m* de regard	смотровое отверстие
S 204	**sign, sign board**	Bezeichnungsschild *n*	plaque *f* indicatrice, étiquette *f*	указатель
S 205	**sign of corrosion**	Korrosionserscheinung *f*	piqûres *fpl* et taches *fpl* produites par la corrosion	явление коррозии
S 206	**silencing**	Schalldämmung *f*	atténuation *f* acoustique	звукоизоляция
S 207	**silica gel**	Kieselgel *m*	gel *m* de silice	силикагель
S 208	**silt,** sludge, mud	Schlamm *m*	boue *f*	ил, шлам, грязь
S 209	**siltation, silting**	Verschlickung *f*	envasement *m*	заиливание
S 210	**simultaneousness,** isochronism	Gleichzeitigkeit *f*	simultanéité *f*, synchronisme *m*	одновременность
S 211	**single-acting centrifugal pump,** single-stage centrifugal pump	einstufige Kreiselpumpe *f*	pompe *f* à simple effet, centrifuge *f* à simple effet	одноступенчатый центробежный насос
S 212	**single-acting compressor**	einfach wirkender Verdichter *m*	compresseur *m* à simple effet	компрессор простого действия
S 213	**single heating**	Einzelheizung *f*	chauffage *m* par foyer indépendant	индивидуальное отопление, печное отопление
S 214	**single hot-water supply**	Einzelwarmwasserbereitung *f*	alimentation *f* individuelle d'eau chaude	индивидуальное горячее водоснабжение
S 215	**single-stage**	einstufig	mono-étagé, à un étage	одноступенчатый
S 216	**single-stage centrifugal pump,** single-acting centrifugal pump	einstufige Kreiselpumpe *f*	pompe *f* à simple effet, centrifuge *f* à simple effet	одноступенчатый центробежный насос
S 217	**single-stage turbine**	einstufige Turbine *f*	turbine *f* mono-étagée, turbine à un étage	одноступенчатая турбина
S 218	**single-webbed boiler**	einwandiger Warmwasserbereiter *m*	chauffe-eau *m* rapide à paroi simple	одностенчатый бойлер
S 219	**sink**	Spülstein *m*	évier *m*	слив
S 220	**sink basin**	Ausguß *m*, Ausgußbecken *n*	bassin *m* d'évier	кухонная раковина

No.	English	Deutsch	Français	Русский
S 221	**sink trap,** gully, slop sink	Sinkkasten *m*, Gully *m*, Ablauf *m*, Rinneneinlaß *m*	siphon *m* de décantation	опускной ящик, ливнеспуск, спуск
S 222	**siphon**	Saugheber *m*, Heber *m*, Syphon *m*	siphon *m*, siphon à point haut	сифон
S 223	**siphon conduit, siphon piping**	Heberleitung *f*	conduite *f* en siphon	подъемная линия, сифонный трубопровод
S 224	**site,** location	Standort *m*	emplacement *m*, localité *f*	место расположения
S 225	**size of grain,** grade of grain	Korngröße *f*	grosseur *f* des grains	размер зерен
S 226	**skimmings,** floating solids, floating matter	Schwimmstoffe *mpl*	matières *fpl* flottantes	плавающие вещества
S 227	**skin temperature**	Hauttemperatur *f*	température *f* de peau	температура кожи
S 228	**skirting board-heating**	Fußleistenheizung *f*	chauffage *m* au antébois	плинтусное отопление
S 229	**skirting board-radiator**	Fußleistenheizkörper *m*	élément *m* de chauffage au antébois	плинтусный нагревательный прибор
S 230	**skyscraper heating,** high-building heating	Hochhausheizung *f*	chauffage *m* à gratte-ciel	отопление высотного здания
S 231	**slack, slack coal,** duff, small coal	Feinkohle *f*, Kohlengrus *m*	fines *fpl*, menu *m* brut	угольная мелочь
S 232	**slackness**	Spielraum *m*, Luft *f* <eines Lagers>	jeu *m* radial	зазор; люфт
S 233	**slag lead pipe**	Hartbleirohr *n*	tube *m* de plomb dur	труба из твердого сплава свинца
S 234	**sleeve cock**	Muffenhahn *m*	robinet *m* à manchon	муфтовый кран
S 235	**sleeve joint,** hub and spigot joint, spigot and socket joint	Muffenverbindung *f*	joint *m* à emboîtement, joint à manchon, assemblage *m* à manchon	соединение муфтами
S 236	**sleeve leakage**	Muffenundichtheit *f*	inétanchéité *f* des manchons	неплотность муфты
S 237	**sleeve of a pipe,** socket	Rohrmuffe *f*	manchon *m* d'un tuyau	раструб трубы
S 238	**sleeve packing**	Muffendichtung *f*	joint *m* à manchon	уплотнение муфты
S 239	**sleeve slanted seat valve**	Muffenschrägsitzventil *n*	soupape *f* à siège incliné à manchon	муфтовый вентиль с косорасположенным седлом
S 240	**sleeve valve**	Muffenventil *n*	soupape *f* à manchon	муфтовый клапан
S 241	**slewing arm,** floating arm	Schwenkarm *m*	bras *m* oscillant, bras pivotant	поворотный рукав
S 242	**slide bearing,** sliding bearing, plain bearing, common bearing	Gleitlager *n* <Rohrverlegung>	palier *m* lisse, palier à glissement, palier-glisseur *m*	скользящая опора
S 243	**slide valve,** penstock	Schieber *m*	tiroir *m*, vanne *f* à glissière	задвижка
S 244	**slide valve**	Absperrschieber *m*	vanne *f* d'arrêt	запорная задвижка
S 245	**slide valve cover,** cover of slide valve	Schieberhaube *f*	chapeau *m* de vanne	колпак задвижки
S 246	**sliding bearing,** slide bearing, plain bearing, common bearing	Gleitlager *n* <Rohrverlegung>	palier *m* lisse, palier à glissement, palier-glisseur *m*	скользящая опора
S 247	**slip-on flange,** loose flange	loser Flansch *m*	bride *f* folle	свободный фланец
S 248	**slop sink,** gully, sink trap	Sinkkasten *m*, Gully *m*, Ablauf *m*, Rinneneinlaß *m*	siphon *m* de décantation	опускной ящик, ливнеспуск, спуск
S 249	**slots,** openings	Filteröffnungen *fpl*	lumières *fpl*, ouvertures *fpl*, trous *mpl*	отверстия фильтра
S 250	**slotted outlet**	Schlitzauslaß *m*	ouïe *f* d'échappement	щелевой выпуск
S 251	**slow ignition**	Langsamzündung *f*	allumage *m* à faible vitesse	медленное зажигание
S 252	**slow ignition device**	Langsamzündeinrichtung *f*	allumeur *m* à faible vitesse	запальное устройство медленного действия
S 253	**sludge,** mud, silt	Schlamm *m*	boue *f*	ил, шлам, грязь
S 254	**sludge draw-off pipe,** sludge outlet	Schlammablaßrohr *n*	tuyau *m* d'évacuation des boues	труба для выпуска ила
S 255	**sludge incineration**	Schlammverbrennung *f*	incinération *f* des boues	сжигание ила
S 256	**sludge outlet,** sludge draw-off pipe	Schlammablaßrohr *n*	tuyau *m* d'évacuation des boues	труба для выпуска ила
S 257	**sludge pipe,** sludge withdrawal pipe	Schlammrohr *n*, Schlammentnahmerohr *n*	tube *m* à boues, canalisation *f* à boues, tuyau *m* d'extraction des boues	иловая труба
S 258	**sludge plug cock,** blow-off plug cock	Konusauslaufhahn *m*	robinet *m* de vidange à boisseau	конусный спускной кран
S 259	**sludge pump**	Schlammpumpe *f*	pompe *f* à boues	грязевой насос
S 260	**sludge removal,** de-sludging	Entschlammung *f*	évacuation *f* des boues, enlèvement *m* des boues	удаление ила
S 261	**sludge sump**	Schlammsumpf *m* <eines Absetzbeckens>	puisard *m* à boues	приямок
S 262	**sludge valve**	Schlammablaßventil *n*	soupape *f* de vidange des boues	вентиль для выпуска ила
S 263	**sludge withdrawal pipe,** sludge pipe	Schlammrohr *n*, Schlammentnahmerohr *n*	tube *m* à boues, canalisation *f* à boues, tuyau *m* d'extraction des boues	иловая труба
S 264	**slug lead,** hard lead	Hartblei *n*	plomb *m* dur, plomb antimonié	гартблей; твердый силав свинца

S 265	**small capacity iron removal apparatus**	Kleinenteisener *m*	petit appareil *m* de déferrisation	малая установка для удаления железа
S 266	**small coal,** duff, slack coal, slack	Feinkohle *f*, Kohlengrus *m*	fines *fpl*, menu *m* brut	угольная мелочь
S 267	**small coal slack,** pea coal	Grießkohle *f*	menu *m*, fines *fpl*	угольная мелочь
S 268	**small lignite coke,** semi coke, coalite	Grudekoks *m*	coke *m* de lignite	полукокс
S 269	**small scale test,** model test	Modellversuch *m*	essai *m* sur modèle	испытание на модели
S 270	**smell,** odour	Geruch *m*	odeur *f*	запах
S 271	**smell measurement**	Geruchsmessung *f*	mesure *f* de l'odeur	измерение запаха
S 272	**smoke**	Rauch *m*	fumée *f*	дым
S 273	**smoke flue**	Fuchs *m* <Rauchkanal>	rampant *m*	боров
S 274	**smoke-flue cleaning door**	Fuchsreinigungszarge *f*	châssis *m*, nettoyage *m* du rampant	царга для очистки борова
S 275	**smoke flue-joining**	Fuchsanschluß *m*	raccordement *m* de rampant	подключение борова
S 276	**smoke pipe**	Rauchrohr *n*	tube *m* à fumée	дымогарная труба
S 277	**smoke pipe of sheet iron,** funnel of sheet iron	Blechschornstein *m*	cheminée *f* en tôle	железная дымовая труба
S 278	**smoke tube boiler**	Rauchrohrkessel *m*	chaudière *f* à tubes de fumée	дымогарный котел
S 279	**smooth,** polish	glätten	lisser, polir, planer	сглаживать, выравнивать
S 280	**soakaway,** dry well, soaking pit, seepage pit	Sickergrube *f*, Sickerschacht *m*	puits *m* d'infiltration	поглощающий колодец
S 281	**soak in,** infiltrate	einsickern	s'infiltrer	просачиваться внутрь, инфильтрировать
S 282	**soaking pit,** dry well, soakaway, seepage pit	Sickergrube *f*, Sickerschacht *m*	puits *m* d'infiltration	поглощающий колодец
S 283	**socket,** spout	Tülle *f*	douille *f*	насадка
S 284	**socket,** sleeve of a pipe	Rohrmuffe *f*	manchon *m* d'un tuyau	раструб трубы
S 285	**socket and spigot bend**	Muffenbogen *m*	coude *m* à emboîtement et cordon	раструбное колено
S 286	**socket and spigot 90° bend**	Muffenkrümmer 90° *m*	coude *m* au 1/4 à emboîtement et cordon (bout uni)	раструбное колено 90°
S 287	**socket and spigot pressure pipe,** delivery socket pipe	Muffendruckrohr *n*	tuyau *m* à emboîtement pour une conduite forcée	раструбная напорная труба
S 288	**socket and spigot taper,** bell and spigot reducer	Muffenübergangsstück *n*, R-Stück *n*	cône *m* à emboîtement, tuyau *m* conique à emboîtement, cône à emboîtement et cordon	переход раструб — гладкий конец
S 289	**socket back valve**	Muffenrückschlagventil *n*	soupape *f* de retenue à manchon	муфтовый обратный клапан
S 290	**socket end**	Muffenende *n*	bout *m* femelle	конец муфты
S 291	**socket for lead joint,** spigot and socket joint run with lead	Muffe *f* für Bleidichtung	joint *m* à emboîtement au plomb	раструб трубы для свинцового уплотнения
S 292	**socket pipe**	Muffenrohr *n*	tuyau *m* à emboîtement	раструбная труба
S 293	**socket sluice valve**	Muffenschieber *m*	robinet-vanne *m* à emboîtement	муфтовая задвижка
S 294	**soda, soda ash,** sodium carbonate	Soda *f*, kohlensaures Natron *n*, Natriumkarbonat *n*	soude *f*, carbonate *m* de sodium	сода; углекислый натрий
S 295	**soda lye,** caustic soda solution	Natronlauge *f*	soude *f* caustique liquide, lessive *f* de soude caustique	раствор едкого натра
S 296	**soda softening**	Sodaenthärtung *f*	adoucissement *m* au carbonate de sodium	умягчение воды при помощи соды
S 297	**sodium carbonate,** soda, soda ash	Soda *f*, kohlensaures Natron *n*, Natriumkarbonat *n*	soude *f*, carbonate *m* de sodium	сода; углекислый натрий
S 298	**sodium chloride,** salt, chloride of sodium	Kochsalz *n*, Chlornatrium *n*, Natriumchlorid *n*	gros sel *m*, sel de cuisine	поваренная соль
S 299	**soffit,** intrados	Innenleibung *f*	intrados *m*	внутренняя поверхность <арки>
S 300	**soften**	enthärten, weichmachen	adoucir	умягчить
S 301	**softening**	Enthärtung *f*	adoucissement *m*	умягчение
S 302	**softening apparatus,** apparatus for water softening	Enthärtungsapparat *m*	adoucisseur *m*	аппарат для снижения жесткости
S 303	**softening installation, softening plant**	Enthärtungsanlage *f*	installation *f* d'adoucissement	установка для снижения жесткости
S 304	**soft-solder**	weichlöten	souder à l'étain	мягко паять
S 305	**soft water**	weiches Wasser *n*	eau *f* douce	мягкая вода
S 306	**soil filtration**	Bodenfilterung *f*	filtration *f* par le sol, filtration dans sous-sol	грунтовое фильтрование
S 307	**soil irrigation**	Bodenberieselung *f*	irrigation *f* du sol, arrosage *m* du sol	орошение земель
S 308	**soil pipe,** down pipe, downtake pipe, draught tube	Fallrohr *n*, Abfallrohr *n*	tube *m* de descente, tuyau *m* de descente (chute)	опускная труба; стояк
S 309	**soil profile**	Bodenprofil *n*	profil *m* du sol	профиль дна (земли)

S 310	**solder**	löten	souder	паять
S 311	**soldering equipment**	Lötgerät *n*	ustensile *m* de soudage	паяльный прибор
S 312	**soldering iron**	Lötkolben *m*	fer *m* à souder	паяльник
S 313	**soldering joint**	Lötverbindung *f*	jonction *f* par soudure	спай, соединение пайкой
S 314	**soldering lamp,** blow torch	Lötlampe *f*	lampe *f* à souder	паяльная лампа
S 315	**soldering solution,** killed spirits	Lötwasser *n*	eau *f* à souder	паяльная вода
S 316	**sole**	Sohle *f*	sole *f*	дно
S 317	**solid contents**	Feststoffgehalt *m*	teneur *f* à matière solide, teneur en solides	содержание твердых веществ
S 318	**solid fuel**	fester Brennstoff *m*	combustible *m* solide	твердое топливо
S 319	**solubility**	Löslichkeit *f*	solubilité *f*	растворимость
S 320	**soluble**	löslich	soluble	растворимый
S 321	**soluble in water**	wasserlöslich	soluble dans l'eau	растворимый в воде
S 322	**solution pressure**	Lösungsdruck *m*, Lösungstension *f*	pression *f* de la solution	давление раствора, напряжение раствора
S 323	**solution tank**	Lösungsbecken *n*, Lösungsbehälter *m*	bac *m* de dissolution	бак раствора
S 324	**solvent**	Lösungsmittel *n*	solvant *m*, dissolvant *m*	растворитель
S 325	**soot**	Ruß *m*	suie *f*	сажа
S 326	**sound**	Schall *m*, Klang *m*	bruit *m*, son *m*	звук
S 327	**sound deadening**	Geräuschdämpfung *f*	amortissement *m* de bruit	заглушение шума
S 328	**sound dead room**	schalltoter Raum *m*	chambre *f* de silence	звуконепроницаемое помещение
S 329	**sound energy**	Schallenergie *f*	énergie *f* sonore	звуковая энергия
S 330	**sounding**	Beschallung *f*	sonorisation *f*	озвучивание
S 331	**sound intensity**	Schallstärke *f*	intensité *f* sonore	сила звука
S 332	**sound [intensity] level**	Schallpegel *m*	niveau *m* d'intensité sonore	уровень звука
S 333	**sound propagation**	Schallausbreitung *f*, Schallfortpflanzung *f*	propagation *f* du son	распространение звука
S 334	**sound protection**	Schallschutz *m*	protection *f* contre le bruit	звукоизоляция
S 335	**sound wave**	Schallwelle *f*	onde *f* sonore	звуковая волна
S 336	**source,** spring	Quelle *f*	source *f*	источник
S 337	**source of error**	Fehlerquelle *f*	source *f* d'erreur	источник погрешностей
S 338	**source of sound**	Schallquelle *f*	source *f* sonore	источник звука
S 339	**spare, spare part,** repair part, replacement part	Ersatzteil *n*	pièce *f* de rechange, rechange *m*	запасная часть
S 340	**sparing**	Aussparung *f* <Durchbruch>	évidement *m*	паз
S 341	**spark arrester**	Funkenfänger *m*	pare-étincelles *m*	искроловитель
S 342	**special casting,** [pipe] fitting	Formstück *n*, Fitting *n*	tuyau *m* d'ajustage, pièce *f* spéciale, pièce de forme	фасонная часть, фитинг
S 343	**specific consumption**	spezifischer Verbrauch *m*	consommation *f* spécifique	удельный расход
S 344	**specific consumption of heat**	spezifischer Wärmeverbrauch *m*	consommation *f* de chaleur spécifique	удельный расход тепла
S 345	**specific gravity,** unit weight, specific weight	Dichte *f*	poids *m* spécifique	удельный вес
S 346	**specific heat**	spezifische Wärme *f*	chaleur *f* spécifique	удельное тепло
S 347	**specific weight,** unit weight, specific gravity	Dichte *f*	poids *m* spécifique	удельный вес
S 348	**speed,** velocity	Geschwindigkeit *f*	vitesse *f*, vélocité *f*, rapidité *f*	скорость
S 349	**speed controlling device, speed governor,** speed regulator	Drehzahlregler *m*, Geschwindigkeitsregler *m*	régulateur *m* de vitesse	регулятор числа оборотов, регулятор скорости
S 350	**speed indicator,** velocimeter	Geschwindigkeitsmesser *m*	indicateur *m* de vitesse	измеритель скорости
S 351	**speed regulator,** speed controlling device, speed governor	Drehzahlregler *m*, Geschwindigkeitsregler *m*	régulateur *m* de vitesse	регулятор числа оборотов, регулятор скорости
S 352	**speed variation,** fluctuation of speed	Geschwindigkeitsschwankung *f*	fluctuation *f* de vitesse, variation *f* de vitesse	колебание скорости
S 353	**spent steam,** exhaust steam, dead steam, waste steam	Abdampf *m*	vapeur *f* épuisée	мятый (отработавший) пар
S 354	**spherical socket**	kugelförmige Muffe *f*	emboîtement *m* sphérique	шарообразная муфта
S 355	**spherical valve,** ball valve	Kugelventil *n*	soupape *f* sphérique	шаровой клапан
S 356	**spigot and socket joint,** hub and spigot joint, sleeve joint	Muffenverbindung *f*	joint *m* à emboîtement, joint à manchon, assemblage *m* à manchon	соединение муфтами
S 357	**spigot and socket joint run with lead,** socket for lead joint	Muffe *f* für Bleidichtung	joint *m* à emboîtement au plomb	раструб трубы для свинцового уплотнения
S 358	**spill valve**	Überströmventil *n*	soupape *f* de décharge	перепускной клапан
S 359	**spillway,** overflow, overfall	Überfall *m*, Überlauf *m*	déversoir *m*	перелив, перепад
S 360	**spillway channel**	Überfallkanal *m*	coursier *m*	водосливный канал
S 361	**spiral fan,** propeller fan, helical fan	Schraubenlüfter *m*, Axialventilator *m*	ventilateur *m* hélicoïdal (à hélice, à ailettes)	пропеллерный вентилятор

S 362	**sponge rubber**	Schwammgummi *m*	mousse *m* caoutchouc	пористая резина
S 363	**spot,** locality, place	Ort *m*, Örtlichkeit *f*	localité *f*, lieux *mpl*	место
S 364	**spot of rupture**	Bruchstelle *f*	point *m* de rupture, cassure *f*	место поломки
S 365	**spout,** socket	Tülle *f*	douille *f*	насадка
S 366	**spray**	besprengen	arroser	обрызгивать
S 367	**spray device,** atomizer, sprayer	Zerstäuber *m*	pulvérisateur *m*	распылитель
S 368	**spray dryer**	Zerstäubungstrockner *m*	sécheur *m* par pulvérisation	распылительная сушилка
S 369	**sprayer,** atomizer, spray device	Zerstäuber *m*	pulvérisateur *m*	распылитель
S 370	**spray head,** rose head, shower head	Brausekopf *m*	pomme *f* d'arrosoir	душевая головка
S 371	**spraying,** atomization	Zerstäubung *f*	pulvérisation *f*	распыление
S 372	**spraying nozzle**	Sprühdüse *f*	pulvérisateur *m*	распыливающее сопло
S 373	**spraying nozzle**	Spritzdüse *f*	gicleur *m*	разбрызгивающее сопло
S 374	**spray irrigation**	Verregnung *f* <von Wasser>, Beregnung *f* <einer Bodenfläche>	arrosage *m* par aspersion	дождевание
S 375	**spray nozzle,** sprinkler nozzle, sprinkler	Streudüse *f*, Besprengungsdüse *f*, Spritzdüse *f*	bec *m* pulvérisateur, buselure *f* de pulvérisation	разбрызгивающее сопло; спринклер
S 376	**spring,** originate in, rise, spring from	entspringen, hervorquellen	jaillir, soudre, prendre sa source	вытекать
S 377	**spring,** source	Quelle *f*	source *f*	источник
S 378	**spring,** well	Brunnen *m*	puits *m*	колодец
S 379	**spring from,** originate in, rise, spring	entspringen, hervorquellen	jaillir, soudre, prendre sa source	вытекать
S 380	**spring-loaded pressure reducing valve**	federbelasteter Druckminderer *m*	soupape *f* de réduction commandée par ressort, régulateur *m* détendeur commandé par ressort	редукционный клапан с пружиной
S 381	**spring-loaded safety valve**	federbelastetes Sicherheitsventil *n*	soupape *f* de sûreté commandée par ressort	предохранительный клапан с пружиной
S 382	**spring washer**	Federring *m*	anneau-ressort *m*, rondelle *f* élastique de ressort, rondelle élastique à ressort, rondelle élastique de sûreté	пружинная шайба
S 383	**spring water**	Quellwasser *n*	eau *f* de source	источниковая вода
S 384	**sprinkle,** wet	benetzen	mouiller, arroser, humecter	смачивать
S 385	**sprinkler, sprinkler nozzle,** spray nozzle	Streudüse *f*, Besprengungsdüse *f*, Spritzdüse *f*	bec *m* pulvérisateur, buselure *f* de pulvérisation	разбрызгивающее сопло; спринклер
S 386	**sprinkler plant**	Beregnungsanlage *f*	installation *f* pluviale (d'arrosage)	установка для дождевания
S 387	**sprinkling,** wetting	Benetzung *f*	arrosement *m*, arrosage *m*	смачивание, увлажнение
S 388	**sprinkling hydrant**	Sprenghydrant *m*	bouche *f* d'arrosage	спринклерный гидрант
S 389	**spun glass,** fibre glass	Glasgespinst *n* <Isoliermaterial>	verre *m* filé	стеклянное волокно
S 390	**spun glass,** glass wool	Glaswolle *f*	laine *f* de verre	стеклянная вата
S 391	**spun pipe,** centrifugally cast pipe	Schleudergußrohr *n*, Schleuderrohr *n*	tuyau *m* en fonte centrifugée	центрифугированная труба
S 392	**square elbow,** elbow, knee bend, knee	Knierohr *n*, Kniestück *n*, Winkelrohr *n*	coude *m* d'équerre	колено
S 393	**square thread**	Flachgewinde *n*	filet *m* carré	прямоугольная нарезка
S 394	**stage purification**	Stufenreinigung *f*	épuration *f* en étages	ступенчатая очистка
S 395	**stagnant**	stagnierend	stagnant	застойный
S 396	**stagnant water**	stehendes Wasser *n*	eau *f* dormante, eau stagnante	неподвижная вода
S 397	**stagnation of air**	stagnierende Luft *f*	stagnation *f* de l'air	застоявшийся воздух
S 398	**stagnation point**	Staupunkt *m*	point *m* de stagnation	точка наибольшего напора; критическая точка
S 399	**stamping,** tamping, ramming	Stampfen *n*, Einstampfen *n*	damage *m*, pilonnage *m*	трамбование
S 400	**standard collar,** straight sleeve	Überschiebmuffe *f*, Überschieber *m*, U-Stück *n*	manchon *m* droit, bout *m* à deux emboîtements	надвижная муфта
S 401	**standard cubic metre**	Normkubikmeter *m*	mètre *m* cube à l'état normal	нормальный кубический метр
S 402	**standard gas**	Normgas *n*	gaz *m* normal	стандартный газ
S 403	**standard method**	Einheitsverfahren *n*	procédé *m* standardisé	стандартный метод
S 404	**standard nozzle**	Normdüse *f*	busette *f* normalisée, tuyère *f* normalisée	стандартное сопло
S 405	**standard on demand**	Bedarfsnorm *f*	norme *f* sur demande	норма потребности (расхода)
S 406	**standard orifice**	Normblende *f*	obturateur *m* normal	нормальная диафрагма
S 407	**standard state**	Normzustand *m*	situation *f* normale	стандартное состояние
S 408	**stand-by pump**	Ersatzpumpe *f*, Reservepumpe *f*	pompe *f* de remplacement (réserve)	резервный насос
S 409	**standing urinal**	Standurinal *n*	vespasienne *f*	стоящий писсуар
S 410	**stand pipe**	Standrohr *n* <Feuerwehr>	tuyau *m* de prise d'eau	стояк

S 411	**standpost hydrant,** pillar hydrant, street-watering standpost	Überflurhydrant *m*, Überflurwasserpfosten *m*	bouche *f* à clé sur trottoir	наземный гидрант
S 412	**starch gum,** dextrin	Dextrin *n*	dextrine *f*, gomeline *f*, gomme *f* indigène	декстрин
S 413	**starter**	Anlasser *m*, Anlaßgerät *n*	démarreur *m*	стартер, пусковое устройство
S 414	**starting**	Inbetriebnahme *f*	mise *f* en mouvement (marche, route, train)	пуск в ход; ввод в эксплуатацию
S 415	**starting torque**	Anzugsmoment *n*, Anlaufmoment *n*	couple *m* de démarrage	пусковой момент
S 416	**state of aggregation**	Aggregatzustand *m*	état *m* d'agrégation	агрегатное состояние
S 417	**static head**	statische Druckhöhe *f*	charge *f* statique, hauteur *f* de la pression statique	высота статического напора
S 418	**static pressure**	statischer Druck *m*	pression *f* statique	статический напор
S 419	**stationary blade,** vane, guide vane	Leitschaufel *f*	aube *f* directrice, aube fixe	направляющая лопатка
S 420	**stationary installation**	ortsfeste Anlage *f*	installation *f* fixe	стационарная установка
S 421	**stationary tile stove**	ortsfester Kachelofen *m*	poêle *m* en faïence stationnaire	стационарная кафельная печь
S 421a	**steady pressure valve**	Konstantdruckventil *n*	soupape *f* de compression constante	вентиль постоянного давления
S 422	**steady state condition,** permanency	Beharrungszustand *m*	état *m* permanent, état d'inertie, régime *m* permanent	стационарное состояние
S 423	**steam,** water vapour	Wasserdampf *m*	vapeur *f* d'eau	водяной пар
S 424	**steam armature**	Dampfarmaturen *fpl*	armatures *fpl* pour chaudières à vapeur	арматура для пара
S 425	**steam boiler**	Dampfkessel *m*	chaudière *f* à vapeur	паровой котел
S 426	**steam boiler inspection, steam boiler supervision**	Dampfkesselüberwachung *f*	surveillance *f* de chaudières à vapeur	котлонадзор
S 427	**steam coil**	Dampfschlange *f*	serpentin *m* à vapeur	паровой змеевик
S 428	**steam collecting vessel**	Dampfsammler *m*	collecteur *m* de vapeur	паросборник
S 429	**steam conduit,** steam piping	Dampfleitung *f*	tuyauterie *f* de vapeur, distribution *f* de vapeur, conduite *f* de vapeur, conduit (tuyau) *m* à vapeur	паропровод
S 430	**steam consumption**	Dampfverbrauch *m*	consommation (dépense) *f* de vapeur	расход пара
S 431	**steam dome**	Dampfdom *m*	dôme *m* à vapeur	паровой колпак
S 432	**steam drive**	Dampfantrieb *m*, Antrieb *m* mit Dampf	commande *f* à vapeur	паровой привод
S 433	**steam generating capacity**	Dampfleistung *f*	production *f* (débit *m*) de vapeur	паропроизводительность
S 434	**steam generation,** formation of steam	Dampfbildung *f*	génération *f* de vapeur	парообразование
S 435	**steam-heated**	dampfbeheizt	chauffé à la vapeur	обогреваемый паром
S 436	**steam heating**	Dampfheizung *f*	chauffage *m* à la vapeur	паровое отопление
S 437	**steam injector**	Dampfstrahlpumpe *f*	pompe *f* à jet de vapeur	пароструйный насос (инжектор)
S 438	**steam inlet**	Dampfeinlaß *m*	admission *f* de vapeur	впуск пара
S 439	**steam jet**	Dampfstrahl *m*	jet *m* de vapeur	паровая струя
S 440	**steam loss**	Dampfverlust *m*	perte *f* de vapeur, dépense *f* de vapeur	потеря пара
S 441	**steam main**	Hauptdampfleitung *f*	conduite *f* de vapeur principale	главный паропровод
S 442	**steam mixture**	Dampfgemisch *n*	mélange *m* de vapeur	смесь паров
S 443	**steam moisture**	Dampffeuchtigkeit *f*	humidité *f* de la vapeur	влажность пара
S 444	**steam network**	Dampfnetz *n*	réseau *m* de tuyauterie (distribution, conduite) de vapeur	паровая сеть
S 445	**steam piping,** steam conduit	Dampfleitung *f*	tuyauterie *f* de vapeur, distribution *f* de vapeur, conduite *f* de vapeur, conduit (tuyau) *m* à vapeur	паропровод
S 446	**steam power**	Dampfkraft *f*	force *f* de la vapeur	сила пара
S 447/8	**steam pressure above atmospheric**	Dampfüberdruck *m*	surpression *f* de vapeur	избыточное давление пара
S 449	**steam pump**	Dampfpumpe *f*	pompe *f* à vapeur	паровой насос
S 450	**steam quantity**	Dampfmenge *f*	quantité *f* de vapeur	количество пара
S 451	**steam separator**	Kondensatableiter *m*	séparateur *m* d'eau de condensation	конденсатоотводчик
S 452	**steam separator with nozzles**	Düsenkondenstopf *m*	séparateur *m* d'eau de condensation à tuyères	сопловой конденсационный горшок
S 453	**steam speed**	Dampfgeschwindigkeit *f*	vitesse *f* de la vapeur	скорость пара
S 454	**steam sterilizer**	Dampfsterilisator *m*	stérilisateur *m* de vapeur	паровой стерилизатор
S 455	**steam tapping**	Dampfentnahme *f*	prise *f* de vapeur	отбор пара
S 456	**steam tension**	Dampfspannung *f*	tension *f* de vapeur	давление пара
S 457	**steam-tight**	dampfdicht	étanche de vapeur	паронепроницаемый
S 458	**steam trap**	Kondenstopf *m*	séparateur *m* d'eau	конденсационный горшок

No.	English	German	French	Russian
S 459	**steam turbine**	Dampfturbine *f*	turbine *f* à vapeur	паровая турбина
S 460	**steam type**	Dampfart *f*	espèce *f* de vapeur	вид пара
S 461	**steam weight**	Dampfgewicht *n*, Dampfmasse *f*	poids *m* de vapeur	вес пара
S 462	**steel cylinder**	Stahlflasche *f*	bouteille *f* d'acier	стальной баллон
S 463	**steel tank**	Stahlbehälter *m*	réservoir *m* en acier	стальной бак
S 464	**steel tube**	Stahlrohr *n*	tuyau (tube) *m* en acier	стальная труба
S 465	**steel wool**	Stahlwolle *f*	laine *f* d'acier	стальная стружка
S 466	**step-roasting and backing oven**	Etagen-Brat- und -Backofen *m*	rôtissoire *f* et four *m* à étages	двухэтажная духовка
S 467	**sterile**	keimfrei, steril	stérile	стерильный
S 468	**sterility**	Keimfreiheit *f*, Sterilität *f*	absence *f* de germes, pureté *f* bactério-logique	стерильность
S 469	**sterilization**	Entkeimung *f*, Sterili-sation *f*, Sterilisierung *f*	stérilisation *f*	стерилизация
S 470	**sterilization apparatus,** sterilizer	Entkeimungsapparat *m*, Sterilisator *m*	appareil *m* de stérilisa-tion, stérilisateur *m*	стерилизатор
S 471	**sterilization installation**	Entkeimungsanlage *f*	installation *f* de stérilisation	стерилизатор
S 472	**sterilize**	entkeimen, sterilisieren, keimfrei machen	stériliser	стерилизовать
S 473	**sterilizer,** sterilization apparatus	Entkeimungsapparat *m*, Sterilisator *m*	appareil *m* de stérilisation, stérilisateur *m*	стерилизатор
S 474	**sterilizing agent,** germicide	Entkeimungsmittel *n*	agent *m* de stérilisation	средство стерилизации
S 475	**sterilizing apparatus**	Sterilisationsgerät *n*, Sterilisierungsgerät *n*	appareil *m* de stérilisation, stérilisateur *m*	стерилизационный прибор
S 476	**sterilizing effect,** bactericidal effect, germicidal effect	keimtötende Wirkung *f*	effet *m* bactéricide	стерилизирующее действие
S 477	**sterilizing filter**	Entkeimungsfilter *n*	filtre *m* stérilisateur, filtre de stérilisation	обеззараживающий фильтр
S 478	**still air**	ruhende Luft *f*	air *m* calme	воздух без движения
S 479	**still air cooler,** natural convection air cooler	Luftkühler *m* <mit natürlichem Umlauf>	refroidisseur *m* d'air à convection	воздухоохладитель с естественной циркуляцией воздуха
S 480	**stinking**	stinkend	puant, fétide	вонючий
S 481	**stirrup,** manhole step, climbing iron	Steigeisen *n*	étrier *m*	скобы для влезания в смотровой колодец
S 482	**stock of water**	Wasservorrat *m*	provision *f* d'eau, réserve *f* d'eau	запас воды
S 483	**stoichiometry**	Stöchiometrie *f*	stœchiométrie *f*	стехиометрия
S 484	**stoker,** fireman	Heizer *m*	chauffeur *m*	кочегар
S 485	**stoneware,** earthenware, vitrified tile, vitrified clay	Steingut *n*	faïence *f*, grès *m* porcelaine	фаянс, керамика
S 486	**stoneware**	Steinzeug *n*	grès *m* cérame	керамическое изделие
S 487	**stopcock**	Absperrhahn *m*	robinet *m* d'arrêt	запорный кран
S 488	**stoppage,** clogging, obstruction, choking	Verstopfung *f*, Ver-filzung *f*	engorgement *m*, obstruction *f*, colmatage *m*	засорение
S 489	**stopper,** plug	Stopfen *m*, Stöpsel *m*, Pfropfen *m*	bouchon *m*, obturateur *m*, tampon *m*	пробка
S 490	**stop time**	Aufenthaltszeit *f*	temps *m* d'arrêt	время пребывания
S 491	**stop up,** clog, plug, choke	verstopfen, sich zusetzen	engorger, obstruer, boucher	засорить, засориться
S 492	**stop valve,** shut-off valve	Absperrventil *n*	soupape *f* d'arrêt	запорный вентиль
S 493	**storage**	Speicherung *f*	accumulation *f*	аккумулирование
S 494	**storage basin,** receiving tank	Sammelbecken *n*, Sammelbehälter *m*	réservoir *m* de stockage	сборный бак
S 495	**storage bin,** storage tank	Vorratsbehälter *m*	réservoir *m* d'approvisionnement	запасный бак
S 496	**storage of heat**	Wärmespeicherung *f*	accumulation *f* de chaleur	аккумулирование тепла
S 497	**storage tank,** storage bin	Vorratsbehälter *m*	réservoir *m* d'approvisionnement	запасный бак
S 498	**storm-drain,** surface water sewer, storm-sewer	Regenwasserleitung *f*	conduite *f* des eaux pluviales, égout *m* pluvial	трубопровод ливневых вод
S 499	**storm-overflow,** rain outlet	Regenauslaß *m*, Not-auslaß *m*	déversoir *m* d'orage	ливнеспуск, аварийный спуск
S 500	**storm-sewer,** surface water sewer, storm-drain	Regenwasserleitung *f*	conduite *f* des eaux pluviales, égout *m* pluvial	трубопровод ливневых вод
S 501	**storm-water drainage**	Regenentwässerung *f*	canalisation *f* des eaux de pluie	ливневая канализация
S 502	**storm-water drainage system**	Regenwassernetz *n*	réseau *m* d'évacuation des eaux de pluie	сеть ливневой канализации
S 503	**storm-water flow**	Regenwasserabfluß *m*	écoulement *m* des eaux pluviales	ливнесток
S 504	**stove heated with night current**	Nachtspeicherofen *m*	creuset *m* électrique d'accumulation nocturne	аккумуляционная электропечь, вклю-чаемая только ночью
S 505	**stove heating**	Ofenheizung *f*	chauffage *m* à fourneau	печное отопление

S 506	**stowing,** banked-up water level, banking	Stau *m*, Aufstau *m*, Anstauung *f*	retenue *f*, refoulement *m* [des eaux]	подпор
S 507	**straight sleeve,** standard collar	Überschiebmuffe *f*, Überschieber *m*, U-Stück *n*	manchon *m* droit, bout *m* à deux emboîtements	надвижная муфта
S 508	**straight sleeve with bell branch,** double bell tee with socketted branch, double socket with socketted branch	Doppelmuffe *f* mit Muffenstutzen, MMB-Stück *n*	té *m* à deux emboîtements avec tubulure à emboîtement	двойная муфта с муфтовым патрубком
S 509	**straight sleeve with flanged branch,** double socket with flanged branch, double bell tee with flanged branch	Doppelmuffe *f* mit Flanschstutzen, MMA-Stück *n*	té à *m* deux emboîtements avec tubulure à bride	тройник раструб-фланец
S 510	**straight-way cock,** two-way cock, two-way faucet <Am>	Durchgangshahn *m*, Zweiwegehahn *m*	robinet *m* droit, robinet à deux voies, robinet de transit, robinet à deux temps	проходной кран, двухходовой кран
S 511	**straight-way cock with waste valve**	Durchgangshahn *m* <mit Entleerung>	robinet *m* droit aux vidange	проходной кран с выпуском воды
S 512	**straight-way valve** <for radiator>	Durchgangsventil *n* <für Heizkörper>	soupape *f* droite	проходной вентиль <для отопительных приборов>
S 513	**strainer**	Seiher *m*	crépine *f*	заграждающий фильтр
S 514	**strainer rack**	Feinrechen *m*	grille *f* fine	решетка с мелкими зазорами
S 515	**strain gauge,** extensometer	Dehnungsmesser *m*	dilatomètre *m*, extensomètre *m*	тензометр
S 516	**stratum of sand,** layer of sand, sand layer	Sandschicht *f*	couche *f* de sable	слой песка
S 517	**stray currents,** vagabond currents	vagabundierende Ströme *mpl*, Irrströme *mpl*, Streuströme *mpl*	courants *mpl* vagabonds	блуждающие токи
S 518	**stream,** current, flow, drift	Strömung *f*, Strom *m*	courant *m*, écoulement *m*	течение, поток, ток
S 519	**streamline flow,** laminar flow	laminare Strömung *f*	écoulement *m* laminaire	ламинарное течение
S 520	**stream velocity,** velocity of flow, current velocity	Strömungsgeschwindigkeit *f*	vitesse *f* d'écoulement, vitesse du courant	скорость течения
S 521	**street drain,** gutter	Straßenrinne *f*, Abzugsrinne *f*, Rinnstein *m*, Gosse *f*	caniveau *m*	лоток; канава; ринншток
S 522	**street gulley, street inlet**	Straßenablauf *m*, Straßeneinlaß *m*, Straßeneinlauf *m*, Straßensinkkasten *m*	bouche *f* d'égout	уличный сток, ливнеспуск
S 523	**street lighting with gas-light**	Gas-Straßenbeleuchtung *f*	éclairage *m* public en gaz	уличное газовое освещение
S 524	**street-watering standpost,** pillar hydrant, standpost hydrant	Überflurhydrant *m*, Überflurwasserpfosten *m*	bouche *f* à clé sur trottoir	наземный гидрант
S 525	**strengthen**	verschneiden <von Gas>	remonter	смешивать
S 526	**strength of flexure,** bending strength	Biegefestigkeit *f*	résistance *f* à la flexion	прочность на изгиб
S 527	**stress,** duty	Beanspruchung *f*, Belastung *f*	effort *m*, travail *m*	нагрузка
S 528	**stress-corrosion**	Korrosion *f* an Spannungsrissen	corrosion *f* sous tension	коррозия на трещинах
S 529	**stress-crack,** tension crack	Spannungsriß *m*	fissure *f* sous tension	трещина растяжения
S 530	**stress of heating surface**	Heizflächenbelastung *f*	charge *f* des surfaces de chauffe	тепловое напряжение поверхности нагрева
S 531	**stroke,** lift	Hub *m*	coup *m*, course *f*; levée *f*	ход; ход поршня; подъем
S 532	**stroke of a piston,** piston stroke	Kolbenhub *m*	course *f* du piston, coup *m* de piston	ход поршня
S 533	**strong aqua ammonia**	reiche Ammoniaklösung *f*	solution *f* riche d'ammoniaque	аммиачный раствор
S 534	**strong sewage**	dickes Abwasser *n*, konzentriertes Abwasser	eaux *fpl* usées concentrées	густые сточные воды
S 535	**structural element**	Bauteil *m*	élément *m* de construction	строительная часть
S 536	**structure,** style	Bauart *f*	structure *f*, style *m*	архитектурный стиль
S 537	**stuff**	abdichten	étouper, étancher, calfeutrer	уплотнять
S 538	**stuffing**	Abdichtung *f*	étoupage *m*	уплотнение
S 539	**stuffing,** filling, charge	Füllung *f*	remplissage *m*, charge *f*	загрузка, заполнение
S 540	**stuffing box**	Stopfbüchse *f*, Stopfbuchse *f*	presse-étoupe *m*	сальник
S 541	**style,** structure	Bauart *f*	structure *f*, style *m*	архитектурный стиль
S 542	**subaqueous corrosion**	Unterwasserkorrosion *f*	corrosion *f* sous l'eau	подводная коррозия

S 543	**subaqueous pump,** submersible pump	Unterwasserpumpe *f*, Tauchpumpe *f*	pompe *f* immergée, pompe submersible	подводный [центробежный] насос
S 544	**subassembly**	Montagegruppe *f*	sous-groupe *m*	монтажная группа
S 545	**sublimation**	Sublimation *f*	sublimation *f*	сублимация
S 546	**submarine conduit, submarine line**	Unterwasserleitung *f*	conduite *f* sous-marine	подводный трубопровод
S 547	**submersible pump,** subaqueous pump	Unterwasserpumpe *f*, Tauchpumpe *f*	pompe *f* immergée, pompe submersible	подводный [центробежный] насос
S 548	**submersible pump and motor combination**	Tauchmotorpumpe *f*	motopompe *f* immergée	погруженный моторный насос
S 549	**subpressure,** pressure below atmospheric	Unterdruck *m*	dépression *f* atmosphérique	разряжение
	subsequent treatment	*s.* secondary treatment		
S 550	**subsidiary sewer,** branch sewer, lateral sewer	Nebensammler *m*	collecteur *m* secondaire	добавочный коллектор
S 551	**subsoil irrigation,** subsurface irrigation	Untergrundberieselung *f*, Untergrundverrieselung *f*	irrigation *f* en sous-sol	подземное орошение
S 552	**subsoil water,** ground water, subterranean water, underground water, phreatic water	Grundwasser *n*	eaux *fpl* souterraines	грунтовая вода
S 553	**subsoil water packing**	Grundwasserabdichtung *f*	calfeutrage *m* de la nappe souterraine	гидроизоляция против грунтовых вод
S 554	**substitute**	Austauschwerkstoff *m*	matériel *m* d'échange	заменяющий материал
S 555	**substitution,** replacement	Ersatz *m*	substitution *f*, rechange *m*, remplacement *m*	замена
S 556	**subsurface irrigation,** subsoil irrigation	Untergrundberieselung *f*, Untergrundverrieselung *f*	irrigation *f* en sous-sol	подземное орошение
S 557	**subterranean,** underground	unterirdisch	souterrain	подземный
S 558	**subterranean water,** ground water, subsoil water, underground water, phreatic water	Grundwasser *n*	eaux *fpl* souterraines	грунтовая вода
S 559	**suck**	ansaugen, saugen <einer Pumpe>	aspirer	всасывать, отсасывать
S 560	**suction**	Sog *m*	succion *f*	подсос
S 561	**suction blast**	Absauggebläse *n* <Absaugventilator>	ventilateur *m* d'aspiration	отсасывающий вентилятор
S 562	**suction branch**	Saugstutzen *m*	tubulure *f* d'aspiration	всасывающий патрубок
S 563	**suction cleaner,** suction sweeper	Vakuumreinigungsgerät *n* <für Schwimmbecken>	dispositif *m* de nettoyage par le vide	вакуумный прибор для очистки плавательных бассейнов
S 564	**suction filter,** vacuum filter	Saugzellenfilter *n*, Saugfilter *n*, Vakuumfilter *n*	filtre *m* à vide	вакуумный фильтр
S 565	**suction head, suction lift**	Saughöhe *f*	hauteur *f* d'aspiration	высота всасывания
S 566	**suction line**	Saugleitung *f*	conduite *f* d'aspiration	всасывающий трубопровод
S 567	**suction of air**	Luftabsaugung *f*	extraction *f* de l'air par aspiration	отсос воздуха
S 568	**suction opening**	Absaugöffnung *f*	ouverture *f* d'aspiration	отсасывающее отверстие
S 569	**suction pipe**	Saugrohr *n*	tuyau *m* d'aspiration	всасывающая труба
S 570	**suction plant**	Absauganlage *f*	installation *f* d'aspiration, suceuse *f*	установка для отсоса
S 571	**suction strainer,** filter strainer	Filterkorb *m*, Saugkorb *m*	crépine *f* filtrante, sucette *f*	коробка фильтра
S 572	**suction sweeper,** suction cleaner	Vakuumreinigungsgerät *n* <für Schwimmbecken>	dispositif *m* de nettoyage par le vide	вакуумный прибор для очистки плавательных бассейнов
S 573	**suction valve**	Ansaugventil *n*, Saugventil *n*	soupape *f* (clapet *m*) d'aspiration	всасывающий клапан
S 574	**suction well**	Saugbrunnen *m*, Saugschacht *m*	puits *m* d'aspiration	колодец для всасывающих труб
S 575	**sulphate of ammonia,** ammonium sulphate	schwefelsaures Ammonium *n*, Ammonsulfat *n*, Ammoniumsulfat *n*	sulfate *m* d'ammonium	сернокислый аммоний, сульфат аммония
S 576	**sulphide**	Sulfid *n*	sulfure *m*	сульфид
S 577	**sulphuretted hydrogen,** hydrogen sulphide	Schwefelwasserstoff *m*	hydrogène *m* sulfuré, acide *m* sulfhydrique	сероводород
S 578	**summit,** crest, vertex	Scheitel *m*	crête *f*, sommet *m*	гребень
S 579	**sunk hydrant,** underground hydrant	Unterflurhydrant *m*, Unterflurwasserpfosten *m*	bouche *f* à clé sous trottoir	подземный гидрант
S 580	**superchlorinate**	hochchloren, überchloren	surchlorer	перехлорировать
S 581	**superchlorination,** high chlorination, excess chlorination	Hochchlorung *f*, Überschußchlorung *f*, Überchlorung *f*	surchloration *f*, chloration *f* à haute dose	перехлорирование
S 582	**supercooling**	Unterkühlung *f*	surfusion *f*	переохлаждение
S 583	**superficies,** surface	Oberfläche *f*	surface *f*, superficie *f*	поверхность
S 584	**superheated steam**	überhitzter Dampf *m*, Heißdampf *m*	vapeur *f* surchauffée	перегретый пар

S 585	**superheated steam conduction**	Heißdampfleitung *f*	tuyauterie *f* de vapeur surchauffée	паропровод перегретого пара
S 586	**superheated steam process**	Heißdampfprozeß *m*	procédé *m* de vapeur surchauffée	процесс перегретого пара
S 587	**superheated steam temperature**	Heißdampftemperatur *f*	température *f* de vapeur surchauffée	температура перегретого пара
S 588	**superheater**	Überhitzer *m*	surchauffeur *m*	перегреватель
S 589	**superintendence,** supervision, control	Überwachung *f*	surveillance *f*, contrôle *m*	наблюдение, контроль
S 590	**superpressure,** maximum pressure	Höchstdruck *m*	très haute pression *f*, pression maximale	максимальное давление
S 591	**supersaturation**	Übersättigung *f*	sursaturation *f*	перенасыщение
S 592	**supervise,** control	überwachen	surveiller, contrôler	контролировать
S 593	**supervision,** control	Überwachung *f*	surveillance *f*, contrôle *m*	наблюдение, контроль
S 594	**supplementary boiler,** auxiliary boiler, donkey boiler	Hilfskessel *m*	chaudière *f* auxiliaire	вспомогательный котел
S 595	**supplementary charge**	Nachfüllung *f*	charge *f* supplémentaire	дополнение
S 596	**supplementary pump,** auxiliary pump	Hilfspumpe *f*	pompe *f* auxiliaire	вспомогательный насос
S 597	**supply,** feed	Zuleitung *f*, Zuführung *f*	amenée *f*, adduction *f*	подвод
S 598	**supply,** provision	Versorgung *f*	alimentation *f*, approvisionnement *m*	снабжение
S 599	**supply conduct,** supply line	Versorgungsleitung *f*	conduite *f* d'alimentation	распределительные трубопровода
S 600	**supply line,** supply conduct	Versorgungsleitung *f*	conduite *f* d'alimentation	распределительные трубопровода
S 601	**supply of energy**	Energieversorgung *f*	approvisionnement *m* en énergie	энергоснабжение
S 602	**supply pipe,** feed pipe, feeding pipe	Zuleitungsrohr *n*, Zuführungsrohr *n*	tuyau *m* d'amenée, tuyau d'admission	подводящая труба
S 603	**supply system,** distribution system	Versorgungsnetz *n*	réseau *m* d'alimentation	распределительная сеть
S 604	**support**	Auflager *n* <Rohr im Kanal>	support *m*	опор
S 605	**support distance**	Auflagerentfernung *f* <Rohrbefestigung>	distance *f* des supports	расстояние между опорами
S 606	**support for hand spray**	Auflegegabel *f* für Handbrause	support *m* de chargement pour douches à main	вилка для ручного душа
S 607	**surface,** superficies	Oberfläche *f*	surface *f*, superficie *f*	поверхность
S 608	**surface,** above ground	oberirdisch	de surface	надземный
S 609	**surface aeration**	Oberflächenbelüftung *f*	aération *f* superficielle	поверхностное продувание воздухом
S 610	**surface condenser**	Oberflächenkondensator *m*	condenseur *m* par surface	поверхностный конденсатор
S 611	**surface evaporation**	Oberflächenverdampfung *f*	évaporation *f* superficielle	поверхностное испарение
S 612	**surface heating**	Flächenheizung *f* <z. B. Strahlplatten>	chauffage *m* par surfaces étendues	панельное отопление
S 613	**surface irrigation,** broad irrigation	Oberflächenberieselung *f*	irrigation *f* superficielle	поверхностное орошение
S 614	**surface of cooling**	Abkühlungsfläche *f* <Wärmeverlust-berechnung>	surface *f* de refroidissement	поверхность охлаждения
S 615	**surface of water,** water surface	Wasserfläche *f*, Wasseroberfläche *f*	surface *f* de l'eau	водная поверхность
S 616	**surface quality**	Oberflächengüte *f*	qualité *f* de surface	качество поверхности
S 617	**surface radiator**	Flächenheizkörper *m* <elektrische Heizung>	corps *m* de chauffe par surfaces étendues	плоскостной нагревательный прибор
S 618	**surface temperature**	Oberflächentemperatur *f*	température *f* de surface	температура поверхности
S 619	**surface tension**	Oberflächenspannung *f*	tension *f* superficielle	поверхностное натяжение
S 620	**surface water**	Oberflächenwasser *n*	eau *f* de surface	поверхностная вода
S 621	**surface water sewer,** storm-sewer, storm drain	Regenwasserleitung *f*	conduite *f* des eaux pluviales, égout *m* pluvial	трубопровод ливневых вод
S 622	**surge tank,** intermediate tank	Zwischenbehälter *m*	réservoir *m* intermédiaire, récipient *m* intermédiaire	промежуточный резервуар
S 623	**suspended,** in suspension	schwebend, in der Schwebe	flottant, en suspension	находящийся во взвешенном состоянии
S 624	**suspended channel**	Hängerinne *f*	cunette *f* suspendue	висячий водосточный желоб
S 625	**suspended matter, suspended solids,** suspensoids	Schwebestoffe *mpl*, suspensierte Stoffe *mpl*	matières *fpl* en suspension, particules *fpl* en suspension	взвешенные вещества
S 626	**suspension**	Schwebezustand *m*, Suspension *f*	état *m* de suspension, suspension *f*	взвешенное состояние
S 627	**suspension / in,** suspended	schwebend, in der Schwebe *f*	flottant, en suspension	находящийся во взвешенном состоянии
S 628	**suspension clip**	Aufhängeschelle *f* <im Heizkanal>	bride *f* de suspension	хомут для подвески
S 629	**suspensoids,** suspended solids, suspended matter	Schwebestoffe *mpl*, suspensierte Stoffe *mpl*	matières *fpl* en suspension, particules *fpl* en suspension	взвешенные вещества
S 630	**swell,** inflate	blähen	gonfler	вспучиваться

	English	German	French	Russian
S 631	**swimming-bath, swimming-pool**	Schwimmbad *n*	piscine *f*	бассейн для плавания
S 632	**swimming sand,** quicksand, shifting sand	Schwimmsand *m*, Treibsand *m*, Triebsand *m*, Fließsand *m*	sable *m* mouvant	плывун
S 633	**switch clock**	Schaltuhr *f*	commutateur *m* à temps	контактные часы
S 634	**switch in,** switch on, cut in, turn in	einschalten	fermer le circuit, mettre en circuit	включать
S 635	**switch off,** de-energize, cut out	ausschalten	couper, interrompre	выключать
	switch on	*s.* switch in		
S 636	**synthetic material,** plastic	Kunststoff *m*, Plast *m*	matière *f* artificielle	пластмасса
S 637	**synthetic material armature,** plastic armature	Kunststoffarmatur *f*	robinetterie *f* en matière synthétique	пластмассовая арматура
S 638	**syphon head**	Dükerkopf *m*	tête *f* de siphon	головная часть дюкера

T

	English	German	French	Russian
T 1	**tack-welding**	Heftschweißung *f*	soudure *f* provisoire (d'attente)	сварка прихватками
T 2	**tamped concrete,** rammed concrete	Stampfbeton *m*	béton *m* damé	трамбованный бетон
T 3	**tamping,** stamping, ramming	Stampfen *n*, Einstampfen *n*	damage *m*, pilonnage *m*	трамбование
T 4	**tangential stress**	Tangentialspannung *f*	contrainte *f* tangentielle	касательное напряжение
T 5	**tank,** reservoir, container, receiver, receptacle	Behälter *m*, Reservoir *n*, Sammler *m*	réservoir *m*, récipient *m*	резервуар, сосуд, коллектор
T 6	**tank bottom,** basin floor	Behältersohle *f*	radier *m* d' un réservoir	дно (основание) резервуара
T 7	**tank car**	Tankwagen *m*	camion-citerne *m*	цистерна
	tank type of boiler	*s.* large waterspace boiler		
T 8	**tap,** faucet, bib cock	Zapfhahn *m*	robinet *m*, robinet à bec-courbe, robinet de poste d'eau	заборный кран
	tapping	*s.* screwing		
T 9	**tap water**	Leitungswasser *n*	eaux *fpl* de distribution	водопроводная вода
T 10	**tarred rope,** dipped yarn	Teerstrick *m*	corde *f* goudronnée, filasse *f* goudronnée	просмоленная веревка
T 11	**tar separator**	Teerabscheider *m*	séparateur *m* de goudron	смолоотделитель
T 12	**taste,** palate	Geschmack *m*	goût *m*, saveur *f*	вкус
T 13	**taste impairing**	geschmacksbeeinträchtigend	préjudiciable à la saveur	вредящий вкусу
T 14	**tasteless,** insipid	geschmacklos	sans saveur, insipide	безвкусный
T 15	**taste removal,** elimination of taste, removal of taste	Geschmacksbeseitigung *f*	élimination *f* de la saveur, élimination du goût	удаление привкусов
T 16	**telecounter**	Fernzählwerk *n*	compteur (enregistreur) *m* à grande distance	дистанционный счетный механизм
T 17	**telethermometer,** distant-reading thermometer	Fernthermometer *n*	thermomètre *m* à distance, téléthermomètre *m*	дистанционный термометр
T 18	**teletransmission**	Fernübertragung *f*	transmission *f* à distance	дистанционная передача
T 19	**tell-tale,** indicator	Anzeigeeinrichtung *f*, Anzeiger *m*	indicateur *m*	показывающее устройство
T 20	**temperate climate**	gemäßigtes Klima *n*	climat *m* tempéré	умеренный климат
T 21	**temperature coefficient**	Temperaturbeiwert *m*	coefficient *m* de température	температурный коэффициент
T 22	**temperature control**	Temperaturregelung *f*	réglage *m* de température	регулирование температуры
T 23	**temperature correction**	Temperaturkorrektur *f*	correction *f* de température	поправка температуры
T 24	**temperature difference**	Temperaturdifferenz *f*	différence *f* de température	разность температур
T 25	**temperature gradient**	Temperaturgefälle *n*	chute *f* de la chaleur	перепад температуры
T 26	**temperature of air**	Lufttemperatur *f*	température *f* d'air	температура воздуха
T 27	**temperature of boundary layer**	Grenzschichttemperatur *f*	température *f* de la couche limite	температура пограничного слоя
T 28	**temperature of mixing**	Mischungstemperatur *f*	température *f* de mélange	температура смешения
T 29	**temperature of outside**	Außenlufttemperatur *f*	température *f* d'air extérieur	температура наружного воздуха
T 30	**temperature range**	Temperaturbereich *m*	domaine *m* de température	область температуры
T 31	**temperature supervision**	Temperaturüberwachung *f*	contrôle *m* de température	контроль температуры
T 32	**temporary construction**	Behelfsanlage *f*	arrangement *m* provisoire	вспомогательная установка
T 33	**tension bar,** tie rod, draw rod	Zugstange *f*	tirant *m*	тяговая штанга
T 34	**tension crack,** stress-crack	Spannungsriß *m*	fissure *f* sous tension	трещина растяжения
T 35	**test**	Erprobung *f*	essai *m*	испытание
T 36	**test apparatus**	Prüfvorrichtung *f*	dispositif *m* d'épreuve	испытательная установка
T 37	**test boring, test drilling**	Versuchsbohrung *f*	forage *m* d'essai	разведочное бурение

T 38	**testing apparatus of gas conduits**	Gasleitungsprüfgerät *n*	appareil *m* à essayer pour conduites de gaz	прибор для испытания газопровода
T 39	**testing pump**	Probierpumpe *f*	pompe *f* d'épreuve	контрольный насос
T 40	**test in place,** field test, in situ test	Versuch *m* an Ort und Stelle	essai *m* sur place	эксперимент на месте работы
T 41	**test operation**	Probebetrieb *m*	fonctionnement *m* expérimental	пробная работа
T 42	**test pressure**	Prüfdruck *m*, Probedruck *m*	pression *f* d'épreuve	испытательное (пробное) давление
T 43	**test sample**	Untersuchungsprobe *f*	échantillon *m* pour analyse	образец для исследования
T 44	**test station,** experimental station	Versuchsanstalt *f*, Versuchsstation *f*	institut *m* d'expérimentation	исследовательская лаборатория
T 45	**test under pressure** <a boiler>	abdrücken <einen Kessel>	mettre à l'épreuve de pression <une chaudière>	испытать на давление
T 46	**test well,** pilot well	Versuchsbrunnen *m*	puits *m* d'essai	разведочный колодец
T 47	**thaw,** melt	tauen, auftauen, schmelzen	fondre, décongeler, dégeler, dégivrer	оттаять, оттаивать
T 48	**thawing**	Auftauen *n*	décongélation *f*	оттаивание
T 49	**theory of gases**	Gastheorie *f*	théorie *f* des gaz	теория газа
T 50	**theory of similarity**	Ähnlichkeitstheorie *f*	théorie *f* de la similitude	теория подобия
T 51	**thermal efficiency**	thermischer Wirkungsgrad *m*	rendement *m* thermique	термический коэффициент полезного действия
T 52	**thermal electric station**	Wärmekraftwerk *n*	centrale (station) *f* thermique	тепловая электростанция
T 53	**thermal equation of state**	thermische Zustandsgleichung *f*	équation *f* d'état thermique	термическое уравнение состояния
T 54	**thermal equilibrium**	thermisches Gleichgewicht *n*	équilibre *m* thermique	тепловое равновесие, тепловой баланс
T 55	**thermal expansion**	thermische Ausdehnung *f*	expansion *f* thermique	термическое расширение
T 56	**thermal process**	Wärmevorgang *m*	procédé *m* thermique	тепловой процесс
T 57	**thermal stress**	Wärmespannung *f* <Betonheizdecken>	tension *f* thermique	тепловое напряжение
T 58	**thermal unit,** caloric unit, calory	Wärmeeinheit *f*, Kalorie *f*	unité *f* thermique, unité de chaleur, calorie *f*	единица тепла, калория
T 59	**thermocouple,** thermoelement	Thermoelement *n*	thermocouple *m*, couple *m* thermo-électrique	термоэлемент, термопара
T 60	**thermodynamics**	Thermodynamik *f*, Wärmelehre *f*	thermodynamique *f*	термодинамика
T 61	**thermoelectric heating**	thermoelektrischeHeizung *f* <Peltiereffekt>	chauffage *m* thermo-électrique	термоэлектрическое отопление
T 62	**thermoelement,** thermocouple	Thermoelement *n*	thermocouple *m*, couple *m* thermo-électrique	термоэлемент, термопара
T 63	**thermometer**	Thermometer *n*	thermomètre *m*	термометр
T 64	**thermometry**	Temperaturmessung *f*	mesure *f* de la température, thermométrie *f*	измерение температуры
T 65	**thermoplastics**	Thermoplaste *mpl*	thermoplastes *mpl*	термопласты
T 66	**thermoregulator**	Thermostat *n* <Temperaturfühler>	thermostat *m*	термостат
T 67	**thickness of boundary layer**	Grenzschichtdicke *f*	épaisseur *f* de la couche limite	толщина пограничного слоя
T 68	**thick plate, thick sheet iron,** heavy plate	Grobblech *m*	tôle *f* grosse, tôle forte, tôle à chaudière	толстолистовая сталь
T 69	**thick slurry**	Dickschlamm *m*	pâte *m* épaisse	густой шлам
T 70	**thick-walled**	dickwandig	à paroi épaisse	толстостенный
T 71	**thin-walled**	dünnwandig	à paroi mince	тонкостенный
	thread	*s.* screw thread		
T 72	**threaded joint,** screwed joint	Schraubverbindung *f*	raccord *m* vissé, raccord à écrous	винтовое соединение
T 73	**threaded nipple**	Gewindestutzen *m*	douille *f* filetée	патрубок с резьбой
T 74	**threaded socket,** screwed socket, screw socket	Schraubmuffe *f*, Gewindemuffe *f*	emboîtement *m* à vis	винтовая муфта
	threading attachment	*s.* screwing attachment		
T 75	**threading die,** screw stock	Gewindeschneidkluppe *f*	porte *m* filières	нарезной клупп
T 76	**threeway**	Gabelstück *n*	coude *m* double à branchement central	развилка <трубы>
T 77	**three-way cock,** T-tap	Dreiwegehahn *m*	robinet *m* à trois voies	трехходовой кран
T 78	**three-way fitting**	Dreiwegestück *n*	tuyau *m* à trois voies	тройник
T 79	**three-way stuffing box cock**	Dreiwegepackhahn *m*, Dreiwegestopfbuchsenhahn *m*	robinet *m* à presse-étoupe à trois voies	трехходовой сальниковый кран
T 80	**three-way valve**	Dreiwegeventil *n*	soupape *f* à trois voies	трехходовой вентиль
T 81	**threshold concentration**	Grenzkonzentration *f*	concentration *f* limite (de seuil)	предельная концентрация
T 82	**throat**	Ausladung *f*	saillie *f*	вылет
T 83	**throat gas,** blast-furnace gas, top gas	Gichtgas *n*	gaz *m* du gueulard, gaz de hauts-fourneaux	колошниковый газ
T 84	**throttle**	drosseln	étrangler	дросселировать; заглушать
T 85	**throttle apparatus**	Drosselvorrichtung *f*	appareil *m* d'étranglement	дросселирующее устройство
T 86	**throttle effect**	Drosseleffekt *m*	effet *m* Joule-Thomson	эффектТомсона-Джоуля
T 87	**throttle jet**	Drosseldüse *f*	tuyère *f* d'étranglement	дроссельное сопло
T 88	**throttling,** choking	Drosselung *f*	étranglement *m*	дросселирование

No.	English	German	French	Russian
T 89	**thrust of the ground,** earth pressure, earth load	Erddruck *m*	poussée *f* des terres, pression *f* des terres	давление грунта
T 90	**tie rod,** draw rod, tension bar	Zugstange *f*	tirant *m*	тяговая штанга
T 91	**tightness**	Dichtigkeit *f*	étanchéité *f*	плотность
T 92	**tightness test**	Dichtigkeitsprüfung *f*	test *m* d'étanchéité	испытание на плотность
T 93	**tile pipe,** clay pipe, earthenwave pipe	Tonrohr *n*	tuyau *m* en poterie, tuyau en terracotta	гончарная труба
T 94	**tile stove**	Kachelofen *m*	poêle *m* en faïence	кафельная печь
T 95	**tilting disk check valve,** flap valve	Klappenventil *n*, Verschlußklappe *f*	soupape *f* à clapet, clapet *m* de fermeture	створчатый клапан, запорный клапан
T 96	**time of contact,** contact time, period of contact	Berührungszeit *f*, Kontaktzeit *f*	temps *m* de contact	продолжительность контакта, время контакта, время воздействия
T 97	**time of exposure to radiancy**	Bestrahlungsdauer *f*	durée *f* d'exposition aux rayons	продолжительность облучения
T 98	**time of mixing,** mixing time	Mischzeit *f*	temps *m* de mélange	время смешения
T 99	**time of flowing through, time of passage, time of passing through**	Durchflußzeit *f*	durée *f* de passage	время протока
T 100	**timer, time switch**	Zeitschalter *m*	interrupteur *m* à minuterie	включатель времени
T 101	**tin**	Zinn *n* <Lötzinn>	étain *m*	олово
T 102	**tinman, tinsmith,** whitesmith, plumber	Klempner *m*, Spengler *m*	ferblantier *m*, tôlier *m*	жестянщик
T 103	**T-iron**	T-Stück *n*	fer *m* à T	тройник
T 104	**titration**	Titration *f*, Titrieren *n*	titrage *m*	титрование
T 105	**titrimetric,** volumetric	maßanalytisch	volumétrique, titrimétrique	титровальный
T 106	**titrimetric analysis,** volumetric analysis	Maßanalyse *f*	analyse *f* volumétrique, analyse titrimétrique	титровальный анализ
T 107	**toilet roll holder**	Klosettpapierhalter *m*	fixation *f* du papier hygiénique	держатель туалетной бумаги
T 108	**toilet room**	Abortraum *m*, Klosettraum *m*	cabinet *m* d'aisance	уборная, туалет
T 109	**toilet seat**	Abortbrille *f*	siège *m* de cabinet, lunette *f* de privé	очко отхожего места
T 110	**toilet tank**	Abortspülkasten *m*	appareil *m* à chasse d'eau	бачок ватерклозета
T 111	**tool,** machine	bearbeiten	usiner, façonner	обработать
T 112	**top draft**	Oberluft *f*	air *m* additionnel	вторичный воздух, приток воздуха сверху
T 113	**top-draft slide valve**	Oberluftschieber *m*	vanne *f* d'air additionnel	шибер вторичного воздуха
T 114	**top gas,** blast-furnace gas, throat gas	Gichtgas *n*	gaz *m* du gueulard, gaz de hauts-fourneaux	колошниковый газ
T 115	**top of a well,** well top	Brunnenkopf *m*	tête *f* de puits, avant-puits *m*	головка колодца
T 116	**torch cutter**	Brennschneider *m*	chalumeau *m*	резак
T 117	**torch cutting,** gas cutting	Brennschneiden *n*	oxycoupage *m*	кислородная резка
T 118	**torsion**	Verdrehung *f*	torsion *f*	скручивание, закрутка
T 119	**total capacity,** total storage	Gesamtinhalt *m*	capacité *f* totale	полный объем
T 120	**total efficiency**	Gesamtwirkungsgrad *m*	rendement *m* total	полный коэффициент полезного действия
T 121	**total hardness**	Gesamthärte *f*	dureté *f* totale	общая жесткость
T 122	**total loss**	Gesamtverlust *m*	pertes *fpl* totales (globales)	суммарная потеря
T 123	**total pressure head**	Gesamtdruckhöhe *f*	hauteur *f* manométrique totale	высота полного давления
T 124	**total steam consumption**	Gesamtdampfverbrauch *m*	consommation *f* totale de vapeur	общий расход пара
T 125	**total storage,** total capacity	Gesamtinhalt *m*	capacité *f* totale	полный объем
T 126	**total suction height**	Gesamtsaughöhe *f*	hauteur *f* d'aspiration générale	полная высота всасывания
T 127	**towel heater**	Handtuchwärmer *m*	réchauffeur *m* à essuie-main	полотенцесушитель
T 128	**towel rail**	Handtuchhalter *m*	appui *m* à essuie-main	полотенцедержатель
T 129	**town drainage**	Stadtentwässerung *f*, Ortsentwässerung *f*	assainissement *m* urbain	городская канализация
T 130	**town sewage**	städtisches Abwasser *n*	eaux *fpl* d'égout urbaines, eaux usées urbaines	городская сточная вода
T 131	**town's gas**	Leuchtgas *n*, Stadtgas *n*	gaz *m* de ville	светильный газ
T 132	**toxic,** poisonous	giftig	vénéneux, toxique	ядовитый
T 133	**toxicity**	Giftigkeit *f*, Toxizität *f*	toxicité *f*	ядовитость
T 134	**trace,** route	Linienführung *f*, Trasse *f*	tracé *m*	трасса
T 135	**trace of the pipe line**	Rohrtrasse *f*, Rohrleitungsführung *f*	tracé *m* des conduites	трасса трубопровода
T 136	**tractive force,** trawling power	Schleppkraft *f*	force *f* d'entraînement, puissance *f* de traction	тяговое усилие; движущая сила
T 137	**trade wastes, trade wastes water,** industrial wastes, manufactural wastes	gewerbliches Abwasser *n*, industrielles Abwasser, Industrieabwasser *n*, Fabrikabwasser *n*	eaux *fpl* résiduaires industrielles	промышленные сточные воды

T 138	**training wall,** guide wall	Leitwand *f*	guideau *m*	направляющая стенка
T 139	**transductor**	Transduktor *m*	transducteur *m*	трансдуктор
T 140	**transformation of energy**	Energieumwandlung *f*	transformation *f* d'énergie	преобразование энергии
T 141	**transmissibility of joints**	Fugendurchlässigkeit *f*	pénétrabilité *f* des joints	пропуск воздуха через швы
T 142	**transmission heat**	Transmissionswärme *f*	chaleur *f* à transmission	теплота трансмиссии
T 143	**transmission of heat**	Wärmeübertragung *f*	transmission *f* de chaleur	теплопередача
T 144	**transmitter**	Meßwertwandler *m*	transmetteur *m* de mesure	преобразователь измеряемой величины
T 145	**transparency,** limpidity	Durchsichtigkeit *f*	transparence *f*, limpidité *f*	прозрачность
T 146	**transparent,** limpid	durchsichtig, transparent	transparent, limpide	прозрачный
T 147	**transparent disk**	Sichtscheibe *f*	disque *m* blanc	смотровое стекло
T 148	**transpiration**	Transpiration *f*	transpiration *f*	транспирация
T 149	**transportation plant**	Förderanlage *f*	installation *f* de transport	транспортная установка
T 150	**transport formula**	Förderformel *f*	formule *f* de transport	формула для расчета транспорта
T 151	**transverse joint**	Quernaht *f*	joint *m* transversal, soudure *f* transversale	поперечный шов
T 152	**transverse moment,** bending moment, moment of flexion	Biegemoment *n*	moment *m* de flexion, couple *m* fléchissant	изгибающий момент
T 153	**transverse section,** cross section	Querschnitt *m*	profil *m* en travers, section (coupe) *f* transversale	поперечное сечение
	tranverse stress	*s.* bending stress		
T 154	**trap,** water seal, seal pipe	Geruchverschluß *m*, Wasserverschluß *m*, Traps *m*	joint *m* hydraulique, bouchon *m* hydraulique, siphon *m*	гидравлический затвор; сифон
T 155	**trash rack,** coarse screen, coarse bar screen, coarse rack	Grobrechen *m*	grosse *f* grille, grille *f* de garde	решетка с большими отверстиями
T 156	**travelling distributor**	Wandsprenger *m*, Fahrsprenger *m*	chariot *m* baladeur, arroseur (distributeur, pulvérisateur) *m* à va-et-vient	подвижной ороситель
T 157	**travelling grate**	Wanderrost *m*	grille *f* mobile	механическая цепная решетка
T 158	**trawling power,** tractive force	Schleppkraft *f*	force *f* d'entraînement, puissance *f* de traction	тяговое усилие; движущая сила
T 159	**treatment,** handling	Behandlung *f*	traitement *m*	обработка
T 160	**treatment of feed water**	Speisewasseraufbereitung *f*	préparation *f* de l'eau d'alimentation	подготовка питательной воды
T 161	**treatment of the water**	Wasserbehandlung *f*	traitement *m* d'eau	обработка воды
T 162	**treatment of waste water**	Abwasserbehandlung *f*	traitement *m* des eaux d'égouts	обработка сточных вод
T 163	**treatment of water**	Wasseraufbereitung *f*	épuration *f* de l'eau	водоподготовка
T 164	**treenail,** dowel, dowel pin, peg, plug	Dübel *m*	goujon *m*, fenou *m*, tampon *m*, cheville *f*	шпонка, дюбель
T 165	**trench,** pit, shaft	Schacht *m*	puits *m*, regard *m*	шахта
T 166	**trestle,** horse	Gestell *n* <Bock>	tréteau *m*, échafaud *m*, chevalet *m*	каркас, стойка
T 167	**trickling filter,** biofilter	Biofilter *n*, Tropfkörper *m*	lit *m* percolateur, lit bactérien	биофильтр, капельный фильтр
T 168	**triple-acting pump**	Drillingspumpe *f*	pompe *f* à triple effet	строенный насос
T 169	**trip line**	Steuerleitung *f*	ligne *f* de commande	линия управления
T 170	**trisodium phosphate**	Trinatriumphosphat *n*, tertiäres Natriumphosphat *n*	phosphate *m* trisodique	ортофосфат натрия
T 171	**tropical climate**	tropisches Klima *n*	climat *m* tropical	тропический климат
T 172	**trough for showers**	Brausetasse *f*, Brausewanne *f*	bassin *m* de douche	душевой поддон
T 173	**trunk duct,** main duct	Hauptkanal *m*	conduit *m* principal, canal *m* principal	главный канал
T 174	**trunk main,** main conduct, main pipeline, main line, main conduit	Hauptleitung *f*, Stammleitung *f*	conduite *f* maîtresse, conduite principale	магистральный трубопровод
T 175	**trunk sewer,** main collector, main sewer	Hauptsammler *m*, Stammkanal *m*, Stammsiel *n*	grand collecteur *m*, collecteur principal	магистраль, главный коллектор
T 176	**try cock**	Probierhahn *m*	robinet *m* d'essai	пробный кран
T 177	**T-tap,** three-way cock	Dreiwegehahn *m*	robinet *m* à trois voies	трехходовой кран
T 178	**TT-piece,** cross, four-way branch, cross branch, 4-way piece, flanged cross	Kreuzstück *n*, TT-Stück *n*	croix *f*, croix *f* à quatre brides	фланцевый крест
T 179	**tub cock,** bath cock	Badewannenhahn *m*	robinet *m* d'eau de la baignoire	кран для ванны
T 180	**tube,** pipe	Rohr *n*, Röhre *f*	tube *m*, tuyau *m*	труба
T 181	**tube ditch,** pipe trench	Rohrgraben *m*	tranchée *f*, fouille *f* pour la pose de conduites	траншея для трубопровода
T 182	**tube well,** drilled well, bore well	Bohrbrunnen *m*, Rohrbrunnen *m*, Röhrenbrunnen *m*	puits *m* de forage, puits tubulaire	буровой колодец, трубчатый колодец, колодец с обсадной трубой
T 183	**tube well pump**	Rohrbrunnenpumpe *f*	pompe *f* pour puits tubulaires	насос для трубчатого колодца

No.	English	German	French	Russian
T 184	**tunnel cooler,** cooling tunnel	Kühltunnel *m*	tunnel *m* de réfrigération	туннельный охладитель
T 185	**turbidicator, turbidimeter,** turbidity indicator	Trübungsmesser *m*	turbidimètre *m*	мутномер
T 186	**turbidity**	Trübung *f*	turbidité *f*	мутность
T 187	**turbidity indicator,** turbidimeter, turbidicator	Trübungsmesser *m*	turbidimètre *m*	мутномер
T 188	**turbine**	Turbine *f*	turbine *f*	турбина
T 189	**turbine blower**	Turbogebläse *n*	turbosoufflante *f*	турбовоздуходувка
T 190	**turbine water meter with several jets**	Mehrstrahl-Flügelradzähler *m*	compteur *m* à ailettes à plusieurs jets	многоструйный крыльчатый счетчик
T 191	**turbojet engine**	Strahlturbine *f*	turbine *f* à injection	турбореактивный двигатель
T 192	**turbulence**	Turbulenz *f*	turbulence *f*	турбулентность
T 193	**turbulent flow**	turbulente Strömung *f*	écoulement *m* turbulent	турбулентный поток
T 194	**turbulent motion,** whirling	turbulente Bewegung *f*, Wirbelung *f*	mouvement *m* turbulent	турбулентное движение
T 195	**turn in,** switch on, switch in, cut in	einschalten	fermer le circuit, mettre en circuit	включать
T 196	**turning key,** hand key	Handschlüssel *m*, loser Schlüssel *m*	clé *f* à canon, clé amovible	ручной ключ
T 197	**turning point,** end point	Umschlagpunkt *m* <eines Indikators>	point *m* de virage	точка перехода индикатора
T 198	**twin compressor**	Zwillingsverdichter *m*	compresseur *m* jumelé	сдвоенный компрессор
T 199	**twin pump**	Zwillingspumpe *f*	pompe *f* à plongeurs jumelés	сдвоенный насос
T 200	**two-dimensional flow**	zweidimensionale Strömung *f*	courant *m* à deux dimensions	двухмерное течение
T 201	**two-position controller**	Zweipunktregler *m*	régulateur *m* à deux positions	двухпозиционный регулятор
T 202	**two-stage,** double-stage	zweistufig	à deux étages	двухступенчатый
T 203	**two-store tank**	zweistöckiges Becken *n*	bassin *m* à deux étages	двухъярусный резервуар
T 204	**two-way cock, two-way faucet** <US>, straight-way cock	Durchgangshahn *m*, Zweiwegehahn *m*	robinet *m* droit, robinet à deux voies (temps), robinet de transit	проходной кран, двухходовой кран
T 205	**two-way valve**	Wechselventil *n*	soupape *f* à deux voies	переключающий вентиль
T 206	**two-wire system**	Zweileitersystem *n*	système *m* à deux conducteurs, système bifilaire	двухтрубная система
T 207	**two-zone control**	Zweizonenregelung *f*	régulation *f* à deux zones	двухзональное регулирование
T 208	**type,** model	Baumuster *n*, Modell *n*	type *m*, modèle *m*	тип, образец, макет

U

No.	English	German	French	Russian
U 1	**unbreakable,** break-resistant	bruchfest	résistant à la rupture	устойчивый к излому
U 2	**underfeed stoker**	Unterschubfeuerung *f*	foyer *m* à propulsion inférieure	топка с нижней подачей топлива
U 3	**undergrate blast**	Unterwind *m* <Feuerung>	courant *m* d'air forcé sous la grille	нижнее дутье
U 4	**underground,** subsoil	Untergrund *m*	sous-sol *m*, tréfonds *m*	грунт
U 5	**underground,** subterranean	unterirdisch	souterrain	подземный
U 6	**underground hydrant,** sunk hydrant	Unterflurhydrant *m*, Unterflurwasserpfosten *m*	bouche *f* à clé sous trottoir	подземный гидрант
U 7	**underground water,** ground water, subsoil water, subterranean water, phreatic water	Grundwasser *n*	eaux *fpl* souterraines	грунтовая вода
U 8	**undissolved matter**	ungelöste Stoffe *mpl*	matières *fpl* non dissoutes	нерастворившиеся вещества
U 9	**uniflow compressor**	Gleichstromverdichter *m*	compresseur *m* à flux continu	прямоточный компрессор
U 10/11	**uniflow heater, uniflow heat exchanger**	Gleichstromwärmeaustauscher *m*	réchauffeur *m* à flux parallèles	теплообменник с прямотоком
U 12	**uniform**	gleichförmig	uniforme	равномерный
U 13	**uniform flow**	gleichmäßige Strömung *f*	écoulement *m* uniforme	равномерное течение
U 14	**uniformity,** conformity	Gleichförmigkeit *f*	conformité *f*, uniformité *f*	равномерность
U 15	**uniformity coefficient,** coefficient of conformity	Gleichförmigkeitskoeffizient *m*	coefficient *m* de conformité, coefficient d'uniformité	коэффициент равномерности
U 16	**unit heating station**	Blockheizwerk *n*	centrale *f* de chauffage en montage-bloc	блочная котельная
U 17	**unit of the quantity of gas**	Gasmengeneinheit *f*	unité *f* de quantité de gaz	единица количества газа
U 18	**unit sizes and formula signs**	Einheiten *fpl* und Formelzeichen *npl*	unités *fpl* et symboles *mpl*	единицы и обозначения
U 19	**unit weight,** specific gravity, specific weight	Dichte *f*	poids *m* spécifique	удельный вес

U 20	**unpalatable smell, unpleasant smell,** disagreeable odour	unangenehmer Geruch *m*	odeur *f* désagréable	неприятный запах
U 21	**unstable equilibrium,** instable equilibrium	labiles Gleichgewicht *n*	équilibre *m* instable	неустойчивое равновесие
U 22	**untreated water,** raw water	Rohwasser *n*	eau *f* brute	сырая вода
U 23	**upcast shaft,** ventilation shaft, vent	Entlüftungsschacht *m*, Lüftungsschacht *m*	puits *m* d'aération, cheminée *f* d'aération	вентиляционная шахта
U 24	**upward flow rate,** rising velocity	Steiggeschwindigkeit *f*	vitesse *f* ascensionnelle	скорость подъема
U 25	**urea**	Harnstoff *m*	urée *f*	мочевина
U 26	**urinal**	Pissoir *n*, Urinal *n*	urinoir *m*, urinal *m*	писсуар
U 27	**usable storage capacity, useful capacity**	Nutzinhalt *m*, Nutzvolumen *n*	capacité *f* utile	полезный объем
U 28	**useful fall, useful head**	Nutzgefälle *n*	chute *f* exploitable	полезный напор
U 29	**use in parallel,** operate in parallel	nnebeneiander betreiben	opérer en parallel	параллельно работать
U 30	**utilization of heat**	Wärmeausnutzung *f*	utilisation *f* de chaleur	использование тепла
U 31	**utilization of water**	Wassernutzung *f*	utilisation *f* de l'eau	использование воды

V

V 1	**vacuum**	Vakuum *n*	vacuum *m*, vide *m*	вакуум
V 2	**vacuum filter,** suction filter	Saugzellenfilter *n*, Saugfilter *n*, Vakuumfilter *n*	filtre *m* à vide	вакуумный фильтр
V 3	**vacuummeter**	Vakuummeter *n*	vacuomètre *m*	вакуумметр
V 4	**vacuum pump**	Vakuumpumpe *f*	pompe *f* à vide	вакуумный насос
V 5	**vacuum receiver**	Vakuumkessel *m*	récipient *m* à vide	вакуумный котел
V 6	**vagabond currents,** stray currents	vagabundierende Ströme *mpl*, Irrströme *mpl*, Streuströme *mpl*	courants *mpl* vagabonds	блуждающие токи
V 7	**valve**	Ventil *n*	valve *f*, soupape *f*	клапан, вентиль
V 8	**valve case**	Ventileinsatz *m*	corbeille *f* de soupape	вставка клапана
V 9	**valve cone**	Ventilkegel *m*	cône *m* de soupape	конус клапана
V 10	**valve disk,** valve head	Ventilteller *m*	tête *f* de soupape	тарелка клапана
V 11	**valve for free flow**	Freiflußventil *n*	valve *f* à libre passage	вентиль со свободным проходным сечением
V 12	**valve gear**	Ventilsteuerung *f*	distribution *f* par soupape	привод клапана
V 13	**valve head,** valve disk	Ventilteller *m*	tête *f* de soupape	тарелка клапана
V 14	**valve key**	Schieberschlüssel *m*	clé *f* de manœuvre	ключ задвижки
V 15	**valve lift,** lift of valve	Ventilhub *m*	levée *f* de la soupape, soulèvement *m* de la soupape	ход клапана
V 16	**valve seat**	Ventilsitz *m*	siège *m* de soupape	седло клапана
V 17	**valve spindle**	Ventilspindel *f*	tige *f* de soupape	шпиндель клапана
V 18	**vane,** guide vane, stationary blade	Leitschaufel *f*	aube *f* directrice, aube fixe	направляющая лопатка
V 19	**vane-type pump**	Flügelradpumpe *f*, Flügelpumpe *f*, Propellerpumpe *f*	pompe *f* à ailettes	крыльчатый насос
V 20	**vane water meter**	Flügelradwassermesser *m*	hydromètre *m* à ailettes, compteur *m* d'eau à turbine	крыльчатый водомер
V 21	**vant' Hoff's isochore**	Van't Hoffsche Isochore *f*	isochore *f* de van't Hoff	изохора Вант-Гоффа
V 22	**vaporization,** evaporating, evaporation	Verdampfung *f*, Eindampfen *n*	évaporation *f*, vaporisation *f*	испарение
V 23	**vapor lock**	Dampfblasenbildung *f*	vapor-lock *m*	образование пузырьков пара
V 24	**vaporous**	dampfförmig	en forme de vapeur	парообразный
V 25	**vapour bubble**	Dampfblase *f*	bulle *f* de vapeur	пузырек пара
V 26	**vapour pressure diagram**	Dampfdruckdiagramm *n*	diagramme *m* de pression de vapeur	диаграмма давления пара
V 27	**vapours**	Wrasen *mpl*	buée *f*	пар
V 28	**variable quantity**	Zustandsgröße *f*	variable *f* d'état	параметр состояния
V 29	**variation,** oscillation, fluctuation	Schwankung *f*	oscillation *f*, fluctuation *f*, variation *f*	колебание
V 30	**velocimeter,** speed indicator	Geschwindigkeitsmesser *m*	indicateur *m* de vitesse	измеритель скорости
V 31	**velocity,** speed	Geschwindigkeit *f*	vitesse *f*, vélocité *f*, rapidité *f*	скорость
V 32	**velocity at the surface**	Oberflächengeschwindigkeit *f*	vitesse *f* superficielle	поверхностная скорость
V 33	**velocity energy**	Geschwindigkeitsenergie *f*	énergie *f* de vitesse	энергия скорости, кинетическая энергия
V 34	**velocity head**	Geschwindigkeitshöhe *f*	charge *f* de la vitesse	величина скорости
V 35	**velocity of conveying**	Fördergeschwindigkeit *f*	vitesse *f* de refoulement	скорость подачи
V 36	**velocity of fall**	Fallgeschwindigkeit *f*	vitesse *f* de chute	скорость падения
V 37	**velocity of flow,** current velocity, stream velocity	Strömungsgeschwindigkeit *f*	vitesse *f* d'écoulement, vitesse du courant	скорость течения

V 38	**velocity of flow into the filter,** entrance velocity of flow into the filter	Filtereintritts-geschwindigkeit *f*	vitesse *f* d'arrivée de l'eau dans le filtre	входная скорость в фильтр
V 39	**velocity of outflow**	Ausflußgeschwindigkeit *f*	vitesse *f* de décharge	скорость истечения
V 40	**velocity of reaction**	Reaktionsgeschwindig-keit *f*	vitesse *f* de réaction	скорость протекания реакции
V 41	**velocity of rotation,** rotation speed	Umdrehungsgeschwin-digkeit *f*	vitesse *f* de rotation	скорость вращения
V 42	**velocity pressure**	Geschwindigkeitsdruck *m*	pression *f* de vitesse	скоростной напор
V 43	**vent,** upcast shaft, ventilation shaft	Lüftungsschacht *m*, Entlüftungsschacht *m*	cheminée *f* d'aération, puits *m* d'aération	вентиляционная шахта
V 44	**ventilate,** deaerate, exhaust	entlüften	éliminer l'air, enlever l'air, désaérer, ventiler	отводить воздух
V 45	**ventilating cock**	Belüftungshahn *m*	robinet *m* d'aération	кран вентиляции
V 46	**ventilating fan**	Frischluftventilator *m*	ventilateur *m* d'aspiration d'air frais	вентилятор приточного воздуха
V 47	**ventilating shaft**	Belüftungsschacht *m*	cheminée *f* d'aération	вентиляционная шахта
V 48	**ventilating system**	Lüftungssystem *n*	système *m* d'aération	система вентиляции
V 49	**ventilating tube**	Lüftungsleitung *f*	tuyauterie *f* d'air	вентиляционный воздуховод
V 50	**ventilation,** de-aeration	Entlüftung *f*	evacuation *f* <de l'air>, desaération *f*, venti-lation *f*	вентиляция; деаэрация, обезвоздушивание
	ventilation	*s.a.* aeration		
V 51	**ventilation and airing installation**	Be- und Entlüftungs-anlage *f*	arrangement *m* d'aération	вентиляционное устройство
V 52	**ventilation installation**	Entlüftungsanlage *f*	installation *f* d'échappement d'air	вентиляционная установка
V 53	**ventilation pipe**	Lüftungsrohr *n*	tuyau *m* de ventilation, tuyau d'aération	вентиляционная труба
V 54	**ventilation shaft,** upcast shaft, vent	Entlüftungsschacht *m*, Lüftungsschacht *m*	puits *m* d'aération, cheminée *f* d'aération	вентиляционная шахта
V 55	**ventilation valve**	Belüftungsventil *n*	soupape *f* de ventilation	клапан для вентиляции
V 56	**ventilator,** fan	Lüfter *m*, Ventilator *m*	ventilateur *m*	вентилятор; воздушник
V 57	**vent pipe,** outlet-vent, exhaust pipe	Dunstrohr *n*, Ent-lüftungsrohr *n*	tuyau *m* d'évent, tuyau d'aération, tube *m* aérateur, tuyau d'échappement	вытяжная вентиля-ционная труба
V 58	**Venturi meter**	Venturimesser *m*, Venturiwassermesser *m*	compteur *m* Venturi	водомер Вентури
V 59	**Venturi partial meter**	Venturipartialwasser-zähler *m*	compteur *m* Venturi proportionnel	парциальный водомер Вентури
V 60	**Venturi tube**	Venturirohr *n*	tube *m* de Venturi	труба Вентури
V 61	**vermes,** worms	Würmer *mpl*, Vermes *pl*	vers *mpl*	черви
V 62	**vertex,** crest, summit	Scheitel *m*	crête *f*, sommet *m*	гребень
V 63	**vertically cast pipe,** cast upright pipe, pit-cast pipe	Standgußrohr *n*, stehend gegossenes Rohr *n*	tuyau *m* coulé verticalement	вертикально отлитая труба
V 64	**vertical pump**	stehende Pumpe *f*	pompe *f* verticale	вертикальный насос
V 65	**vertical section**	Aufriß *m*	plan *m* vertical (longitudinal)	вертикальная проекция
V 66	**vertical tube boiler**	Steilrohrkessel *m*	chaudière *f* à tubes verticaux	вертикально-водотрубный котел
V 67	**vessel**	Gefäß *n*	vase *m*	сосуд, бак, резервуар
V 68	**vibration**	Erschütterung *f*	secousse *f*, vibration *f*	сотрясение
V 69	**vibration damper**	Schwingungsdämpfer *m*	amortisseur *m* des vibrations	гаситель колебаний
V 70	**viscosity**	Zähflüssigkeit *f*, Viskosität *f*	viscosité *f*	вязкость
V 71	**vitrified clay,** stone-ware, earthenware, vitrified tile	Steingut *n*	faïence *f*, grès *m* porcelaine	керамика, фаянс
V 72	**vitrified clay drain pipe,** earthenware drain, drain pipe of stoneware	Steinzeugsickerrohr *n*	drain *m* en poterie	керамическая дренаж-ная труба с откры-тыми стыками
V 73	**vitrified tile,** stoneware, earthen-ware, vitrified clay	Steingut *n*	faïence *f*, grès *m* porcelaine	керамика, фаянс
V 74	**volatile**	ätherisch, flüchtig	volatil	эфирный, летучий
V 75	**volatile components**	flüchtige Bestandteile *mpl*	composants *mpl* volatils	летучие вещества, летучие
V 76	**volatility**	Flüchtigkeit *f*	volatilité *f*	летучесть
V 77	**volume,** capacity	Fassungsraum *m*, Fassungsvermögen *n*	capacité *f*, contenance *f*, volume *m*	вместимость, объем
V 78	**volume recorder**	Mengenschreiber *m*	appareil *m* enregistreur de volume	самопишущий расходомер
V 79	**volumetric,** titrimetric	maßanalytisch	volumétrique, titrimétrique	титровальный
V 80	**volumetric**	mengenmäßig, volumetrisch	volumétrique	количественный
V 81	**volumetric analysis,** titrimetric analysis	Maßanalyse *f*	analyse *f* volumétrique, analyse titrimétrique	титровальный анализ
V 82	**volumetric efficiency**	volumetrischer Wirkungsgrad *m*	rendement *m* volu-métrique	объемный коэффициент полезного действия
V 83	**vortex,** whirlpool, eddy, whirl	Strudel *m*, Wirbel *m*	tourbillon *m*	вихрь; водоворот
V 84	**vulcanite,** hard rubber, ebonite	Hartgummi *m*	caoutchouc *m* durci, ébonite *m*	эбонит

W

W 1	**wall battery**	Mischbatterie *f* für Wandmontage, Wandbatterie *f*	robinetterie (mélangeuse) *f* pour montage mural	смесительная арматура для монтажа в стену
W 2	**wall duct**	Mauerdurchbruch *m*	traversée *f* de mur	пролом в стене
W 3	**wall fan**	Wandlüfter *m*	ventilateur *m* type mural	настенный калорифер
W 4	**wall-mounted cell-type air filter**	Wandzellenluftfilter *n*	filtre *m* à air cellulaire pour montage sur parois	настенный секционный воздушный фильтр
	wall of a basin	*s.* side of a basin		
W 5	**wall of a well**	Brunnenwandung *f*	paroi *f* d'un puits	колодезный сруб
W 6	**wall of pipe,** pipe barrel	Rohrwandung *f*	paroi *f* de tuyau	стенка трубы
W 7	**warm-water heating**	Warmwasserheizung *f*	chauffage *m* à eau chaude	водяное отопление
W 8	**warning apparatus**	Warnapparat *m*	appareil *m* avertisseur	сигнальный предупредительный прибор
W 9	**wash,** rinse, flush, scour	spülen	rincer	промывать
W 10	**wash away,** flush away	fortspülen, wegspülen, fortschämmen	porter, laver, desacoster	промывать
W 11	**wash basin**	Abwaschbecken *n*	lavabo *m*, évier *m*	кухонная раковина
W 12	**washing,** rinsing, flush[ing], scour[ing], rinse	Spülung *f*	rinçage *m*, lavage *m*	намывание, промывка
	washing basin	*s.* lavatory trough		
W 13	**washing stand for installation in a corner,** wash stand for installation in a corner	Eckwaschtisch *m*	lavabo *m* d'équerre	угловой стол с вмонтированным умывальником
W 14	**wash stand for installation in a corner,** washing stand for installation in a corner	Eckwaschtisch *m*	lavabo *m* ou d'équerre	угловой стол с вмонтированным умывальником
W 15	**wash waste**	Waschwasser *n* <gewerbliche Abwasser>	eau *f* résiduaire de lavage	индустриальные сточные воды
W 16	**wash-water pump,** rinsing-water pump	Spülwasserpumpe *f*	pompe *f* d'eau de lavage	насос промывной воды
W 17	**waste**	vergeuden, verschwenden <Wasser>	dissiper, gaspiller	расточать
W 18	**waste,** scrap	Abfall *m*, Schrott *m*	déchet *m*	лом
W 19	**waste canal, waste conduit,** waste pipe	Abflußleitung *f*, Abflußrohr *n*, Ablaufleitung *f*, Ablaufrohr *n*, Ablaufkanal *m*	tuyau *m* de décharge, passage *m* de décharge	сбросной водовод, сточная труба, отводящий канал, сточный трубопровод (канал)
W 20	**waste gas**	Abgas	gaz *m* de fumée, gaz *m* brûlé	отходящий газ
W 21	**waste gas analysis**	Abgasanalyse *f*, Abgaszusammensetzung *f*	analyse *f* des gaz brûlés	анализ отходящих газов
W 22	**waste gas cap**	Abgashaube *f*	dôme *m* à fumées	вытяжной зонт
W 23	**waste gas chimney**	Abgasschornstein *m*	cheminée *f* d'échappement	дымовая труба, дымоход
W 24	**waste gas conduit**	Abgasleitung *f*	conduite *f* des gaz brûlés	трубопровод для отвода газов
W 25	**waste gas duct**	Abgaskanal *m*	canal *m* d'échappement	газоотводный канал, газовыходная шахта; дымоход
W 26	**waste gas eduction**	Abgasabführung *f*	éduction *f* des gaz brûlés	отвод отходящих газов
W 27	**waste gas exhaustion**	Abgasabsaugung *f*	exhaustion *f* des gaz brûlés	отсасывание отходящих газов
W 28	**waste gas installation**	Abgasanlage *f*	installation *f* des gaz brûlés	устройство для отходящих газов
W 29	**waste gas loss**	Abgasverlust *m*	perte *f* des gaz brûlés	потеря тепла с уходящими газами
W 30	**waste gas-outgoing air compound system**	Abgas-Abluft-Verbundsystem *n*	compoundage *m* gaz brûlé et air sortant	объединенная система для отвода отходящих газов и отводимого воздуха
W 31	**waste gas pipe**	Abgasrohr *n*	tuyau *m* d'échappement	выхлопная труба
W 32	**waste gas temperature**	Abgastemperatur	température *f* des gaz brûlés	температура отходящих газов
W 33	**waste gas volume**	Abgasvolumen *n*	volume *m* des gaz brûlés	объем отходящих газов
W 34	**waste heat**	Abhitze *f*, Abwärme *f*	chaleur *f* d'échappement, chaleur perdue	отходящее тепло; неиспользованное тепло
W 35	**waste-heat boiler**	Abhitzekessel *m*, Abwärmeheizkessel *m*	chaudière *f* de récupération, chaudière à chaleur d'échappement	котел с обогревом отходящими газами, котел-утилизатор, отопительный котел-утилизатор
W 36	**waste-heat heating**	Abwärmeheizung *f*	chauffage *m* à la chaleur perdue	отопление отходящим теплом
W 37	**waste-heat utilization**	Abwärmeverwertung *f*	utilisation de la chaleur perdue	использование отходящего тепла

W 38	**waste of water**	Wasservergeudung *f*, Vergeudung *f* von Wasser, Verschwendung *f* von Wasser	gaspillage *m* d'eau	расстoчительство воды
W 39	**waste pipe,** waste conduit, waste canal	Abflußleitung *f*, Abflußrohr *n*, Ablaufleitung *f*, Ablaufrohr *n*, Ablaufkanal *m*	tuyau *m* de décharge, passage *m* de décharge	сбросной водовод, сточная труба, отводящий канал, сточный трубопровод (канал)
W 40	**waste steam,** exhaust steam, dead steam, spent steam	Abdampf *m*	vapeur *f* épuisée	мятый (отработавший) пар
W 41	**waste-steam preheater,** bleeder heater	Abdampfvorwärmer *m*	réchauffeur *m* à vapeur d'échappement	подогреватель, работающий мятым паром
W 42	**waste-steam utilization**	Abdampfverwertung *f*	utilisation *f* de la vapeur d'échappement	использование мятого пара
W 43	**waste valve,** drain valve	Entleerungsventil *n*	soupape *f* de vidange	вспускной вентиль
W 44	**waste valve**	Ablaßventil *n*, Entleerungsventil *n* <mit Spindel>	soupape *f* de décharge	сливной клапан
W 45	**waste-water drain,** foul-water sewer, sanitary sewer	Schmutzwasserkanal *m*, Schmutzwasserleitung *f*	tuyauterie *f* des eaux boueuses, canal *m* des eaux boueuses	канал сточных вод, трубопровод сточных вод
W 46	**waste-water installation**	Abwasserinstallation *f*	installation *f* des eaux de trop-plein	установка для отвода сточных вод
W 47	**waste-water purification,** sewage purification	Abwasserreinigung *f*, Abwasserklärung *f*	décantation *f* des eaux résiduaires, épuration *f* des eaux résiduaires	очистка сточных вод
W 48	**waste-water purification plant,** sewerage plant	Abwasserreinigungsanlage *f*, Abwasserkläranlage *f*, Kläranlage *f*	installation *f* de décantation des eaux résiduaires	очистное сооружение для сточных вод
W 49	**waste-water refrigerating plant**	Abwasserkühlanlage *f*	installation *f* frigorifique des eaux résiduaires	установка для охлаждения сточных вод
W 50	**waste well**	Abwassergrube *f*, Senkgrube *f*, Sinkgrube *f*	fosse *f* des eaux d'égouts	яма сточных вод; сточная яма
W 51	**water analysis,** examination of the water	Wasseruntersuchung *f*	analyse *f* d'eau	анализ воды
W 52	**water bath**	Wasserbad *n*	bain-marie *m*	водная баня
W 53	**water-borne epidemie**	Wasserepidemie *f*	épidémie *f* d'origine hydrique	эпидемия воды
W 54	**water-carriage system,** drainage system, collecting system, sewerage system, drain system	Entwässerungsnetz *n*, Entwässerungssystem *n*, Kanalnetz *n*, Kanalisationsanlage *f*, Schmutzwasserkanalisation *f*, Abwassersystem *n*	réseau *m* d'égouts, réseau d'évacuation, système *m* de canalisation d'eau usée, système des eaux d'égouts	канализационная сеть, система канализации
W 55	**water-carriage system of garbage and waste disposal, water-carrier method of garbage and waste disposal**	Schwemmverfahren *n* der Abfall- und Hausmüllbeseitigung	transport *m* hydraulique des ordures ménagères	промывной способ удаления отходов и домашнего мусора
W 56	**water catchment**	Wassergewinnung *f*	captage *m* d'eau	перехват воды
W 57	**water catchment,** water intake, water inlet	Wasserfassung *f*	prise *f* d'eau, puisage *m* d'eau	каптаж воды
W 58	**water chamber**	Wasserschloß *n*	chambre *f* d'équilibre	распределитель воды
W 59	**water circulation**	Wasserumlauf *m*	circulation *f* d'eau	циркуляция воды
W 60	**water closet,** W.C.	Spülabort *m*, Spülklosett *n*, Wasserklosett *n*, WC *n*	water-closet *m*, WC *m*, cabinet *m* à chasse d'eau	ватерклозет, уборная
W 61	**water cock,** water tap	Wasserhahn *m*	robinet *m* d'eau	водопроводный кран
W 62	**water conduit,** water pipe line	Wasserleitung *f*	conduite *f* d'eau, aqueduc *m*	водопровод
W 63	**water consumption**	Wasserverbrauch *m*	consommation *f* d'eau	расход воды
W 64	**water contamination,** water pollution	Wasserverunreinigung *f*	pollution *f* des eaux, contamination *f* des eaux	загрязнение воды
W 65	**water cycle**	Wasserkreislauf *m*, Kreislauf *m* des Wassers	circuit *m* d'eau, cycle *m* de l'eau, mouvement *m* circulaire de l'eau	циркуляция воды
W 66	**water demand**	Wasserbedarf *m*	besoin *m* en eau	расход воды
W 67	**water distribution**	Wasserverteilung *f*	distribution *f* d'eau	водораспределение
W 68	**water divide,** watershed	Wasserscheide *f*	ligne *f* de partage des eaux	водораздел
W 69	**water drop,** drop of water	Wassertropfen *m*	goutte *f* d'eau	водяная капля
W 70	**water evaporation**	Wasserverdunstung *f*	évaporation *f* d'eau	испарение воды
W 71	**waterfall,** cascade, chute, cataract, riverfall	Wasserfall *m*, Kaskade *f*	cascade *f*, chute *f* d'eau, cataracte *f*	водопад
W 72	**water filtering, water filtration**	Wasserfilterung *f*	filtration *f* de l'eau	фильтрование воды
W 73	**water flushing**	Wasserspülung *f*	chasse *f* d'eau	промывка водой
W 74	**water for fire extinction,** fire fighting water	Feuerlöschwasser *n*	eau *f* pour les secours d'incendie	вода для пожарных целей
W 75	**water gas**	Wassergas *n*	gaz *m* à l'eau	водяной газ
W 76	**water gauge,** glass gauge	Wasserstandsglas *n*	tube *m* de niveau d'eau	водомерное стекло

	English	Deutsch	Français	Русский
W 77	**water gauging,** water metering	Wassermessung *f*	hydrométrie *f*	гидрометрия
W 78	**water hammer,** water shock	Druckstoß *m*, Wasserschlag *m*, Wasserstoß *m*	coup *m* de bélier	гидравлический удар
W 79	**water hammer arrester**	Druckstoßregulator *m*	antibélier *m*	регулятор гидравлического удара
W 80	**water hardness**	Wasserhärte *f*	dureté *f* de l'eau	жесткость воды
W 81	**water heating**	Wasserheizung *f*	chauffage *m* à l'eau	водяное отопление
W 82	**water impermeability**	Wasserundurchlässigkeit *f*	imperméabilité *f* à l'eau	водонепроницаемость
W 83	**watering**	Berieselung *f*	ruissellement *m*	орошение
W 84	**water inlet, water intake,** water catchment	Wasserfassung *f*	prise *f* d'eau, puisage *m* d'eau	каптаж воды
W 85	**water jet air pump, water jet aspirator, water jet pump**	Wasserstrahlpumpe *f*	pompe *f* à éjecteur d'eau, éjecteur *m* hydraulique	элеватор; водоструйный насос
W 86	**water law,** riparian right	Wasserrecht *n*	droit *m* des eaux	водяное право
W 87	**waterless gasholder**	Scheibengasbehälter *m*	réservoir *m* à gaz sec	сухой газгольдер
W 88	**water level**	Wasserspiegel *m*	niveau *m* d'eau	уровень воды
W 89	**water level control system**	Wasserstandsregler *m*	régulateur *m* de niveau d'eau	регулятор уровня воды
W 90	**water level indicator**	Wasserstandsanzeiger *m*	indicateur *m* de niveau d'eau	водомерная трубка, водомерное стекло
W 91	**water level pipe**	Wasserstandsrohr *n*	tube-indicateur *m* de niveau d'eau	водомерная труба
W 92	**water loss,** loss of water	Wasserverlust *m*	perte *f* d'eau	потеря воды
W 93	**water meter,** hydrometer	Wasserstandsanzeiger *m*, Hydrometer *n*	hydromètre *m*	водомер
W 94	**water metering,** water gauging	Wassermessung *f*	hydrométrie *f*	гидрометрия
W 95	**water of washing**	Waschwasser *n*	eau *f* de lavage	вода для стирки (промывки)
W 96	**water permeability**	Wasserdurchlässigkeit *f*	perméabilité *f* à l'eau	водопроницаемость
W 97	**water pipe,** pressure hose	Druckschlauch *m*	manche *f* foulante	напорный рукав
W 98	**water pipe,** water tube	Wasserrohr *n*	tuyau *m* d'eau	водопровод; кипятильная труба
W 99	**water pipe line,** water conduit	Wasserleitung *f*	conduite *f* d'eau, aqueduc *m*	водопровод
W 100	**water pollution,** water contamination	Wasserverunreinigung *f*	pollution *f* des eaux, contamination *f* des eaux	загрязнение воды
W 101	**water post**	Trinkbrunnen *m*	borne-fontaine *f*	колодец питьевой воды
W 102	**water pressure**	Wasserdruck *m*	pression (poussée) *f* de l'eau	гидростатическое давление
W 103	**water pressure for fire fighting**	Löschdruck *m* des Wassers	pression *f* d'eau à éteindre l'incendie	напор воды для тушения пожара
W 104	**water pressure line,** hydraulic line	Fließdrucklinie *f*, hydraulische Drucklinie *f*	ligne *f* piézométrique, ligne [de charge] hydraulique	линия гидравлического давления
W 105	**waterproof,** watertight	wasserdicht	étanche à l'eau, hydrofuge	водонепроницаемый
W 106	**waterproof quality,** watertightness	Wasserdichtheit *f*	étanchéité *f* à l'eau	водонепроницаемость
W 107	**water pumpage**	Wasserhebung *f*	élévation *f* de l'eau	подъем воды
W 108	**water purification**	Wasserreinigung *f*	épuration *f* d'eau, purification *f* des eaux	очистка воды
W 109	**water quality,** quality of the water	Wasserbeschaffenheit *f*, Beschaffenheit *f* des Wassers	qualité *f* d'eau	количество воды
W 110	**water regulating valve**	Kühlwasserregler *m*	robinet *m* automatique d'eau	регулятор охлаждающей воды, водорегулирующий вентиль
W 111	**water resistance**	Wasserwiderstand *m*	résistance *f* hydraulique	гидравлическое сопротивление
W 112	**water resources**	Wasservorkommen *n*, Wasserschatz *m*	ressources *fpl* en eau	водяные ресурсы
W 113	**water resources policy,** regimen	Wasserhaushalt *m*	régime *m* des eaux	водяное хозяйство
W 114	**water sample**	Wasserprobe *f*	échantillon *m* d'eau	проба воды
W 115	**water-sealed stuffing box**	mit Wasser gedichtete Stopfbüchse *f*	presse-étoupe *m* à joint hydraulique	сальник с водяным уплотнением
W 116	**water separator**	Wasserabscheider *m*	séparateur *m* d'eau	конденсационный горшок, водоотделитель
W 117/8	**watershed,** water divide	Wasserscheide *f*	ligne *f* de partage des eaux	водораздел
	water shock	*s.* water hammer		
W 119	**water shut-off**	Wasserabsperrung *f*	coupure *f* de l'eau	водяной затвор
W 120	**water slide valve**	Wasserschieber *m*	vanne *f* à eau	водяная задвижка
W 121	**water softening**	Wasserenthärtung *f*	adoucissement *m* de l'eau	умягчение воды
W 122	**water supply**	Wasserversorgung *f*	alimentation *f* en eau, approvisionnement *m* en eau, service *m* des eaux	водоснабжение
W 123	**water supply plant**	Wasserversorgungsanlage *f*	installation *f* d'alimentation en eau	установка водоснабжения
W 124	**water surface,** surface of water	Wasserfläche *f*, Wasseroberfläche *f*	surface *f* de l'eau	водяная поверхность
W 125	**water tap,** water cock	Wasserhahn *m*	robinet *m* d'eau	водопроводный кран
W 126	**water temperature**	Wassertemperatur *f*	température *f* de l'eau	температура воды

W 127	**water thread**	Wasserfaden *m*	filet *m* d'eau	водяная струя
W 128	**watertight,** waterproof	wasserdicht	étanche à l'eau, hydrofuge	водонепроницаемый
W 129	**watertightness,** waterproof quality	Wasserdichtheit *f*	étanchéité *f* à l'eau	водонепроницаемость
W 130	**water tower**	Wasserturm *m*	château *m* d'eau	водонапорная башня
W 131	**water tube,** water pipe	Wasserrohr *n*	tuyau *m* d'eau	водопровод; кипятильная труба
W 132	**water tube boiler**	Wasserrohrkessel *m*	chaudière *f* tubulaire	водотрубный котел
W 133	**water turbine**	Wasserturbine *f*	turbine *f* hydraulique	водяная турбина
W 134	**water vapour,** steam	Wasserdampf *m*	vapeur *f* d'eau	водяной пар
W 135	**water vapour adsorption capacity**	Wasserdampfaufnahmevermögen *n*	pouvoir *m* d'adsorption de la vapeur d'eau	способность поглощения водяного пара
W 136	**water works**	Wasserwerk *n*	usine *f* d'eau	насосная станция, водопроводная станция
W 137	**4-way piece,** cross, TT piece, fourway branch, cross branch, flanged cross	Kreuzstück *n*, TT-Stück *n*	croix *f*, croix *f* à quatre brides	фланцевый крест
W 138	**W.C.,** water closet	Spülabort *m*, Spülklosett *n*, Wasserklosett *n*, WC *n*	water closet *m*, WC *m*, cabinet *m* à chasse d'eau	ватерклозет, уборная
W 139	**weak aqua ammonia**	arme Ammoniaklösung *f*	solution *f* pauvre d'ammoniaque	аммиачный раствор
W 140	**weak sewage**	dünnes Abwasser *n*	eaux *fpl* usées diluées	сточные воды слабой концентрации
W 141	**wear**	abnutzen, abtragen	user, détériorer	изнашивать
W 142	**wear and tear,** deterioration	Verschleiß *m*	usure *f*	износ
W 143	**weather-proof covering**	Wetterschutzhaube *f*	capot *m* protecteur contre les intempéries	защитный колпак от атмосферных осадков
W 144	**weight valve**	Gewichtsventil *n*	obturateur *m* à contrepoids	весовая задвижка
W 145	**weld**	schweißen	souder	сваривать
W 146	**weld**	Schweißstelle *f*	point *m* de soudure	место сварки
W 147	**weldable**	schweißbar	soudable	свариваемый
W 148	**welded joint**	Schweißverbindung *f*	joint *m* soudé	сварное соединение
W 149	**welded seam**	Schweißnaht *f*	filet *m* de soudure	сварной шов
W 150	**welded socket,** weld iron socket	Schweißmuffe *f*	emboîtement *m* à souder, emboîtement soudé	сварная муфта
W 151	**welded tube**	geschweißtes Rohr *n*	tube *m* soudé	сварная труба
W 152	**welding**	Schweißen *n*, Schweißung *f*	soudure *f*	сварка
W 153	**welding apparatus,** welding machine	Schweißgerät *n*, Schweißmaschine *f*, Schweißapparat *m*	appareil *m* à souder, soudeuse *f*, machine *f* à souder	сварочный прибор, сварочная машина, сварочный аппарат
W 154	**welding bend**	Einschweißbogen *m*	coude *m* soudé	сварное колено
W 155	**welding butterfly valve**	Einschweißdrosselklappe *f*	papillon *m* soudé	сварной дроссельный клапан
W 156	**welding cock**	Einschweißhahn *m*	robinet *m* soudé	приварной кран
	welding machine	*s.* welding apparatus		
W 157	**welding process**	Schweißverfahren *n*	procédé *m* de soudage	способ сварки
W 158	**welding slide**	Einschweißschieber *m*	vanne *f* soudée	приварная задвижка
W 159	**welding valve**	Einschweißventil *n*	robinet *m* soudé, soupape *f* soudée	приварной клапан
W 160	**welding without preheating**	Kaltschweißung *f*	soudage *m* à froid	холодная сварка
W 161	**weld iron socket,** welded socket	Schweißmuffe *f*	emboîtement *m* à souder, emboîtement soudé	сварная муфта
W 162	**weldless sleeve steel tube**	nahtloses Stahlmuffenrohr *n*	tube *m* en acier à manchons sans soudure	бесшовная стальная раструбная труба
W 163	**weldment of plastics**	Kunststoffschweißen *n*	soudure *f* des matières plastiques	сварка пластмасс
W 164	**weld on**	anschweißen	souder à	приваривать
W 165	**well,** spring	Brunnen *m*	puits *m*	колодец
W 166	**well capacity**	Brunnenleistung *f*	capacité *f* de puits	мощность колодца
W 167	**well drilling,** well sinking	Brunnenbau *m*, Brunnenbohrung *f*	forage *m* de puits	строительство колодца, бурение колодца
W 168	**well lowering**	Brunnenabsenkung *f*	abaissement *m* d'un puits	опускание колодца
W 169	**well pit**	Brunnenschacht *m*	trou *m* de puits	колодезная шахта
W 170	**well screen**	Brunnenfilter *n*	crépine *f* de puits	фильтр колодца
W 171	**well sinking,** well drilling	Brunnenbau *m*, Brunnenbohrung *f*	forage *m* de puits	строительство колодца, бурение колодца
W 172	**well top,** top of a well	Brunnenkopf *m*	tête *f* de puits, avant-puits *m*	головка колодца
W 173	**well water,** pump water	Brunnenwasser *n*	eau *f* de puits (fontaine, forage)	колодезная вода
W 174	**wet,** sprinkle	benetzen	mouiller, arroser, humecter	смачивать
W 175	**wet,** damp, moist, humid	feucht	humide, mouillé	влажный
W 176	**wet bulb depression**	psychrometrische Differenz *f*	différence *f* psychrométrique	психрометрическая разность
W 177	**wet dust extraction**	Naßentstaubung *f*	dépoussiérage *m* mouillé	гидропылеудаление, мокрое пылеудаление
W 178	**wet packing**	nasse Dichtung *f*	joint *m* mouillé	мокрое уплотнение
W 179	**wet-removing of the cinders**	Naßentaschung *f*	évacuation *f* mouillée des cendres	гидрозолоудаление, мокрое золоудаление
W 180	**wettability**	Benetzbarkeit *f*	mouillabilité *f*	смачиваемость

W 181	**wetting,** sprinkling	Benetzung *f*	arrosement *m*, arrosage *m*	смачивание, увлажнение
W 182	**wetting surface**	Benetzungsfläche *f*	surface *f* de mouillage	смоченная поверхность
W 183	**weet-typ air cooler**	Naßluftkühler *m*	refroidisseur *m* d'air de type humide	мокрый воздухоохладитель
W 184	**whirl,** whirlpool, vortex, eddy	Strudel *m*, Wirbel *m*	tourbillon *m*	вихрь; водоворот
W 185	**whirling,** turbulent motion	turbulente Bewegung *f*, Wirbelung *f*	mouvement *m* turbulent	турбулентное движение
W 186	**whirlpool,** vortex, eddy, whirl	Strudel *m*, Wirbel *m*	tourbillon *m*	вихрь; водоворот
W 187	**white lead**	Bleiweiß *n*	plomb *m* blanc	свинцовые белила
W 188	**whitesmith,** tinsmith, plumber, tinman	Klempner *m*, Spengler *m*	ferblantier *m*, tôlier *m*	жестянщик
	W.H.O.	*s.* World Health Organization		
W 189	**wholesale-consumer**	Großverbraucher *m*	consommateur *m* en gros	крупный потребитель
W 190	**wind**	Wind *m*	vent *m*	ветер, дутье
W 191	**wind flow,** air current	Windströmung *f*, Luftstrom *m*	courant *m* d'air	воздушный поток
W 192	**window air conditioner**	Fensterklimagerät *n*	conditionneur *m* d'air type fenêtre	подоконный кондиционер
W 193	**wind pressure**	Winddruck *m*	poussée *f* du vent, pression *f* du vent	давление ветра
W 194	**wind screen**	Windschutz *m*	paravent *m*	защита от ветра
W 195	**wire basket**	Drahtkorb *m*	corbeille *f* (panier *m*) en fil métallique	проволочная корзина
W 196	**wire fence, wire grating, wire grid, wire grille** <US>	Drahtgitter *n*	grillage *m* [de fil]	сетчатая решетка
W 197	**Woltmann compound counter**	Woltmann-Verbundzähler *m*	compteur *m* divisionnaire Woltmann, compteur à démarreur Wolt mann	комбинированный счетчик Вольтмана
W 198	**Woltmann counter**	Woltmann-Wasserzähler *m*, Woltmann-Zähler *m*	compteur *m* Woltmann	водомер Вольтмана
W 199	**Woltmann's hydrometric propeller,** Woltmann's vane wheel	Woltmannscher Flügel *m*	moulinet *m* Woltmann	вертушка Вольтмана
W 200	**Woltmann submerged counter**	Woltmann-Eintauchzähler *m*	compteur *m* submergé Woltmann	водомер Вольтмана
W 201	**Woltmann's vane wheel,** Woltmann's hydrometric propeller	Woltmannscher Flügel *m*	moulinet *m* Woltmann	вертушка Вольтмана
W 202	**wooden stave pipe**	Holzrohr *n*, Holzdaubenrohr *n*, Daubenrohr *n*, Holzvorbaurohr *n*	tuyau *m* en bois, tuyau en douves de bois	деревянная труба
W 203	**wood wool,** excelsior <US>	Holzwolle *f*	laine *f* de bois	древесная шерсть
W 204	**working diagram**	Arbeitsdiagramm *n*	diagramme *m* de travail	рабочая схема, рабочая диаграмма
W 205	**working instruction,** operating instruction	Bedienungsanweisung *f*	mode *m* d'emploi , instructions *fpl*	инструкция по обслуживанию
W 206	**working measurement**	Betriebsmessung *f*	mesure *f* d'exploitation	рабочее измерение
W 207	**working pressure,** service pressure	Betriebsdruck *m*, Arbeitsdruck *m*	pression *f* de service, pression normale de travail	рабочее давление
W 208	**working process,** sequence of operations	Arbeitsablauf *m*	succession *f* des opérations, phases *f* de travail	рабочий процесс
W 209	**working stroke**	Arbeitshub *m* <der Kolbenpumpe>	course *f* motrice, course de travail	рабочий ход
W 210	**working temperature**	Arbeitstemperatur *f*	température *f* de travail	рабочая температура
W 211	**World Health Organization,** W.H.O.	Weltgesundheitsorganisation *f*, W. G. O.	Organisation *f* Mondiale de la Santé, O. M. S.	Международная организация здоровья
W 212	**worming,** tapping, screwing	Gewindeschneiden *n*	filetage *m*, taraudage *m*	нарезание резьбы
W 213	**worms,** vermes	Würmer *mpl*, Vermes *pl*	vers *mpl*	черви
W 214	**woven filter**	Gewebefilter *n*	filtre *m* en tissu	сетчатый фильтр, тканый фильтр
W 215	**wrapping,** bandaging, bandage	Wicklung *f*, Umwicklung *f*	bande *f*, bandage *m*	обмотка, бандажирование
W 216	**wrapping,** bandage	Binde *f*, Umwicklung *f*	bande *f*, bandage *m*	бандаж
W 217	**wrapping with grey cotton cloth**	Nesselbandage *f* <für Isolierung>	bandage *m* de coton écru	хлопчатобумажный бандаж
W 218	**wrought iron clip,** wrought iron tapping sleeve, malleable iron clip	schmiedeeiserne Anbohrschelle *f*	collier *m* de prise en fer forgé, collier de prise en fonte malléable	хомут из ковкой стали
W 219	**wrought iron pipe,** malleable iron pipe	schmiedeeisernes Rohr *n*	tuyau *m* en fer forgé, tuyau en fonte malléable	труба из ковкой стали
W 220	**wrought iron tapping sleeve,** wrought iron clip, malleable iron clip	schmiedeeiserne Anbohrschelle *f*	collier *m* de prise en fer forgé, collier de prise en fonte malléable	хомут из ковкой стали

Y

Y 1	**yard outlet**	Hofablauf *m*	écoulement *m* de cour	дворовый ливнеспуск
Y 2	**yarn**	verstricken, verkordeln	corder	уплотнять стык пеньковой веревкой
Y 3	**yearly rainfall,** annual quantity of precipitation, annual rainfall	jährliche Niederschlagsmenge *f*, Jahresregenmenge *f*	quantité *f* annuelle de pluie, hauteur *f* annuelle des precipitations	годовое количество осадка
Y 4	**yielding capacity of a well,** yield of a well, delivery of a well, discharge of a well	Brunnenergiebigkeit *f*, Schüttung *f*	débit *m* d'un puits	дебит колодца
Y 5	**yieldingness of ground water**	Grundwasserergiebigkeit *f*	venue *f* d'eau souterraine	дебит грунтовых вод
Y 6	**yield of a well,** delivery of a well, yielding capacity of a well, discharge of a well	Brunnenergiebigkeit *f*, Schüttung *f*	débit *m* d'un puits	дебит колодца

Z

Z 1	**zeolite**	Zeolith *m*	zéolithe *f*	цеолит
Z 2	**zeolite filter,** permutite filter	Permutitfilter *n*	filtre *m* à permutite	пермутитовый фильтр
Z 3	**zeolite softener,** permutite softener	Permutitenthärter *m*	adoucisseur *m* à permutite	пермутитовый умягчитель воды
Z 4	**zero**	Nullpunkt *m*	zéro *m*	нулевая точка
Z 5	**zinc**	Zink *n*	zinc *m*	цинк
Z 6	**zinced sheet**	verzinktes Blech *n*	tôle *f* zinguée	оцинкованная жесть
Z 7	**zone of incandescence**	Brennzone *f*	zone *f* d'incandescence	зона горения

DEUTSCH

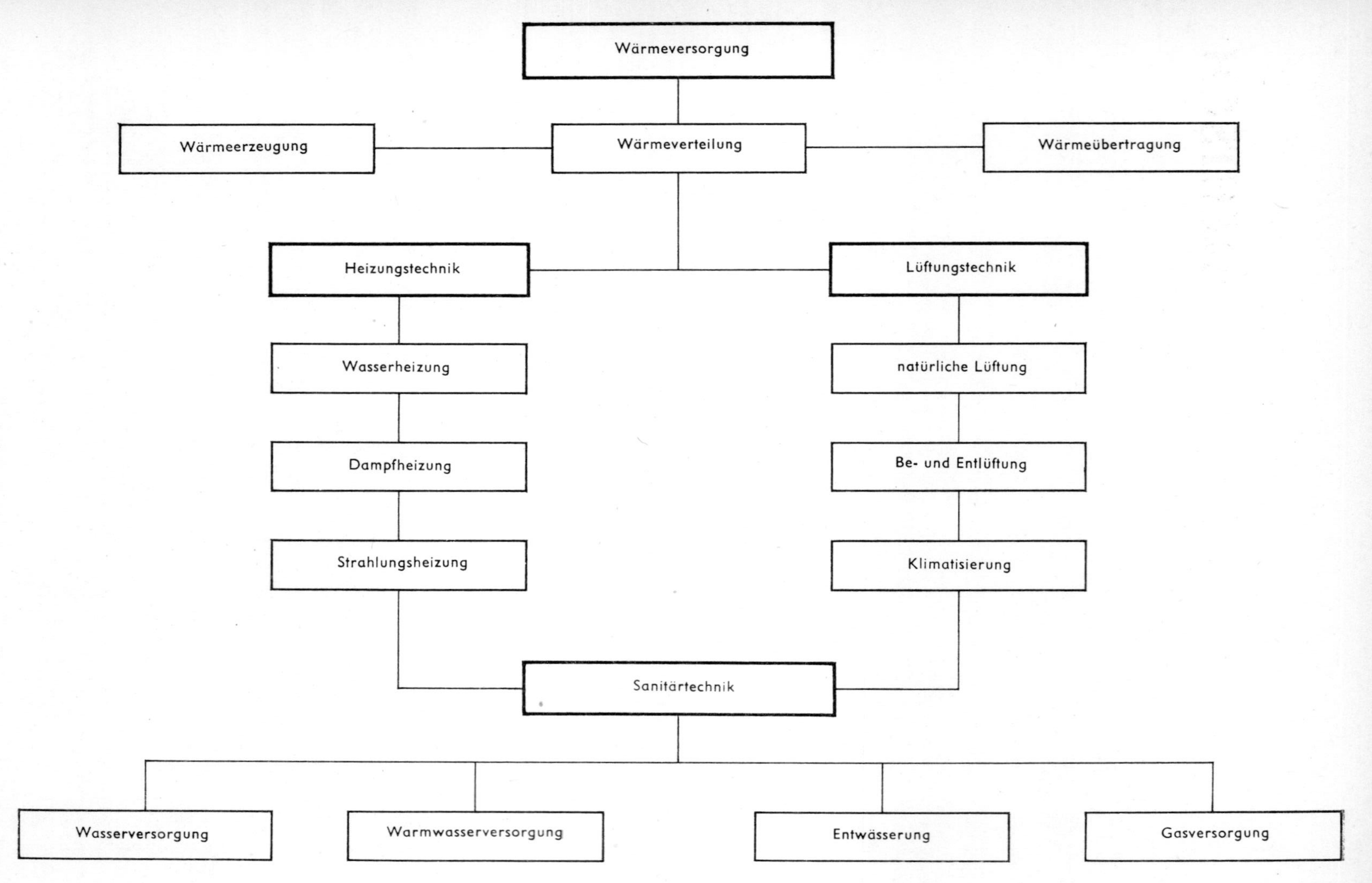

Wärmeversorgung
Wärmeerzeugung
Wärmeverteilung
Wärmeübertragung
Heizungstechnik
Lüftungstechnik
Wasserheizung
natürliche Lüftung
Dampfheizung
Be- und Entlüftung
Strahlungsheizung
Klimatisierung
Sanitärtechnik
Wasserversorgung
Warmwasserversorgung
Entwässerung
Gasversorgung

A

B

C

D

E

F

G

H

I

J

K

L

M

N

O

P

Q

R

T

U

V

W

Z

FRANÇAIS

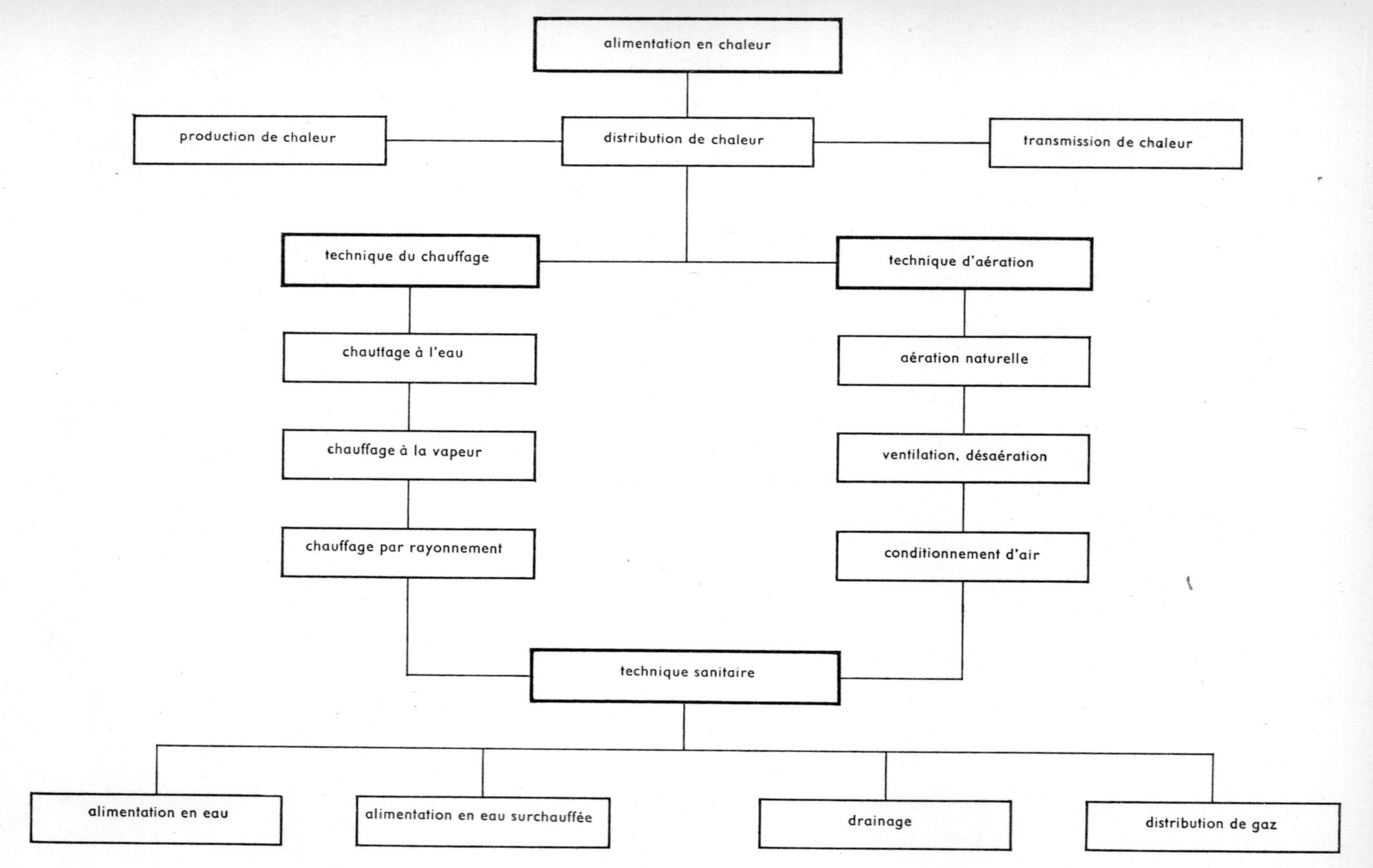
alimentation en chaleur
production de chaleur
distribution de chaleur
transmission de chaleur
technique du chauffage
technique d'aération
chauffage à l'eau
aération naturelle
chauffage à la vapeur
ventilation, désaération
chauffage par rayonnement
conditionnement d'air
technique sanitaire
alimentation en eau
alimentation en eau surchauffée
drainage
distribution de gaz

A

D

E

G

H

I

N

O

S

U

V

W

Z

РУССКИЙ

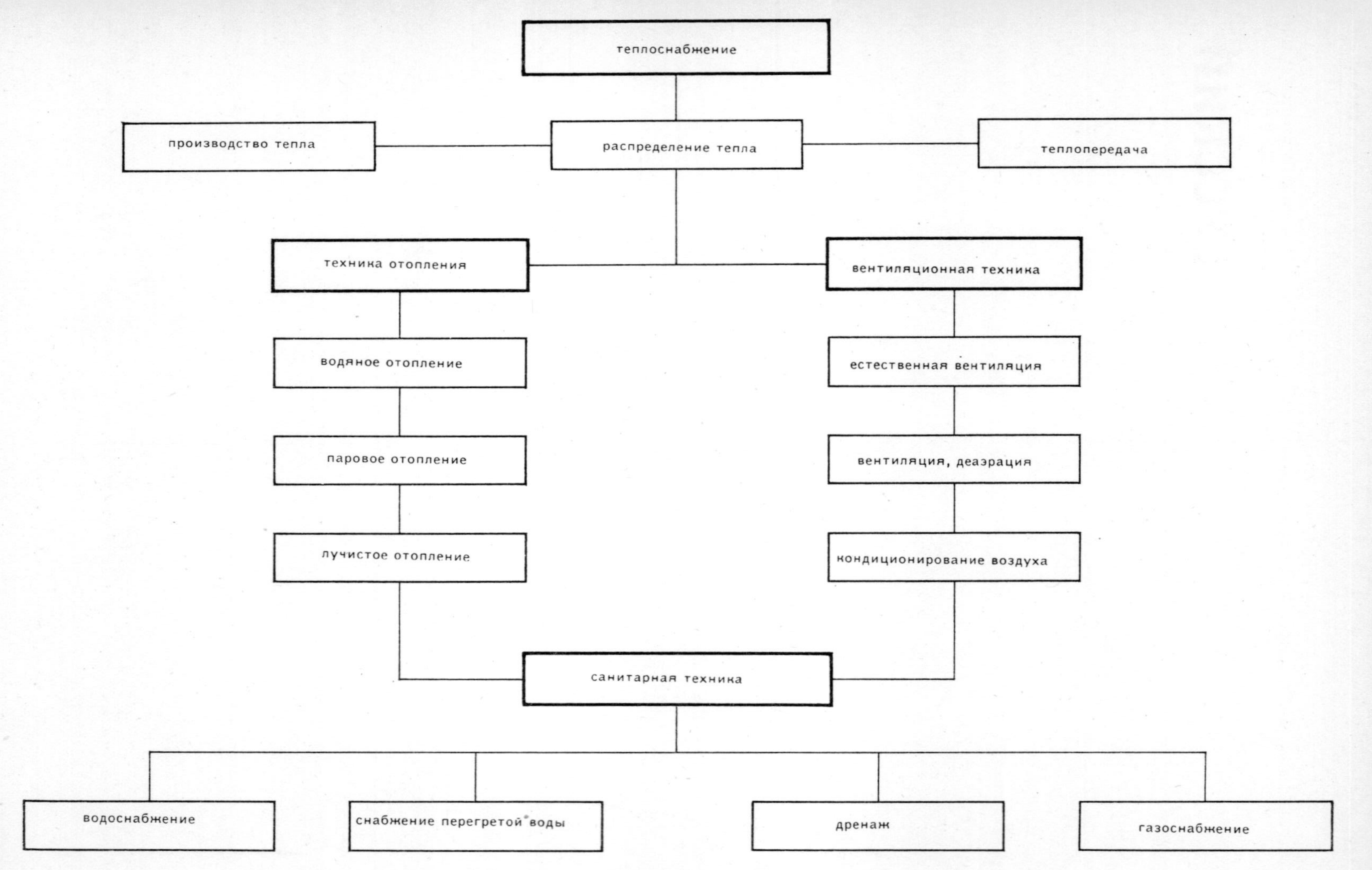

теплоснабжение
производство тепла
распределение тепла
теплопередача
техника отопления
вентиляционная техника
водяное отопление
естественная вентиляция
паровое отопление
вентиляция, деаэрация
лучистое отопление
кондиционирование воздуха
санитарная техника
водоснабжение
снабжение перегретой воды
дренаж
газоснабжение

А

Б

В

Г

Д

Е

Ж

З

И

К

П

Р

T

У

Ф

Х

Ц

Ч

Ш

Щ

Э

Я